赛博技术及其发展研究

刘柯 著 ◀◀

郑州大学出版社

内容提要

本书以赛博技术为核心概念，运用哲学领域的科学方法论，对技术的本质进行了深刻的批判，在此基础上分析并预测了当代技术实践的最新动态和发展趋势。全书分为6章，包括赛博技术的概念蕴含、技术的赛博化历程、赛博技术的多元结构、发展逻辑及其未来趋势等内容。

本书供全国开设自然辩证法相关专业的本科院校师生使用，也可作为资料供科学技术从业人员及相关兴趣爱好者阅读。

图书在版编目（CIP）数据

赛博技术及其发展研究／刘柯著. — 郑州：郑州大学出版社，2022.6（2024.6 重印）
ISBN 978-7-5645-8733-8

Ⅰ . ①赛… Ⅱ . ①刘… Ⅲ . ①技术哲学－研究 Ⅳ . ①N02

中国版本图书馆 CIP 数据核字（2022）第 087930 号

赛博技术及其发展研究
SAIBO JISHU JIQI FAZHAN YANJIU

策划编辑	张　恒	封面设计	苏永生
责任编辑	张　恒	版式设计	凌　青
责任校对	杨飞飞	责任监制	李瑞卿

出版发行	郑州大学出版社	地　　址	郑州市大学路 40 号（450052）
出 版 人	孙保营	网　　址	http://www.zzup.cn
经　　销	全国新华书店	发行电话	0371-66966070
印　　刷	廊坊市印艺阁数字科技有限公司		
开　　本	787 mm×1 092 mm　1 / 16		
印　　张	13.25	字　　数	249 千字
版　　次	2022 年 6 月第 1 版	印　　次	2024 年 6 月第 2 次印刷
书　　号	ISBN 978-7-5645-8733-8	定　　价	68.00 元

前　言

技术是一个关涉人类日常生活的永恒话题，与人类命运息息相关。伴随着第四次工业革命的兴起，处于转型期的技术实践在人与技术的张力性冲突中再次成为热点。在技术世界里，人的未来应当到何处去？没有确定的答案。但可以肯定的是，找到了解释技术的道路，也就找到了解释世界的道路，相应地，人也就找到了一个新的方向。

从历史的角度看，技术把人从自然的束缚中解脱出来而将其推向后人类时代，从而也彰显出技术与人、自然之间历史性关系生成的基本事实。在这一过程中，关于技术积极的或消极的评价随技术实际影响的变化而此消彼长。其实，这是对技术本质主义认识的逻辑结果。按照芬伯格的说法，工具论把技术当作实现人的目的的基本手段，实体论则把技术视作社会建构的产物。前者关乎自然，是中立的，催生技术乐观主义；后者涉及利益，是可干预的，导致技术悲观主义。显然，两者在自然与社会（人）中各执一端，未能把握其中的历史相关性。实际上，当谈论技术时，不应局限于它本身，而应观照到技术与人、自然之间关系的互动与生成。因此，技术研究可从抽象的本质主义研究范式转向历史的非本质主义研究范式。

从生成本体论的视角望去，赛博技术作为当代技术发展的显明形态，关涉的是人、技术和自然之间的异质共生。所谓生成本体论，就是作为实践和文化的科学替代作为知识和表征的科学的实践科学观的哲学本体论基础。展开来说，实践的科学是操作主义的科学而非表征主义的科学，是动态生成的科学而非本质持存的科学，是价值有涉的科学而非价值无涉的科学，是关于情境主义的认识论和介入性的方法论的科学话语。也就是说，生成本体论主张用境域性分析替代本质性追寻，强调用过程客观性取代实体客观性，突出主体间性、内部时间限定、异质性耦合突现、选择演化等生成特性。概言之，它是对本质主义的实体本体论的解构与超越。

如果说技术是历史地生成的，那么，首先可以认为它经历了一个赛博化的历程。"赛博"是对技术、自然和人之间关系的高度概括，含有去中心化、无边界性、开放性和时间性等意味；而技术以人–技结构的显性形式突破了人源出于自然的纯粹本质，共同构成一个去中心化的杂合体。这就是说，此两者在可见的现象与可离析的理论之间达成一致；从技术史来看，工匠技术、机器技术、自动技术及当代的赛博格揭示了技术历时性的赛博化趋向，即赛博技术作为一种新现象，不过是从它发源处就有的本性的过程性涌现的结果。概言之，赛博技术是技术对"赛博"的概念借喻，是以"人-技术-自然"为存在样态的境域性生成过程。赛博技术以其显明的概念形式刻画出技术与异质的他者之间实际的互构状态，把技术所真实蕴含而又未充分表露的内容予以确认，从而区别于那种表面上看似独立的技术。

其次，异质性共存是赛博技术的基本结构。赛博技术将技术、人和自然的共域存在作为其基本样态，开辟了以诸要素的异质共存来解析技术的新思路。它所呈现出的生成论图景不在于强调某一要素的主导性作用或决定性影响，而在于发掘技术与人、自然等异质性要素在同一场域中耦合突现的共时性冲突。从局部视角来看，自然先在性是构成意义上的基础，是指在人类展开自身存在之时，自然就已存在，这是一切发生的前提；人的延伸性是构成意义上的方式，是指人发展自身以达到完善自身的目的性动力，这是历史形成的保障；技术间性是构成意义上的本质，是指技术作为居间者存在所展示的中介作用，这是开放式行进的条件。这即是说，自然为人的延伸性力量提供物质引导和规律限定，从而为技术间性的构造活动，即三者的共生趋向提供内在规定。

再次，历史地动态演化是赛博技术的发生模式。赛博技术是关于技术、人及自然的多元话语表达，相应地，其内在的生成样式也体现着多重逻辑。在内涵逻辑方面，它是一种特质表达。赛博技术内在地蕴含一种超越了本质规定的辩证实践的新本体论，故而它在生成演化的过程中拥有自身独特的变化着的生成史，呈现为不可逆的历史过程和开放性的有序谋划；在社会逻辑方面，它是一种关系性成就。在非本质主义的主张下，赛博技术从本质主义的抽象领域中超脱出来，经验地表现为技术自身与资本、权力三者合谋的结果；在后果逻辑方面，它创造出自身的新身份。人、技术和自然从本质主义的领域中退却出来，在彼此相互作用的过程中创造出一种新的身份状态，表达为对自然的适应、技术的凸显和后人类的到来。此间的转变在彼此之间形成一个不可分割的闭环，在动态演变中寻求其间的平衡发展。

由此或可做出这样的一种判断，共生是当代赛博技术发展的未来趋势。当代赛博技术危机是对技术的本质主义认识所导致的深层结构性矛盾，是技术的外在化现实与异质共生理想相冲突的结果。实际上，人与技术之间的矛盾关系有其特殊的时代土壤，是技术发展到一定阶段的历史性次生现象。这表现在两个方面：就现实层面来说，技术化生存现实地塑造着人的存在状态，技术负效应成为技术应用的副产品；就理论层面而言，技术合理性作为一种渗透性的意识形态，不断对人产生新的技术霸权。从生成本体论对境域性和时间性的关注来看，技术发展的未来趋势可在两个方向开展：其一，基于非本质主义的基本事实重构技术，"后技术理性"和"技术民主化"具有借鉴意义；其二，基于历史生成视角超越技术，在肯定技术的前提下克服消极因素，将人、技术与自然的共生作为未来技术的发展原则。

　　本书在撰写过程中参阅了大量经典文献和前沿资料，在此向诸作者和资料提供者深表感谢！另外，深深感谢我的导师邢冬梅教授，在撰写过程中所提供的巨大帮助！由于时间紧迫和水平有限，疏漏之处在所难免，敬请读者批评指正。

刘　柯

于苏州大学独墅湖校区

2022 年 3 月

目　录

绪　论

一、研究背景与研究意义

（一）研究背景

"赛博技术"的出现成为当前社会发展和人类生存过程中的新现象。一方面，随着第四次工业革命的到来，技术发展迎来一个前所未有的高潮，各领域的技术进步呈现指数级增长，其中人工智能、大数据、云计算、虚拟现实、增强现实、区块链、3D 生物打印等技术对人的生存方式产生了巨大变革。一方面，与以蒸汽机、电力、信息等技术为代表的前三次工业革命相比，新世纪的工业革命在范围更广、种类更多的基础上显示出诸多不同的新特点，这些新特点尤其体现在技术层面上，比如人机共生、虚拟实在、万物互联等，其中人与技术的异质共存是该阶段技术的最显著特征；另一方面，赛博人、赛博体、赛博格、赛博空间等方面丰富的理论与实践研究，从侧面支持并体现了赛博技术所揭示的不同于以往的技术样态及其独特的共生特性。可以说，当前的技术发展深刻地体现了单一技术经由会聚技术向赛博技术的发展方向。如果说，从前的技术研究更多地关注单一技术、多元技术的理论反思，那么，现阶段技术哲学应聚焦于人机共生的新型技术形态，进而引发对技术（更准确地说是赛博技术）的是之所是的深入研究。其中，"赛博"不仅是指虚拟的网络空间，还是基于当前技术发展所形成的人机交互的新样态；而"技术"则包含两层基本含义，其一指可以重塑身体和心灵的改造手段，其二指基于当前工业革命所形成的人类生存环境。以此为基础，本研究对第四次工业革命背景下赛博技术的哲学蕴含及其引发的人类未来思考进行系统研究。

研究赛博技术相关的哲学问题既是对现实的迫切关注，又是对理论的及时回应。自 16、17 世纪的第一次科学革命以来，对科学技术的理论反思就仅仅追随现实的科技进展，概括地说，它基本上经历了科学实在论、社会建构论、实践科学观三个发展阶段。其中，传统的科学实在论以理性和主体性作为根基，坚持本质主义、基础主义、形式主义和实证主义，从而认为能够真实地表征科学而达到一种客观性。但是，其后的社会建构论者认为这种客观性值得商榷，以自然主义而非规范主义、经验主义而非逻辑主义的方法坚持不可知论，以一种坚定的怀疑论者的态度认为科学是社会利益建构起来的，称为社会建构论。继之而来的是实践科学观的登场。如果说科学实在论是坚持一种自然实在，那么，社会建构论就以社会实在取代自然实在，造成了批判的两极相通，走向了批判的对立面，即使行动者网络理论的后科学知识社会学（sociology of scientific knowledge，SSK）研究突出了对科学实践的关注，但是这种对自然和社会二分的全面消解实际上导致了一种符号本体论，使得科学无家可归。因此，实践科学观提出以操作性语言描述取代表征性语言描述，用作为实践和文化的科学取代作为知识和表征的科学，转向一种辩证实践，从而使科学走向了辩证的新本体论，使强调相互作用生成、消解主客二分意义上的过程客观性得以回归。

正是在对科学过程客观性的如是理解中，生成本体论得以建构。实践的科学把对科学的反思引入到生成建构的道路上，认为科学是在真实时间中的异质性要素耦合突现而得以生成的，从理论上彻底清理了自笛卡尔以来的主体性哲学所秉持的主客二分及主体中心论的哲学假设；其实质是表达了一种基于操作性的、辩证实践的科学且蕴含其中的一种新的哲学观，即生成本体论。具体地说，生成本体论强调异质共生、强调历史性的开放式生成过程。这为当今技术发展形态提供了新颖且恰当的分析视角。因此，本研究将生成本体论作为对赛博技术进行哲学研究的理论出发点。

简而言之，赛博技术是对技术样态的概括性表达，指技术、自然、人三者之间境域性的耦合突现，并呈现为开放式终结的历史过程。生成本体论[1]则是基于对科学实践的研究所体现出的哲学思想，强调共生，关注时间性和境域性，旨在对对象的过程理解和生成论阐释，笔者以此作为分析框架。基于此，本研究拟通过对赛博技术的生成结构与内在的生成逻辑等相关哲学问题的探讨，力图描绘出它的立体图景，摆脱既有技术观所蕴含的对技术认知的本质主义困境，回归技术本身，在境域性中考察技术。所谓技术的本质主义认识，即是认为技术具有恒定不变的本质，而这抹平了或掩盖了其随境域变化而变迁的特质表达。与之不同，从生成本体论的角度可以认为技术有其自身的生命，故而尝试在境域性的探索中揭示技术实践的时间性演变，在动态过程中论述技术历史的生成论图式，最终达到技术真实客观性的显现。

（二）研究意义

长久以来，技术与自然或人的关系虽有交集却界限分明，人们常将关注的焦点置于技术本身，似乎它是独立自存的；然而，技术发展吹响了第四次工业革命的号角，日益呈现出与自然、人之间彼此嵌入与融合的趋势，它并非孤立而是作为诸要素

---

① 邢冬梅. 实践的科学与客观性的回归. 北京：科学出版社，2008.

之一显现于技术的整体性进步之中。同时，现实中诸如人工智能、基因编辑等技术的实际进展，促使愈加紧迫地重新思考技术的本质问题。只有把握了技术境域性的客观性，才能从人类事业和社会发展的角度出发引导技术的良性发展，从而在处理因技术而起的与该目标相左的诸问题上做到有的放矢。因此，本研究的意义从以下两方面阐述：

1. 理论意义。技术哲学真正兴起于 20 世纪后半叶。1956 年，德国工程师协会成立"人与技术"研究小组，使技术哲学的研究成为一个建制性学科，主要以对技术的反思和批判为主并形成了形形色色的技术理论，有论者将其概括为工具论和实体论。其中，工具论认为技术是中性的，遵从自然的内在规律和价值，技术本身并没有任何价值负载，它从属于人类社会的价值选择。实体论又可细分为社会建构论和技术决定论。其中，前者将技术看作是社会力量的产物，技术服务于社会需求；后者则将一种自主的文化力量赋予技术，认为技术是自主进化的。以上关于技术的观点表现出不同的侧重点：工具论倾向于尊重自然秩序并独立于社会之外；实体论则把技术看作是由或社会或某种自主力量决定的产物。

不过，这两种观点虽各有侧重却无所兼顾，使得技术研究的相关问题以各种方式反复出现。如工具论往往难以解释技术为何常常为社会力量所左右，并且它实际上也并非总是遵从自然的内在秩序；实体论则意味着本质主义在社会或某种自主力量方面的映现，常常导致技术悲观主义。另外，实体论也不能解释技术对物质性"基底"的依存。基于目前技术研究的理论现状，本研究将脱胎于科学实践的生成本体论思想作为分析框架，同时汲取工具论和实体论的合理成分，重点探讨赛博技术的生成结构和历史演化过程，从而更好地阐释当下技术发展所涌现出的突出特征，这便是本研究的理论意义所在。

2. 实践意义。目前，第四次工业革命催生出种类繁多的高新技术，这是对人的存在方式和思维方式的深刻变革，也展现了技术与自然、社会相互嵌入、相互融合的复杂现象。如果未能对技术在实践过程中与众多他者相互影响和相互作用的机制形成正确认知，那么，就很难应对技术在实际发展中遇到的诸多难题，比如，如何协调技术发展与自然、人等他者的结构性失衡，如何看待技术进步所带来的适应性挑战，特别是智能技术、生物技术等使赛博格在现实世界中以更加新奇的形式现身，致使人对自身未来地位的担忧等现代性焦虑的延伸。那么，如何在生成论图式中引导技术的良性发展以确保人类事业永续发展，无疑是一个迫切而现实的问题。因此，基于技术的当前表现形态，用生成本体论来阐释赛博技术，解释技术与自然、人之间历史生成的互动过程，有利于达到对技术实践的真实认识。

二、国内外研究现状

通过对国内外相关研究的整理和分析可知，国外从科技与社会（science technology society，STS）、女性主义哲学、社会学、传播学、政治学、经济学和文化等不同维度对赛博技术进行了多视角研究。与之相比，国内对该领域的研究则处于初始阶段，还未引起较多的关注。

（一）国外研究现状

国外对赛博技术的研究是与技术自身的发展相伴而生的，呈现出历史性发展的基本特征。技术与人类存在的现实境况紧密相关，在其与人及自然之间的结合形式的变化过程中彰显出它的赛博特性。自 20 世纪 50 年代开始，赛博技术逐渐进入人们的视野，大致经历了四个发展阶段：第一阶段，主要体现在对人类心灵的关注。1950 年英国科学家阿兰·图灵提出计算机可以拥有人的智能的观点，并设计图灵测试来判断计算机是否具有人的智能，这使人们意识到技术已经开始涉足改变人自身，针对人的技术开始引起人们的注意。第二阶段，主要体现在对人类身体的探索。1953 年，美国科学家詹姆斯·沃森和英国科学家弗朗西斯·克里克合作发现 DNA 双螺旋模型，这是自 1909 年丹麦遗传学家维尔赫姆·路德维希·约翰逊提出"基因"一词后在生物属性上对人体获得了更加深刻的理解，为后来的基因编辑奠定了强有力的理论基础，打破了人体遗传的固定局限。第三阶段，针对人类的身心改造在理论上获致可能性之后，技术继续将触角伸向虚拟现实领域。1989 年，美国计算机科学家杰伦·拉尼尔首次提出该概念，人机交互是其核心技术之一。它提供了人类自我理解的新视角，为人类身心与外部世界的互动提供了一种新方式，更促进了物理世界与虚拟世界的交流和融合。由此，技术与人的关系在虚拟空间里达到一种新的状态。第四阶段，进入 21 世纪特别是在第四次工业革命的背景下，各类旨在人机交互的智能技术发明层出不穷并引起广泛关注，对赛博技术展开了广泛而深入的探讨。

总体而言，赛博技术已经成为国外学界关注的热点，这种技术给人类世界带来的全新变革成为研究的焦点，在更深的层次上表现为人与技术之间的动态演变过程。具体而言，国外对赛博技术的研究主要集中体现在以下三个方面，即赛博空间、赛博格和后人类研究。

1. 赛博空间研究。赛博空间指基于计算机技术及相关的硬件设备所构成的虚拟网络世界，学界对它的关注几乎与其产生同步，从社会学、伦理学、人类学等视角对之进行研究。英国泰恩河畔纽卡斯尔诺桑比亚大学跨学科研究所所长约翰·阿米蒂奇和英国杜伦大学国际商务的讲师乔安妮·罗伯茨（2002 年）在其著作 *Living With*

Cyberspace：*Technology Society in the 21st Century* 中从社会、政治、经济和文化四个领域对赛博空间进行了比较全面的分析，特别指出为赛博技术作为一种速度乌托邦的塑造基础，更作为一种权力已经渗透到日常生活的方方面面，已经与人类密不可分。可以说，赛博技术的影响通过赛博空间的放大，在某种程度上揭示着人类的生存现状并预示了世界未来。面对人类世界扩张所带来的一系列问题，学界对之曾有未雨绸缪的考量。其实，在此之前荷兰学者西斯·J·哈姆林克（2001 年）就已经从伦理学视角对赛博技术进行了思考，其论著 *The Ethics of Cyberspace* 表明，赛博空间作为现实世界的延伸存在，是由赛博技术特别指数字信息技术构造出的一个永恒而虚拟的存在空间。因此，适用于外层空间的伦理规则同样适用于虚拟空间，尤其针对赛博技术所带来的技术风险、技术贸易、技术壁垒等问题，以平等原则、安全原则和自由原则为指导对其进行了集中讨论，从伦理学角度深入分析了社会对赛博技术的组织和管理的可能路径。另外，荷兰学者约斯·德·穆尔（2005 年）在其著作 *Cyberspace Odyssee：Towards a Virtual Ontology and Anthropology* 中从社会学角度对虚拟空间和数字化文化对人类世界在时间和空间体验上的深刻影响进行了解读，从不同层面阐述了赛博技术引起的世界观变革，从哲学视角指出赛博技术正在导向一种不同于以往的虚拟本体论和新的人类学路径，技术发展与人类身体呈现前所未有的高度结合的特点，人类自身也将超越直立人阶段而进入智能人的发展阶段。与之类似，加拿大学者文森特·莫斯可（2005 年）对赛博空间也进行了极其冷静的批判性反思，在其专著 *Digital Sublime：Myth，Power，and Cyberspace* 中认为，随着以数字化技术为手段的赛博空间的扩张，人类必然超越时空并导致历史、极权的终结，而作为赛博技术的数字化技术通过赛博空间会提供一条从庸常转入卓越的可能性道路。另外，他还指出应把对赛博空间的思考置于二战后现代性的终结的历史背景之下，从物质与文化的双重视角观察世界。此外，直接从人类学角度对赛博技术进行时代思考的论著亦非乏善可陈。比如，加拿大思想家劳伦斯·斯科特（2015 年）在其著作 *The Four-Dimensional Human：Ways of Being in the Digital World* 中就赛博技术特别是赛博空间中的信息化技术所营造的虚拟世界对人类的思维方式和生活方式的剧烈改变表达了深刻反思，一方面，展望了未来科幻世界的自由可能，总体上呈乐观基调；另一方面，不乏对四维人类未来生存境况的人文关怀，认为人们在第四维的世界里将遇到前所未有的挑战。对此，美国学者约翰·R·苏勒尔（2015 年）在其论著 *Psychology of the Digital Age：Humans Become Electric* 中从网络心理学的角度全面研究了人们在网络中的行为方式和各种潜在问题，并为人们应对赛博技术条件下数字化挑战的时代考验和增进幸福感提出了独到见解。

　　2. 赛博格研究。如果把赛博空间中的赛博技术应用理解为人与虚拟世界的紧密结合和交流互动的人类精神世界的扩展和延伸，那么赛博格中的赛博技术则是直接将人与机器糅合成一个混合整体，是技术对人类身心的直接改造。

从社会学角度可理解赛博格的起源与后续发展。赛博格这一概念最早由美国科学家曼弗雷德·克莱恩斯和纳森·克莱恩（1960 年）提出，在两人合作的文章 *Cyborgs and Space* 中针对宇航员在太空中面临的生存挑战，为了克服这一艰难处境，他们便提出通过运用辅助的机械等对人类身体进行再造升级，以提高人类应对复杂环境的适应能力，因此就分别从 "cybernetics"（控制论）和 "organism"（有机体）两个单词中选出前三个字母组成 "Cyborg"，后指人工物与有机体共存于同一个生物体上，它可能表现为生化人、机械人或人机互联。与此相关，美国学者安德鲁·皮克林（1995 年）在 *Cyborg History and the World War II Regime* 中通过对二战期间社会、技术和知识的历史考察，认为赛博思想早在二战时就已产生，它主要体现为模糊了军事与科学之间的界限，而赛博技术是其中重点考察的对象之一，正是在赛博思想的催化下才产生了赛博式的技术与科学，军事工业的赛博格化集中体现了这一点。其后，皮克林（1995 年）在其代表性著作 *The Mangle of Practice：Time，Agency，and Science* 中进一步把科学实践解读为一种赛博过程，认为赛博科学是人类力量与物质力量的共舞，是社会、物质、概念、技术等相互作用的开放式终结，它具有典型的赛博格特征，尤其重点分析了数控机床这种赛博技术的意义，论证了 "时间是内在于这种赛博技术动态的、不可逆的生成过程" 的基本观点。

后来，美国女性主义哲学家唐娜·哈拉维将赛博格置于文化人类学的视野中进行去中心化研究。她（1990 年）在其著作 *Primate Vision：Gender，Race，and Nature in the World of Modern Science* 中以灵长类的动物话语的建构过程为研究对象，将批判的锋芒指向关于生物学的存在论解释，并指出现代科学话语所指向的各类研究对象的赛博格特征，特别论及科学技术在真实的社会实践过程中错综复杂的各类因素的彼此塑造，用文化研究的方式将赛博格的实践考察引向对赛博技术的分析。另外，这种思想在其著作 *Simians，Cyborg，and Women：the Reinvention of Nature* 中更得以直接表达。她（1991 年）从女性主义视角通篇论述了赛博格（有机体和技术物组成的系统）的形成过程，通过对 "自然" 和 "经验" 两个概念模糊的形成轨迹的分析，认为社会关系实际上是构建起来的，但又是预设到现实实践中的，于是可以理解赛博技术也是在经过一系列的境域性的耦合突现而具有了不同于以往的丰富内涵。但美国乔治亚大学哲学和伦理教授维多利亚·戴维恩（1999 年）在其文章 *Theoretical Versus applied Ethics：a Look at Cyborgs* 中认为哈拉维对赛博技术的研究特别是二战期间的赛博格思想实际上更多地停留在理论层面，在实际运用方面的滞后则造成了人们对赛博技术不必要的非正面认知，同时呼吁公众应对赛博技术有一个理性而实际的认知，以促进赛博技术良性发展，进而造就人类福祉。

　　3. 后人类研究。自 1988 年"后人类"概念正式提出之后，赛博技术就直接地成为后人类研究的焦点之一。人类时代的标志是人的技术化存在，可以说没有赛博技术也就不可能出现后人类社会，这方面的研究主要集中于伦理学和人类学领域。在诸多成果中，美国学者凯瑟琳·海勒（1999 年）从伦理反思的角度出发，在其专著 *How We Became Posthuman：Virtual Bodies in Cybernetics，Literature，and Informatics* 中深入分析了身体在技术世界中面临的难以避免的主体性丧失的困境及促使后人类出现的科技环境，指出人类的未来命运与赛博技术的发展密切相关，赛博技术是人类存在与进化的必要条件，同时从控制论的演变梳理了人造生命的诞生过程，认为未来的人类生存状态将是和机器的共生存在，因此必须处理好人类与技术的共生关系。日裔美籍学者弗朗西斯·福山（2003 年）在其著作 *Our Posthuman Future：Consequences of the Biotechnology Revolution* 中同样表达了对赛博技术的担忧，他认为生物科技（包括大脑科学、神经药理学和基因工程等）的发展为提升和增强人类的自然机能提供了强大的技术条件，然而这也使得人在很大程度上丧失了人之为人的特性，人的尊严、自由和权利成为技术发展的牺牲品。为此，他提出应通过政治管制，对生物技术进行精细化管制以保证人类不为技术的进步所奴化。然而，他对技术的悲观主义立场是建立在他认为技术必定会危及人类存在的前提之下，但他并未能把对技术的不信任反思迁移到对政治管制可靠性的考察上，这种对赛博技术与政治管制的双重标准所显现出来的矛盾成为众矢之的。法国哲学家吕克·费希（2016 年）在其专著 *La révolution transhumaniste-comment la technomedicine etl'uberisation du monde vont boulverser nos vies* 中同样从生物科技对人类身体的改造与人类生存的变革进行深入剖析，但却表达出与福山截然不同的观点。他以医疗技术为例，既肯定了技术从治疗到改善甚至增强人类方面的进步意义，也指出不应忽略技术可能加剧的社会意义上的不平等和自然属性上的不平等，因而提出超越生物技术进步主义和悲观主义的第三条道路，认为对赛博技术的基本原则应是规制，但不是毫无规则的禁止。这种提议相对于福山激进主义的政治管制更为务实，毕竟技术进步是历史的选择，只有基于这样的前提才能在最大限度地促进赛博技术特别是生物技术对人类的生存与发展有所助益。意大利哲学家罗西·布拉伊多蒂（2013 年）在其专著 *The Posthuman* 中从人类学视角予以审视，开宗明义地指出人类历史已步入后人类阶段，自然与人文的二元对抗已然过时，必须正视生命物质在进化的道路上超越一切的自创生状态，包括人类与自然、技术的任何界限都将在这一进程中消失而彼此融合，主体性概念在后人类语境中应重新理解，适应后人类生存的世界图景和思维方式也应与时产生，将技术看作人类、社会和自然融合进化的媒介，技术也因此具有赛博特征，成为世界整体自组织和系统化发展中一条贯穿始终的线索，由此关涉赛博技术给原来人文主义带来的机遇与挑战，强调在新的技术条件下，伦理观念成为重新考虑的领域。

综上可知，以上研究并非是在宏观意义上把握技术的赛博特性，但相关研究已为后续工作奠定了良好的理论基础，因为这业已揭示出技术发展的赛博化之基本趋势，即技术与人、自然之间的耦合突现成为当下技术发展的突出特征。进一步来说，无论是赛博空间、赛博格，抑或后人类的研究，都实际上是对赛博技术具体类别的研究，只不过，这些研究都是基于具体技术现实来展开的。而本研究要做的就是从宏观的意义上即超脱于具体类别技术的框架下对技术发展进行一个概观。换言之，本研究仍把技术作为论说得以展开的聚焦点，以技术为核心形成赛博技术的概念建构。

（二）国内研究现状

国内直接以赛博技术为主题的研究并不多，与国外相比较而言较为缺乏。不过，这种缺乏是相对而言的。具体到国内相关研究来说，学术界对赛博技术的关注较晚，大致经过了开端、发展、分化三个学术积累的阶段。

1. 开端阶段。国内研究起源于对赛博技术的哲学思想的研究主要呈现为国内学者对国外相关哲学思潮及其代表人物之思想的介绍与批判性解读。例如，杨立雄（2003年）指出新技术的出现促使赛博文化产生，继而赛博人类学研究对学科研究范式提出了全心挑战。邢冬梅（2011年）对哈拉维的"技科学"思想进行了较为详细的介绍，并认为技科学的思想是诞生于科学与技术之间的主导权之争，它自然导向了科学研究的新辩证本体论的研究方向。对此，周丽昀、武晨萧、肖雷波、郭丽丽等对技科学也有较为深入的研究。蔡仲、冉聃（2012年）在赛博科学观视野下对后人类主义、具身性等问题进行了深入探讨，认为世界演变为一个赛博世界，二元对立在赛博科学观中得以消解。王荣江、王亦（2013年）对皮克林的赛博科学图景，即科学是物质力量与人类力量在实践中的共舞与冲撞中展开的思想予以肯定，同时指出皮克林对科学的不确定性描述实际上使其科学观隐于一般事件中而显得无法辨认。李建会、苏湛（2005年）对哈拉维的赛博格女性主义理论进行了较为全面的介绍。刘介民、李芳芳、武田田、齐磊磊等也对赛博格思想进行了细致研究。

2. 发展阶段。国内学术界对赛博技术的研究形成其独特路径，主要针对赛博技术的整体存在样态展开哲学研究，尤其是在进入21世纪后，随着技术的迅速进步而迅速展开。其中，对NBIC会聚技术（指纳米技术、生物技术、信息技术和认知科学4个迅速发展的科学技术领域的协同和融合）的关注成为研究赛博技术的一个标志性开端。胡明艳、曹南燕（2005年）认为会聚技术把人类科技发展的对象由周围世界转向人类自身，使人类进入历史前进的新阶段，同时主张会聚技术的发展必须以人类自身的福祉为原则；陈凡、杨艳明（2003年）指出会聚技术是一种技术发展模式，它具有物质性、系统性和整体性等特征，提议将人类伦理贯穿到其设计和发展的整个过程；陈万求、沈三博（2013年）认为会聚技术是一项高度融合的高技术，给现有人类伦理造成了颠覆性冲击，传统道德面临严峻挑战，提出构建伦理新秩序以应对此种局面；杨艳明（2016年）进一步探讨了会聚技术的相关哲学问题；此外，岳瑨、赵克、裴刚等对会聚技术带来的机遇与挑战进行了深入讨论。此后，虽然仍未明确提出针对赛博技术的学术研究，但实际上已经展开对赛博技术的学术反思。

3. 分化阶段。学界对赛博技术的哲学反思尚未形成系统性研究，以对具体技术的案例研究作为愈发突出的研究趋势，面向经验的微观研究成为基本特点。通过对近10年来的文献分析可以发现，对大数据和人工智能的关注较多。其中，大数据研究主要体现在对它的哲学反思和伦理考察。吴基传、翟泰丰（2015年）指出大数据技术成为挖掘海量数据内在关联和规律的有效工具，大数据深刻地变革着认识世界的方式和手段，应引起哲学、社会学等学科的密切关注；陈仕伟（2017年）则对大数据主义持保留态度，认为这是由于对大数据的迷信而导致的结果；李君亮（2018年）则针对大数据技术的本体论假设进行论证，认为大数据其实就是大数据技术，数据作为其技术基础，应用分析技术则是其关键，而大数据和技术分析所揭示出的相关关系则是两者的相同之处，因而认为关系就是大数据技术的本体，在数据本体论意义上表征了自然实在；张庆熊（2018年）则分析了大数据对社会科学方法论带来的变革与挑战，认为大数据引导了对相关关系、模糊性和意义理解的关注，但由于固有的开放性和风险，未来数据库并不能代替人来做出决策。总之，对大数据的哲学研究在不同维度都体现了大数据技术已经触及生活的方方面面，人、自然与大数据技术之间的关系更加紧密或者说大数据技术具有典型的赛博特征。对人工智能的反思主要是将其作为一种技术从人文主义和工程主义角度进行考察。基于工程主义视角的反思的最终落脚点似乎还是回到了人文主义那里，就人文主义立场而言，一个焦点问题就是人工智能的崛起会不会取代人的地位，也就是人工智能对人在世界中的主体性地位形成了巨大挑战。毕丞（2019年）认为人是人工智能模仿的终极存在，人并不会被人工智能取代；陈姿含（2019年）则认为自由意志是法律保障人类主体性的基础，应以人为目标制定完善的标准，从而为法律规范和人工智能治理提供坚实的理论基础。

与此同时，赛博技术正式作为研究对象进入大众视野，对技术的哲学研究逐渐以赛博之名开始追问。例如，冉聃（2019年）在其文章《浅析赛博技术伦理思想》中指出，赛博技术打破了主体与客体之间的界限，使人类物种丧失了纯然的生物属性，在哲学上表现为一种新的本体论特征，赛博技术在提供技术支持时也导致了前所未有的伦理危机，但他对赛博技术的思考几乎集中于虚拟网络领域。李蒙（2009年）对赛博技术引起的伦理问题也早有关注，在其论文《赛博技术的伦理问题研究》中指出，身处赛博技术时代的人们面临新的生存考验与生存危机，现有的法律程序已经不足以应对这种挑战，道义论和后果论虽然在一定程度上可以对赛博技术的伦理问题做出解释，但仍存在难以弥合的理论缺陷，故而他从伦理角度提出融合道义论和后果论，通过保持两者之间的张力以达到彼此互补来补足现实中赛博技术所带来的"政策真空"。

总的来看，国内对赛博技术的研究大致经历了三个阶段，总体上呈现出从对赛博技术的整体关注到对具体技术形态的研究的发展特点。首先起源于国内学者对国外相关学者及其思想的详细介绍与批判性解读，其中特别对技科学、赛博格和后人类主义等理论给予极大关注；随后，在21世纪初对NBIC会聚技术的哲学研究成为正式开启反思赛博技术的一个良好开端，此时赛博技术的概念已呼之欲出；同时，随着第四次工业革命的到来，各种技术（包括大数据、人工智能等）将自然、社会和技术以前所未有的形式紧密联结起来。不过，学界对技术的赛博化趋势还未展开明确而系统的研究或者说只有零星的研究，或者说它呈现出理论反思稍显滞后于赛博技术发展进程的基本事实，但这为对其的进一步研究提供了有章可循的理论资源。基于此，本研究拟从生成本体论的视角定义赛博技术并尝试勾勒出它兼具生成结构与历史演化的立体图景，从而为当代赛博技术的发展提供一种可行的理论思路。

三、研究思路与方法

本研究将把生成本体论作为关照赛博技术的理论框架贯穿到全部研究过程，同时，把技术发展的赛博本性作为本研究的理论起点。在此基础上，将研究着眼点放在对赛博技术的生成结构与内在逻辑的分析上，以此展开对赛博技术系统而全面的哲学研究。最后，结合当代赛博技术的发展情况，基于对赛博技术的生成论阐释尝试性地提出发展对策。具体的研究思路和方法如下：

（一）研究思路

本研究以赛博技术之技术与人、自然之间的共生为基本目标。赛博技术的产生和发展是人、自然和技术三者情境生成的结果，是人类在自我进化和自我认知的历史上达到一个新阶段，其中存在的机遇与挑战对技术如何发展提出了时代追问。因此，在生成本体论视域下通过对赛博技术的理论建构和哲学反思，将对赛博技术的生成论阐释作为从理论向实践过渡的路径选择。在理论层次上，说明技术、自然与人在历史境域的演化与发展。其中，在横向结构上，在阐明自然与人类力量的先在性的基础上，说明技术与自然、人之间的相互作用和相互影响，展示赛博技术在横截面上的基本生成结构；在纵向层次上，阐明赛博技术在时间性的演变过程中所呈现出的境域性的特质变迁及其他一系列的演变特征和趋势。在实践层次上，结合当代赛博技术发展的现实情况，在理论分析的基础上对存在的种种关乎技术发展的显性或隐性问题进行重点分析，将现实问题框架化和条理化并分析其根源，尝试提出符合现实诉求和历史境域的赛博技术发展对策，为技术进步探索出一条可能道路。

具体而言，本研究以赛博技术为核心研究内容展开，以生成本体论作为分析框架尝试勾勒出异质共生的基本图景。本研究认为，技术的发展和演变具有显著的赛博本性，即技术在产生伊始就已呈现出来此种形式，它具体表现为技术与自然、人之间在历史境域中的解析与融构，其间的相互影响和相互作用促使技术形成属于自身的生成结构与历史演变特征。这种对赛博技术的立体呈现区别于技术自主论或工具论的实体性思维。所谓实体性思维，就是把技术置于本质主义立场所进行的抽象考察。而从境域性和时间性两个不同纬度刻画出技术在历史演变过程中的存在形式，即是说赛博技术的描述语言揭示了技术是过程的真实的而非实体的和抽象的。研究的主要问题包括：

1. 技术的赛博化历程研究，具体包括赛博技术的概念界定、技术赛博化的历史回顾及相应的理论关注和走向。技术的发展与人类的命运紧密交织在一起，人类经过史前社会、原始社会、农业社会、工业社会和信息社会这些不同历史阶段形成了现今的人类文明，而技术从旧石器时代开始就为人类的发展提供了强大的推动力，人与自然的关系也经历了崇拜自然、征服自然和自然和谐共处的演变。最终，技术得以指数级增长并与人类的结合更加紧密。该部分着重论证技术的赛博本性，研究的主要问题是：通过厘清"赛博"概念的基本内涵，说明赛博技术的概念借喻的来源；梳理技术在不同历史阶段的独特表现形式并指出其在不同阶段不同表征的共同特点；梳理目前学界对技术认知的诸观点，指出贡献与不足并将其作为继续研究的理论出发点。

2. 赛博技术的生成结构研究，主要探讨自然、技术和人在其中的角色定位，及它们如何形成一个异质共生的杂合体结构。根据赛博技术的概念含义，技术与自然、人之间形成一个动态演变的生成结构，三者涵盖了赛博技术在现实世界中所可能遭遇的不同维向的诸异质性要素，并在嵌入与融构的过程中改变着结构本身，更为明确地说，技术在人类力量与非人类力量的共同作用下结构自身、建构自身，但最终总能表达为技术、自然与人的境域性耦合。基于此，该部分研究的主要问题是：技术与自然、人三者是如何形成稳定的生成结构的？它如何在迅速变迁的境域中呈现自身？其中，自然与人是否具有某种先在性，这种先在性如何表达，又如何不断地进入到生成结构之中等。

3. 赛博技术的演化逻辑分析，主要探讨赛博技术演化的内在特质逻辑、外在社会逻辑及相应的后果逻辑。赛博技术虽然具有稳定的生成结构，并表达为技术与自然、人三者境域性的突显耦合，但在这种稳定结构下使诸要素在时间性的历史流变中解构与重组，在这一过程中超越自身并成为未来前进方向的新基石。因此，赛博技术在演变过程中所表现出的种种迹象就成为该部分的重点关注对象，研究的主要问题有：赛博技术的总体演变趋势如何呈现？对这些趋势出现的原因及特征怎么认识？赛博技术如何完成它的时间性超越，这一过程是否是可逆的，如何认识这一过程？对赛博技术的总体性趋势如何评价？

4. 当代赛博技术发展研究，包括当代赛博技术发展存在的问题和表现，及对如何基于共生基本认识对今后的发展趋势进行具有建设性的探索。技术是衡量世界发展和社会进步的一个重要维向，而赛博技术的概念所具有的综合性蕴含对于技术发展在社会整体中的意义判断无疑是一种革新和进步，因为它意味着更多维向成为判别标准。具体到生活在世界中的个体来说，这与人们对美好生活的热切向往有着深刻的内在联系，赛博技术的良性发展是百姓安居乐业的重要保障，因为它已然成为人的日常存在方式。但现实往往还存在诸多差距，这也是理论与实践的交汇点。该部分研究的主要问题有：当代赛博技术发展存在哪些问题？其根源何在？生成本体论的理论框架对解决此类现实困境有何启示？可以据此提供哪些可能的有效对策？通过对这些问题的回答，尝试把赛博技术引导到向善的发展轨道上来。

（二）研究方法

1. 概念分析法。通过对赛博概念的梳理，厘清并定义赛博技术的内涵以避免语义模糊和逻辑混乱，从而为研究奠定确定而明晰的概念基础和逻辑起点。

2. 历史和逻辑相统一的方法论原则。旨在对赛博技术在时空中的基本结构与历史演化进行生成论阐释，从根本上把握赛博技术的结构特征和内在逻辑，据此展开对其共生的整体性研究。

四、创新点与不足之处

（一）创新点

本论的研究研究创新点主要包括以下两方面：

1. 研究视角的创新。现阶段，对技术的研究基本都是对人工智能、大数据等具体技术形式的学术探讨。但本研究稍有不同，以赛博技术（或技术的当代发展样态，或技术的赛博本性）作为研究对象，基于反本质主义从境域性和时间性两个维度分析相关哲学问题，以阐明技术发展的内在机制，充分体现研究的总体性关注和现实性跟进。

2. 理论框架的创新。本研究以生成本体论作为理论框架。生成本体论是作为实践和文化的科学替代作为知识和表征的科学的实践科学观的哲学本体论基础，科学与技术之间的亲缘性关系能保障其恰切的解释力，能够对技术与诸多他者共生的呈现形式予以充分关注，因此可以预见其能够表现出与其他分析工具不同的研究潜力和学术前景。

（二）不足之处

本研究的不足之处可从重难点上窥见一斑：

1. 重点方面体现的不足。生成本体论视域下对赛博技术所进行的探索，意在从横向与纵向上对技术进行立体性把握，旨在以历史性的非本质主义的观点取代抽象的本质主义技术观，即是说对技术做出生成论解释而非既往的实体论观点。这是一种关于技术的根本性的理论革新，在分析的深刻性和理论的创新性方面有很高的要求，因此在诸如此方面的不足几乎难以避免。

2. 难点方面体现的不足。赛博技术是技术、人及自然三者之间的张力性表达，它超出了二元因果关系的确定性领域，而是以三者间不确定性的系统性呈现存在于生成结构的境域性重构和演化方向的开放式终结之中。因此，在不确定性的领域内把握赛博技术的生成结构与历史演化时，对其中复杂性的把握势必存在某些偏颇。

另外，囿于自身在学术研究水平和学术积累厚度方面的局限，对所搜集材料的分析和解读可能存在一定的疏漏和失当之处，语言表达上也可能存在言不达意的准确性缺失。

第一章 科学实践语境中的生成本体论

生成本体论来源于对实践科学观的哲学提炼和升华表达，是实践科学观的哲学本体论基础。强调共生，关注时间性和境域性，是对本质主义的解构与超越。在对科学的反思研究中，科学实在论、社会建构论先后成为主导性的研究纲领，但它们要么指示自然实在，要么指示社会实在，都未能摆脱来自旁观者角色所导致的知识表征的局限；而生成本体论作为一种"辩证的新本体论"，将科学置入"人-自然-机器"共舞的内生性历史实践中，从而赋予科学以超越实在论框架的新的阐释意义。[①]

用生成本体论来分析当代赛博技术，是把生成本体论作为理论框架，同时将涉及赛博技术的相关理论和观点作为背景资料运用于分析对象，并最终形成较为成熟的阐释体系。源于此故，首先有必要对生成本体论所内含的理论意旨进行介绍，即科学的辩证实践所彰显的客观性的哲学启示主要包含生成本体论、情境认识论和介入性的方法论三方面的内容，既为本研究提供了关于赛博技术结构分析的方法启示，又为理解赛博技术由实体到历史的转变提供了可选择的通达路径，为系统理解和反思研究对象提供了恰切而系统的分析框架，对于本研究的顺利开展具有重要意义。

第一节 生成本体论的科学话语

科学知识社会学基于自然主义和经验主义的方法回应"科学究竟是什么"所涉及的基本问题，并形成了以社会建构论为代表的理论主张。这种理论认为，科学知识可以通过社会性的诸要素进行说明，但实际上却违背了它当初想以审慎的态度对待科学的初衷，导致对科学的探索陷入一种抽象知识的泥潭之中。究其原因，其本质上仍与规范主义、逻辑主义的方法所秉承的静态说明相一致，都滑向对科学反思的实在论立场（对科学表征主义的描述）。因此，对科学的认识有必要从表征主义走向操作主义，用实践和文化的科学取代作为知识和表征的科学，进而在科学实践的背景下从操

---

① 邢冬梅. 科学与技术的文化主导权之争及其终结——科学、技术与技科学 [J]. 自然辩证法研究，2011，27（09）：93-98.

作主义、动态生成和价值有涉三个方面勾勒出真实的科学图景，从而把握科学"唯物论转向"的辩证实践，而生成本体论的基本思想就生发其中①。

一、操作主义的科学

所谓操作主义的科学是相对于表征主义的科学而言说的，两者同属于科学建构的理论范畴。关键在于两者具有不同的理论旨趣，前者意在把科学知识的研究引入到实践场域中，而后者则将其理论焦点置于单一的或多维的社会要素的强调中予以表征描述。作为实践的科学突出对去中心化特征、情境生成和非本质主义的关注，它把表征主义的抽象实在置入到可操作领域中，从而转变为一种具有现实性的辩证实在。

（一）科学话语的实践转向

科学实在论和社会建构主张在对科学建构的理解上各执一端，这反而使对科学的反思贡献了科学知识的新建构视角，开始关注到科学活动在真实的不可逆性时间中的历史生成过程，并以操作主义的描述方法把握科学。在此基础上，对自然与社会的角色功能所存在问题的认识发生了实质性的突破："科学知识产生问题的传统观点的突出特点就是非历史主义或超历史主义观点引导下的主观与客观、社会与自然、规则与行动……的二分"②。针对这种非历史的理论断裂情况，英国当代著名科学哲学家菲利普·基切尔异常尖锐地指出了它在理论呈现时所造成的疑难，认为对社会影响因素的过度夸大使对科学的描述陷入相对主义的疯狂，似乎只有得到社会的认可科学才有意义和价值。但是，这种实在论立场必然导致社会建构论选择科学知识的某个静态剖面而缺乏对行进中的科学的关注，这里主要指对自然因素的潜在作用的选择性失明。故而，这种科学是失却了理性的科学、是丢掉客观性的科学，从而也不是真实的科学，因为真实的科学是对开放性、不确定性和历史性的诉求与表达。

（二）去中心化的科学模型

操作主义的科学指认的是真实的科学，在继承对科学的社会利益的强纲领式的说明的基础上，还将自然世界重新融入到对科学的知识建构中，也正是通过这样的方式突破了表征主义框架的固有局限。除此之外，从根本上说对科学的表征性语言描述旨在对客观实在的真理性知识进行反映，认为只要建构了科学真理的知识体系就能把握

---

① 邢冬梅，高盼. 生成中的科学——"唯物论转向"的哲学意义 [J]. 学习与探索，2016（04）：6-9.

② 邢冬梅. 实践的科学与客观性的回归 [M]. 北京：科学出版社，2008：7.

客观实在从而认识整个世界，从逻辑实证主义到逻辑证伪主义，从美国科学哲学家托马斯·库恩的历史主义转向到奥地利裔美籍科学哲学家保罗·费耶阿本德的无政府主义主张，都或多或少地奉之为圭臬并提出自身关于建构科学知识的认识论和方法论道路，但无一例外地都失败了。其原因在于，这种对科学知识的表征性语言描述仅仅把注意力放在对科学知识的现时性陈述上，因而要么是没有生命力的静态描述，要么是缺乏对科学对象的单一表达，归根结底还是表征主义的理论框架排除历史感的先天性缺陷。而操作主义的科学观很好地弥合了诸异质间的实体论的裂痕，将各种有理论创见与知识短板的不同观点和理论整合进历史之中，同时赋予自然与社会在历史空间中冲撞与耦合的现实可能性，克服了对科学知识的辉格式处理所导致的诸如真理符合论的判断疑难等表征性难题。

（三）　对现实秩序的情境关注

对科学的实践解读注重将过程熔铸到对科学的境域性变化的理解当中，这与英国哲学家艾尔弗雷德·诺思·怀特海对"事件"概念的理论挖掘所揭示出的过程思维在理论内核上是相通的。过程在这种理解中占据着极其重要的位置，因为过程意味着对单一实体要素决定论的实际反叛，不管是自然要素抑或是社会利益要素，都不能单独地对科学在实际操作过程中所反映出来的复杂性进行合理且恰当地描述，其结果只能导致某种形而上的对永恒规则的本质主义理解，故而将科学实在论和社会建构论各自的合理成分进行统合是一种很好的消解问题的路径。需要指出的是，这种统合并不是将两种不同观点简单地拼接起来，而是采用了一种在时间中理解科学的方式作为科学实践要素的粘合剂，也只有在时间中才能符合实际地看到建构科学的自然要素和社会利益诉求之间的相互耦合，才能破除人类力量与物质力量在科学建构时所可能出现的对称性缺憾。换而言之，实践的科学是对科学的基础主义的庸常解释的超脱，它将物的要素和人的要素放进动态的适应与阻抗的冲撞中并历史性地沉淀为饱含丰富性的科学。在这样的过程性实践中，自然的、社会的诸要素并非一成不变，而是随机而有序地彼此塑造。具体而言，科学实践的诸参与要素在参与到真实的融构过程中便失去了起步本来面目，自然不再是自然，而社会利益也不再是社会利益，总之它们嵌入到时间中，嵌入到彼此的身体当中，于是便改变了彼此的结构与原初性能而成为新的主体和客体，甚至可以说主体与客体都消融在情境之中。

（四）　非本质主义的本体重构

科学构成要素在其中获得新的身份内涵，它们都不再是独立的个体参与而是处于相互关系中。在自然要素与社会利益要素的对称性互构中两者均不是以自身的原初身份融入情境中的，恰恰是以去自然、去社会利益的形式为重心，在现时秩序的瞬时突现中将自身融入到对科学的实践理解中去的。还需补充的是，科学实践实际上更是一个具有组织化和开放特征的系统演进过程，与环境交互的实际作用为科学文化的强势积累提供了必要条件。这与科学对单一本质要素的决定作用的摒弃和对静态描述的历史主义转向一脉相承而又具有不同的内涵，其最显著特征是，这种开放性依赖科学实践诸异质要素在现实秩序的耦合突现中对偶然性要素的融构与析出，为科学的向前发展提供动力。库恩的范式理论可以对之进行相应的形象说明。库恩认为，从前范式到范式的转换中，最大的机缘就是反常不断出现，这些反常不能在既有研究框架内获得可靠而又极具说服力的科学解释，当这些反常超出一定的限度便客观上催生了对新范式的需求。在这一模式中，反常便可以理解为在科学实践的现时秩序中偶然要素的融入与干扰，它导致必须对范式进行改变，即将不合时宜的部分分离出去，最终的结果是导致了前范式的坍塌和新范式的建立。这就是说，反常亦即偶然要素对科学研究起到举足轻重的作用，改变了科学实践当下的前进方向，将科学带入到偶然要素所导引的不确定性的轨道上去。

概而言之，操作主义的科学将对科学的理解赋予了辩证实践的色彩，这种唯物主义转向整体地呈现出科学实践中人与物彼此塑造的全新场景，进而在诸参与要素的耦合突现中实现对科学的非本质主义的历史性把握，科学不再是等待被发现的无历史的客体，而是直接参与到科学事实的建构活动中。

二、动态生成的科学

实践的科学关注科学事实的建构中包含自然与社会诸异质性要素的多维链条，实践的科学是在物质力量与人的力量的共舞中生成出来的，而绝非对自在之物的简单反映，"向我们展示的是生成论意义上的实在论"①。也就是说，科学事实被赋予了一种历史性和时间性而非抽象的科学知识的无历史性。科学的这种特征来源于科学发展过程中的与境选择机制，正是历时的境域赋予了科学以变化的存在特质。这主要是指，自然与社会诸要素在嵌入科学事实的选择机制下不是必然的和恒常不变的而是变化的和偶然的，至于哪种偶然性要素恰逢时宜地嵌入到科学事实中，全取决于科学发展的现有基础及诸异质要素冲撞的效果，这样最后达成的便是偶然性要素之间耦合突现的与境选择的结果。

---

① 邢冬梅，陈晓刚. 科学哲学的"实践转向"[J]. 江海学刊，2016（01）：48.

（一）科学建构的时间关注

在很大程度上，正是自然和社会的诸异质要素在嵌入科学事实的过程中所表现出来的偶然性给予了科学建构的历史性特征。究其缘由，科学不是作为一个静止对象等待我们去发现的，而是在诸多参与要素的时间性的先后加入所决定的。随着异质性要素的时间性嵌入，科学事实的外在呈现也相应地发生了改变，可以说，任何异质性要素的嵌入实际上都是对科学事实的整合和再塑造，即为了能够将新的要素囊括进科学的合理解释内，需要对现有的科学事实进行调节，以便达到与新的异质要素之间的耦合。在这中间，究竟哪一种异质要素能够优先地嵌入其中，取决于科学事实调节的结果与哪一种待嵌入要素契合的程度如何。尽管存在着不可否认的偶然性，但它的未来方向与科学事实的既有基础是分不开的，甚至可以做这样的论断：科学是在本质与特质的共同作用下形成其真实的历史，本质只不过在偶然要素的嵌入条件下转变为具有时间性特征的特质表达。在这个过程中，偶然的异质性要素以何种方式和时机融构到科学事实中去，取决于也重新决定着科学发展的现时秩序，故而科学发展也指示着一种不确定性。包括异质性要素的不确定性、嵌入时机的不确性定及科学事实调节结果的不确定性，但最终都在诸异质要素的耦合突现及新的科学事实的形成中变为确定性。这样由不确定性到确定性的变化便印证出科学发展的动态生成的基本面貌，而且这种变化此起彼伏、循环往复地推动科学向前发展，正如美国科学哲学家万尼瓦尔·布什所言科学是无止境的前沿那样，动态生成的科学没有终点。

（二）科学建构的与境选择

在科学的时间性描述中，随科学事实不断建构的基本事实而来的是科学与境选择亦即实践的科学所揭示的科学的客观性。实际上，任何以自然或社会为阐释立场的科学建构都是关于科学的实体论思维作用的必然后果，是本质主义的抽象表达所无法避免的窠臼，而在对科学动态生成的话语表达中，自然和科学被统一到科学事实的耦合突现之现时秩序。必须指出的是，自然与社会的诸异质要素的时间性嵌入并非简单的排列组合，而是在力量博弈中互相建构出科学事实。在这个意义上，自然和社会实际上在力量博弈与瞬时突现的进程中达成了一种彼此建构，即自然具有了某些社会性因素，而社会则具有了某些自然的元素，它们互相建构的科学事实中所蕴含的不再是纯粹意义上的自然或者社会，而是被改变了的耦合意义上的科学建构所融入的诸混合性的异质性要素。换言之，科学知识是自然客体的社会性说明，但这种说明不是外在地强制植入，而是自然与社会在科学实践场域中的内生性解决。

这意味着构成科学实践的诸异质要素不存在任何本体论上的分离，反而是其中的自然或社会的诸要素在瞬时突现的过程中通过阻抗与适应而结合在一起，无论是自然或者社会在这种真实的实践语境中都难以独自获取它自身的意义。同时，必须认识到科学事实的历史性生成是不可逆的，因而在科学事实的形成过程中人类力量与物质力量实际上构成性地成为规定科学的前进方向的解释来源，诸异质要素的现时性冲撞内在地受到科学强势积累的影响，因此可以说真实的科学是尊重事物发展的因果律的。从这个意义上来说，科学的发展有其自身的逻辑与历史，远非相对主义立场所声称的"怎么都行"，因为科学进步是一个强势积累的过程，是一个有其自身变化潜能的选择过程，对科学的"怎么都行"的随意性解读实则没有关注到科学进步的内在逻辑。实践的科学表现出某种关于异质要素意义上的后人类主义特征，自然或者社会在现实秩序的耦合突现中都可能作为科学实践的中心，但这种中心会根据现实的境域性条件发生改变，即在对科学实践的复杂性解释中没有一成不变的恒定中心，而是转化为对科学诸多实践要素的多维性关注，将科学作为一种文化来进行分析。

归而言之，科学实践指向这样一种真实的发展事实，正是自然与社会境域性地在现实秩序中的彼此建构赋予了科学本身以最大的客观性，这种把科学拉回到日常生活世界的观察视角从侧面表明那种对科学历史的回溯式迷思，只能是对科学的盲目毁灭而最终走向历史的反面。对科学的认识不能局限于基于"科学家"身份的回溯式追问，而应遵循科学自身发展的事实与规律。科学认识所发生的这种从自然视角或社会视角的说明到实践视角说明的转变，是以辩证实践的方式指向了一种新的本体论并为科学发展提供了事实上的启发。

三、价值有涉的科学

对科学建构的认识不能仅仅满足于事实建构，其最终目的也要关涉到对科学建构的价值关注上。把科学带入到实践场域的突出贡献就在于它将自然与社会诸异质要素从实在论的抽象理解中拯救出来，通过诸异质要素的时间性拟合达致对真实的科学的追求。科学事实的如是建构向我们展示了科学进步的新阐释模式，也向我们展示出科学的异质建构渗透着价值参与的基本事实，价值是理解科学的境域性生成之背后动力的重要维度，这可以从异质要素的价值维度、动力系统及其机制来理解。

（一）异质要素的价值驱动

借用库恩对科学的历史主义话语描述，可以表达为科学以一种后向驱动的模式向前行进，即科学的既有发展成果成为新科学建构的起点，为诸如社会、仪器、文化、自然、人、物等诸偶然性要素嵌入科学提供了某种历史性基础，而这些偶然性要素则为科学发展注入新的意义和内涵。换而言之，科学的现时秩序决定了科学进化从何处开始，而诸偶然性要素的嵌入则决定了科学向何处进化，两者共同构成了科学事实的历史性实践。在这样的科学演进背景下，由于参与要素完全是偶然的和杂多的而不再由某种单一的实体性要素唯一地决定科学的本质属性，科学的发展前景便不再是稳定的和可预测的，反而往往导致那种不稳定的和反常的现象出现，这种现象促进科学的更新迭代并意味着科学并不是纯粹地按照自然规律的线性前进，而是受到诸多偶然因素的影响而被建构着。推而及之可验证这一发现，即科学在成为建构事实时，实际上也成为人的新生活方式并深深影响甚至改变人的先前的日常生活，因为科学是人参与的科学，人的价值选择在科学建构的过程中抑或在科学事实的现实化中都能得到体现。实际上，科学的唯物主义转向将科学带入到现实实践当中，对科学的操作主义语言描述为理解科学事实在建构过程中的价值渗透提供了一种更为明晰的话语体系，即更能理解科学事实是价值有涉的而不是某种与现实无关的抽象实践。

（二）价值驱动的动力系统

科学的发展伴随着的是诸偶然要素的情境性嵌入与科学事实的共时性重构，其中蕴含着科学何以进步的动力系统。法国哲学家布鲁诺·拉图尔把参与其中的诸要素称为行动者，这些行动者的行动及如何行动都指向行进中的科学，即在现时秩序的共时作用中形成网络。由于这种行动者网络是行进中的，它便包括科学从哪里开始进化及科学向何处进化的连续性场景。其中，从哪里开始进化指涉的是既成的科学，而向何处进化指涉的是正在建构着的科学。既成的科学言说作为结果的事实，建构着的科学言说作为冲撞中的过程，两者最为显著的区别便是既成的科学与建构着的科学似乎处于一种相反关系但实际上共同构成前后相续的进化事实，前者在对结果的描述中消解了正在建构着的科学所体现的冲突与矛盾，只是将其最后的结果指定为科学事实本身，殊不知它是诸多要素经过相互竞争而得到的妥协产物，其中蕴含着诸参与要素自身的价值诉求。这种区别代表的是两种不同的科学描述方式：表征主义的科学只看到既成的科学，至于其中历史性嵌入的诸多要素面对的只是回溯式处理或者继续隐没在静态的表征中；而行进中的科学则是对科学的真实描述，它将关注的焦点从既成科学的横剖面上转移到行动者在网络建造过程中所实现的连续性"内爆"衍变，科学事实最后是显现还是湮没主要取决于体现价值诉求的网络联结的实际效果的具体程度。

科学事实的网络构成仍然主要是自然和社会两方面的要素。就自然而言，对具体研究对象的专业水准越高超，则形成的科学知识越能成为网络中的强节点；就社会而言，科学外部的社会活动联系越紧密，所结成的网络节点就越牢固。这两方面的要素在真实的科学中形成一个循环圈，其前景依赖于两者之间张力作用的强弱变化，若在更广泛和更深层次上加强了行动者的网络联结，则意味着在这种利益博弈中某一价值诉求得到了广泛的重视和认可，在现实秩序的科学建构中不断得到强化。然而，某一价值诉求的强势积累并非能够一直延续下去，因为在真实的科学中随着利益的不确定性转移或者说在范式转换的过程中会形成新的价值诉求，而旧有的基于科学事实之上的利益网络便会随着新的强势网络的扩大而逐渐消解。利益网络的演变总的体现为由弱到强、多维演进的基本趋势，而价值诉求是作为它的动力系统在偶然性要素的时间性析构中推动科学的不断发展。

（三）价值生成的背后机制

真实的科学是时间性的，现实秩序的瞬时突现和行动者网络的连续演变既反映这一事实又揭示了它价值有涉的一面，只有将价值诉求考虑进去才能理解科学事实的辩证实践过程。利益作为价值诉求的最集中体现，在行动者网络中反映出以下几个事实：

1. 真实的科学是自然与社会的历史性强势联姻。科学的专业化文本的强势积累离不开社会层面的广泛认同，即科学事实的强势表达既是对自然对象的纯化研究又是社会力量的凝聚场所，自然与社会犹如科学事实的正反面，缺一不可。进一步而言，这两方面所包含的行动者网络节点的广度和强度是大致相当的，也就是说，对自然对象的研究水准越高，就越会吸引众多的社会力量嵌入到网络节点之中，由此科学事实在利益驱动下不断得到强化和改进。

2. 得到强化的节点在行动者网络中将变成义务通道点。所谓义务通道点指的是科学研究绕不过而必须援引的节点。其原因在于，在利益的驱动下，以某一节点为核心会吸引越来越多的社会性影响黏附其上，进而形成稳定的社会联结，即义务通道点由之形成。于是，以这种强势积累的义务通道点作为基点与其他义务通道点建立联系，当然，义务通道点有强有弱，强的义务通道点更为抽象，而弱的义务通道点相对而言则显得具体，这类似于概念之间的关系，更加抽象的概念往往能覆盖那些更加具体的概念。这里更加抽象的概念就相当于强的义务通道点，或者说这种强义务通道点实际上愈显抽象，愈加能够将自然的、社会的诸异质要素统摄麾下。

3. 在义务通道点形成愈加连续的节点链条时，说明科学事实的建构愈加成熟，自然与社会在其中得到更加稳固的嵌合。这带来的进一步影响就是科学事实的建构获得了科学以外的关注和认可，尽管处在节点之外并没有参与到科学事实的实际建构过程中，科学事实的现实影响却已取得公众信任。对于公众而言，科学事实是无数黑箱组成的信任链条，但这并不妨碍科学信念的形成，于是，科学越来越显现为一个人类力量与物质力量共舞的场域。

总而言之，生成本体论从辩证实践的角度实现了科学从本质到特质的转变。在传统的科学观主导下，科学是一项寻求确定性和永恒性的研究活动，本质上属于表征主义的反映论，达到的是抽象客观性；而操作主义的科学将范围扩大到科学活动的全部视野当中，不再依赖于某一单一要素的决定性作用，即它以反本质主义的科学立场谋求一种与境参与的过程客观性。于是，科学变得不再是中立的，而是诸参与要素耦合突现的结果，这对认识论的转变产生深刻影响。

第二节　情境主义认识论的影响

对科学的描述语言的转变展示了科学的实践场域，通过将抽象的科学拉回到现实的生活世界，把科学发展的内在逻辑凝练为唯物主义视角下极具建设性意义的生成本体论的辩证观念。在此基础上，应当认识到这种关于科学的辩证实践的分析路径具有深远的哲学认识论意义，即科学并不处于一个发现的语境，而是构建出来的产物。这首先体现在对充满异质要素的境域性的关注，由此催生出来的便是情境主义的认识论选择，其理论旨归以对事物的情境关注作为认识的切入点，这对于我们转变主体认识范式具有切实的指导价值。基于此，从主客互构、与境发生及其反本质主义立场把那些"古老而又非法的杂合体"重新纳入到我们的考察视域中，充分发挥"物"的认识论功能以重构由于分裂而造成的风险，正视主体与客体之间不可分割的联系而不是简单地将它们各自纯化处理。

一、主体与客体的辨证发展

作为科学的研究对象，自然从实践的科学观看来是人类力量与物质力量的彼此交织，而不是反映论的单向陈述，两者的差别就在于：前者是介入性的，而后者则是两相对立的。所谓介入性，从更为一般的抽象意义上来讲，是指主体在观察自然客体时介入到、参与到观察对象当中去，这种对境域的准确把握是对客观性的最好说明，而不是那种在抽象理性的指导下主体把客体所能言及的实在。具体而言，就是主体与客体在境域性的实践当中实现了主体客体化和客体主体化，根本不存在单纯反映表象的客体的主体，同样也不存在不受客体影响的主体；主体与客体的身份特征在互相建构的过程中，作为单一性要素被消解而成为两者相互融构的一个整体性存在。

（一）主体间性的科学表达

在实践中的主体与客体的关系可以概括为主体间性，它利用自己的方式把对象世界带入到实践场域中来，进而使不可知论的存在理由不攻自破。德国哲学家伊曼努尔·康德曾经将我们的对象世界划分为物自体和现象世界，之所以做出这样的划分是因为康德认为人的认识能力是有限的。换句话说，我们关于世界的知识是有限的，不存在彻底认识世界的可能性，知识只能来源于主体对现象的直观和反映，而物自体对于知识来说总是神秘而不可知的。康德如此划分自然有他的理由，但这种划分在辩证实践的观点来看实际上忽略了物自体杂多在知识形成中的作用，即物自体与现象世界的划分并没有十分清晰的界限，仿佛随着自然知识的增长而处于变化之中，这意味着主体所认识的现象世界是不断变化的，它连续地侵入到物自体的疆域里或者说逐渐把物自体包含在自身之中。这表明，对世界的如此划分具有极大的主观断定成分，并不具有对知识而言所应该具有的客观性。更明确地说，这种划分的不合理之处在于将主体与其认识对象对立起来，而这样的对立实际上可以消解于对境域性的关注中，因为境域性能够把产生知识的不同参与要素置于一种互动的环境中，主体与相应的认识对象是互相定义和形塑的，并不是反映与被反映的关系。"在主体的世界和客体的世界之间，并不存在共同的测量尺度，但是它却很快又从事了相反的工作，仿佛用同样的度量来衡量人和物。"① 这样就发生了一种根本性的转变，物自体与现象世界的区分在辩证实践下走向了一种融合，即在主体与其认识对象的互相建构中被消解了，毕竟在实践的观点看来物自体与现象世界的划分是徒劳无益的，对于知识的产生并不会带来任何有益的促进作用。

（二）客观性的内生性保证

必须指出的是，主体与客体在实践中的互动是内生性的，而不是某种主观臆断的想象。库恩认为，常规科学研究中的观察活动是有理论负载的，并不存在那种绝对中性的观察设备或者理论语言。具体而言，当观察某一自然对象时，观察者受偏好、专业知识甚至周围环境的影响，导致观察结果并非是对自然对象的纯粹的表象性反映，而是主客观综合作用的理论呈现。换句话说，任何观察都是主体与客体的互相作用，观察的结果带有强烈的主观意味，用观察渗透理论可以很好地概括这种认识特性。与之相反，那种追求对对象的客观反映的表征性陈述，实际上是表征主义的实体论思维，由于缺乏把握客体所要求的实践条件而失去了客观性。因为只有实践客观性才是真正把握了主客体互动的真实的客观性，而表征主义的实体论描述是抽象的，是脱离了具体的实践场域的必然结果。究其原因，是因为人作为特殊的认识主体有其特殊的认识逻辑，而非是对认识客体的镜像反射。另外，客体也绝非仅仅是人类认识范畴的容器，它内在的客体性质同样是参与认识建构的因素之一。实际上，认识客体进入认

---

① （法）布鲁诺·拉图尔. 我们从未现代过——对称性人类学论集［M］. 刘鹏，安涅思，译. 苏州：苏州大学出版社，2010：67.

识主体的视野经过大脑加工并被表达出来，这经过了一个复杂的综合分析过程，在这个过程中，主体所固有的认识能力和认识水平与认识对象相互碰撞，最终呈现出来的认识结果是两者共同作用的成果，认识对象只是其中的参与要素之一而发挥作用。也就是说，最终的认识结果不是对对象的镜像式反映，因而也不是表征主义的实体论思维所声称的客观性知识，认识的内在逻辑决定了认识的结果绝非如此。

需要注意的是，这种主客体之间的相互作用所依赖的认识逻辑保证了其客观性基础，同时决定了它与相对主义的主张相区别。虽然观察渗透理论告诉我们观察时有理论渗透在里面，但这并不能作为相对主义的结论的强有力证据，因为获得一个观察结果包含两方面的内容，理论渗透是观察得以进行的必要保障，而观察需要理论作为认识工具，同时观察对象的存在同样举足轻重。一方面，理论是达成认识所必需的背景知识，如果缺乏这样的知识，那么就难以达成既定的观察效果和目标，比如一位物理学家并不能弄清楚人体的生存机制，因为他不是一位生物学家也不具有所必需的生物学知识。由此可见，理论对于观察对象十分必要。另一方面，仅仅拥有理论并不能为获得可靠的认识提供足够的条件，否则，逻辑实证主义也不会坚定地声称只有能被证实才是科学的可行标准。根据他们的观点，尽管理论对于观察具有指导意义，但在没有获得来自观察对象的反馈时就只能把这种理论作为一种假设，故而也就丧失了科学理论该有的科学性和客观性。不过，主客体之间的相互作用弥补了理论的乏力，它既承认理论在观察时的必要性，又对观察对象对理论的反馈予以重视，只有囊括了理论与对象之间的相互作用才真正把握了认识产生的基本原理，特别是观察对象的反馈保证了理论观察的客观性要求。概而言之，判定认识是否具有客观性，只要衡量观察是否是理论与对象共同作用的结果就能做出判断。

二、集体话语的与境选择

从对科学的辩证实践的考察结果来看，对"科学究竟是什么"的问题的回答在本体论意义上发生了巨大转变，即对科学的表征主义解释转变为对科学的生成本体论建构；而关于科学的认识论也随之发生转变，对知识的客观性理解开始基于生成本体论展开，它的基调被表达为反基础主义的情境主义认识论，对知识的把握不再是对它的本质抽象，而是转向对情境的关注，知识成为一种境域性生成的认识结果从而获得新的客观性。

（一）实践语境中的集体话语

科学知识的产生是在相同范式作为指导的前提下科学家个体在科学共同体中共同作用的结果，从这一点来看，科学知识是集体智慧的产物。库恩认为，科学研究活动不是连续进行的，而是中断式进行的，在成熟的范式纲领指导下的科学研究出现越来越多的反常时，就意味着科学危机的出现，这时候促进范式转换将是推动科学进步的最佳选择。也就是说，范式转换是科学研究重新获得活力的有效方式。同时，它也表明科学活动是在间断性的范式转换之间更新研究的概念和方法的。然而，从后现代主义的视角来看，范式理论为我们提供了批判本质主义的方法论通道。具体而言，范式革命的最重要成果之一就是科学共同体的形成。在科学共同体内部，具有不同社会角色的人参与到科学知识的生产之中，其中最具代表性的便是科学家个体，他们凝聚在共同的范式之下，成为科学知识的主体，即科学知识在直观上被认为是科学家个体的研究成果，但从实际上看是在共同范式下整个共同体的集体产物。在这一点上，哈拉维深受影响，把知识主体从个人视角扩散开去，最终以不同视角综合的方式确保认识结果的客观性。可以说，她从后现代主义视角重新定义了知识的客观性标准，超越了二分法传统对某单一要素的本质性理解。

（二）认识发生的境域性关联

表征主义的科学观指示的科学客观性是一种抽象客观性，因为它试图对科学进行绝对的中立性描述，但认识的发生必然处于一定的境域性环境当中，不可能脱离具体的情境性要素而单独提取出来。哈拉维从批判的视角出发，通过对科学文本的考察，提出关于科学知识是一种"集体话语"的观点。[①] 在客观性的问题上，女权主义者既灵活摇摆于二分法的两极，又似乎不可避免地被它们捕获。对科学的社会研究促使一种社会构成主义的立场流行于对所有知识尤其是科学知识的的解释中。其吸引力在于社会诸构成要素不对科学知识具有唯一性的解释特权，而是诸要素共同作用的结果，因为在生成知识的过程中任何相关要素都进入到所构成的特殊场域中，它们都被转化为关于知识权力的行动而非寻求真理的行动，于是科学家的个人权威便在诸要素的权力角逐中消解掉了。

在此基础上，情境主义知识论在对二分法进行批判的背景中产生，主张从局部视角对科学知识进行描述。在科学研究的实践转向之前，主要有科学实在论和社会建构论的二分立场，它们分属于自然与社会的两极，无论选择其中的哪一极都意味着抛弃另一极，即在这种两难选择中必然导致压迫与反抗。而在情境主义的知识主张中，自然和社会被统一到认识情境中，因而具有对科学实在论和社会建构论的解构性质的实际作用。基于情境主义的基本立场，哈拉维主张寻求一种能够表达女性主义的客观性

---

① （美）唐娜·哈拉维. 类人猿、赛博格和女人——自然的重塑 ［M］. 陈静，译. 开封：河南大学出版社，2016：388.

诉求的情境性知识，因为这种情景化的认识论功能可以重新建构关于客观性的理论框架，破除单一视角带来的局限，进而以多元主体的综合性认识撑起客观性的重新定义，其结果就是对世界的认识方法和认识标准发生根本性的变化。毋庸置疑，这种认识论变革在理论方面和实践方面能够产生双重实际影响，而不限于对知识的主观臆断。

（三）认识主体的联合

局部视角以认识主体的多元变化作为基点进行分析，最终达成关于客观性诉求的集体话语。在哈拉维看来，局部视角是保障客观性知识的另类表达，它为通达认识的情境基础提供了一种可行性路径。首先，她指出认识主体的局部视角关乎科学的客观性要求。她通过"视线隐喻"来说明科学知识的形成是情境性的，由于具体情境复杂的基本状况为认识目标提供了多元的局部视角，由此便生成关于认识目标的不同立场、方式和方法，它们都是具有独特性的不同局部，共同构成了关于科学的新的客观性标准。也就是说，对局部视角的强调实际上消解了观察视角的唯一客观性基础，也说明观察对象并不必然具有某种中立性的客观标准，认识的客观性条件分裂为多元主体，对客观性的追求从存在转变为变化着的多元主体，任何单一的认识主体或认识方式都不再拥有知识的特权地位。其次，局部视角的多元性暗示了不同视角联合的可能性条件和必要性要求。必须认识到，局部的不同视角必须在某一特定认识对象上聚焦在一起，通过这样的方式，达成一种"认识论的联合"，唯有如此，才能保证各个不同视角各自存在的合理性。换句话说，在这种联合中实现的是异质性视野的综合，其中既保全了各个视角获得在认识活动中相对应的认识地位，又规避了一种视角被另一种视角湮没的可能性风险。用哈拉维的话说，局部视角总是属于自身的，它在认识活动中不断地被联合、融构，与其他视角结合在一起形成认识对象的客观性知识。最后，局部视角的多元复合表明不同认识方式的互相冲撞，而非彼此之间的简单组合，这不同于抽象客观性所谓的中立视角。认识的发生与不同视角的联合紧密相关，而视角的联合要求具有差异性的不同视角之间的耦合性再生，在联合中形成关于认识对象的整体认识。因此，在这一过程中局部视角就具有了某种批判特质，这种批判指向与自身迥异的其他视角，最终达到"整体大于部分之和"的认识论效果。

总的来说，从客观性的角度来思考认识形成所必需的条件时，情境主义的局部视角提供了一种超越抽象的中立性视角的新路径。哈拉维通过对"集体话语"的多元分析，以局部视角作为基点形成一种以客观性为旨归的认识论的联合。最重要的就是，承认局部视角对科学知识的客观性所具有的不可或缺的作用，进而以不同视角的聚焦效应和耦合机制形成一种综合意义上的认识成果。概言之，对认识对象的局部视角的观察取代了以前对科学知识的抽象客观性的追求，在"集体话语"中达致一种新的客观性。

三、情境知识的反本质主义取向

对科学的"集体话语"的认识论追求纠正了传统认识论方法的刻板症结，重塑了人们对认识主体和认识客体的形象，从局部视角出发使认识的发生经过了一个多样而带批判色彩的过程。毫无疑问，哈拉维向我们展示了一种并非没有立场的认识论建议，但这种认识赖以形成的主体、对象及方式都是情境的，是境域性发生的，而这也意味着情境生成的知识具有多元属性，不能仅仅把它理解为抽象客观性所声称的"征服自然"的理想，相反，情境化的知识是参与到认识过程的诸要素共同作用的结果，这些要素为认识成果提供了主体的视角和客体的视角，并且与历时性变化的特定环境有着不可否认的天然联系。认识到这一点，就有必要理解情境主义条件下知识生成所发生的这种转变的认识论本质：知晓它通过肯定科学知识对自然的非镜像式反映来实现对世界的负责任的说明所表达出来的后现代批判态度，但这种批判不是否定客观性，而是在尝试建构一种反本质主义的情境客观性。

（一）主客一体的系统结构

后现代主义背景下科学知识明显的客观性追求体现在情境主义的境域性考察中，自然被赋予认识的能动性意义，并与认识主体形成张力性的认识结构而共同参与到知识的建构活动中。更为准确的表达是，应该将其称为情境主义对认识主体与认识客体的重新塑造及对主客体间关系的重新定义。在这种主-客结构中，主体与客体在实证主义的概念框架中所扮演的角色发生了明显的转变。其中，认识主体在传统科学观中作为唯一的能动性力量失去了其特殊的认识论地位，因为由此形成的认识成果本质上是把自然作为机动的真理去发现的，但这只是一种抽象意义上的武断推论，它没有对认识过程中自然的力量予以足够多的关注；对认识客体来说，在情境主义的认识论立场中获得了不同于实证主义所忽略的认识论功能，即自然作为认识对象被赋予了同认识主体同样的认识论地位。也就是说，在这种主-客结构中，自然不仅仅作为纯粹的认识对象等待认识主体的发现，而且能动性地加入到知识的建构活动中，其中任何一方都不能脱离另一方获得解释，反之也不能单独存在。总之，主体与客体在获得客观性知识的追求中具有同等的认识论意义，其间的二元对立在情境主义的认识结构中被消解。

（二）局部视角的"认识论的联合"

对局部视角的强调表明在认识活动中要求多元声音的表达，科学客观性要求突破人作为认识主体的"中心论"局限。在对科学实践的分析中，哈拉维追求对科学的负责任的描述，摒弃一切二元对立的认识论选择，在各种异质性的认识要素中建立平等对话的基础，以弥合自然与文化、科学和机器之间不必要的裂痕。从局部视角出发，全面而连续地将科学实践中的身体、自然、动物、科学、机器等具有不同定位的参与要素吸纳到知识的形成过程中，促成多元认识主体展开共同对话。可以说，局部视角的提出突出了认识的特殊性，这种特殊性来自于特定情境中偶然性要素对认识的最终结果的介入。也就是说，科学知识是一种多样性表达，是情境的产物，具有情境本身所具有的特殊性。通过这样的方式，它超越了传统的科学观所对应的实证主义认识论对普适性追求的固有局限，对真理的同一性标准发起反抗，取而代之的是把情境作为科学客观性获得保障的基础。不过，这并不是把它理解为建立新的知识霸权，哈拉维也从未表明情境主义认识论相对于其他认识论的绝对优势地位。对局部视角的强调只是基于情境实现的对传统科学认识论的格式塔转换，类似于库恩所说的范式理论，科学研究活动中所遭遇的反常现象在不断累积的过程中促使研究范式发生转变，但这种转变不是连续的，也就是它并不意味着比之前的范式更好或更坏，只是适合特定研究对象的范式选择而已。这里所说的合适的范式就相当于对情境特殊性的关照。

（三）认知要素的情境性融构

情境主义的基本立场将丰富的偶然性要素融入到认识过程当中，即认识的形成是在要素的不断参与中逐渐实现的，因而情境化知识也表达了一种过程客观性的理论诉求。情境主义的认识论路径首要的是寻求"唯物论"的回归。我们身处的世界本身是不断流变着的，其中任何可感知的事物与形状在各自的位置上形成一个连续统，它们未被思考而直观地呈现在周遭的生活世界中，这与"客观性"相去甚远。所谓"客观性"在实证主义的科学从业者看来就是运用数学化的处理方法去达到超越外在表象的永恒不变的真理；反过来，诸如德国数学家戴维·希尔伯特对自然的形式化再现却导致世界被剥离附着于其上的生活意蕴，最终被表达为关于世界的公理化认识。但它与真实世界的割裂只能得到抽象的知识，而且脱离了生活世界的复杂性必然是无历史的，是忽略了时间维度的。哈拉维提出在科学研究中应把异质要素之间的相互作用作为突破点，以寻回抽象的科学观所丢失了的东西。在她看来，科学活动是操作性的物质实践而不是表征主义的反映论，对科学研究中诸参与要素间的相互作用的认识必须是动态的而不是静态的，恢复时间的维度对于"客观性的回归"是必要的。在具体的实践中，任何参与要素都是认识主体，在认识发生的过程中以瞬时突现的方式嵌入到知识中，在彼此间的交互作用和共谋突变中内爆出关于科学知识的客观性。拥有了时间维度的考察方式驱动科学知识的标准从"抽象客观性"转向"过程客观性"，从此科学知识成为与境的时间性知识，是在时间中耦合突现而生成的知识。

概而言之，情境主义的认识论可理解为一种历史生成论的科学观在认识论层面上的表达，是基于具体的科学实践过程的"认识论的联合"。在情境主义的认识框架中，发生的根本变化就是从表征主义到操作主义的转变。认识主体与认识客体在境域性的理解中被重塑，不仅认识主体具有认识功能，而且认识客体被给予了同等的认识论地位；在认识主体和认识客体之外，任何与知识形成相关的异质要素都被赋予了认识论角色，知识是诸参与要素共同对话的结果。另外，知识有其自身的生命，它不是对认识对象的抽象反映，而是异质要素在历时性耦合过程中的内爆状态。就其本质而言，对认识的情境关注与生成本体论一脉相承，强调物质的辩证实践，重视在历史与时间中把握科学，从而在纵向和横向的双截面上勾勒出自然的立体化形象。

第三节　介入性的方法论启示

无论是诉诸内部秩序的科学实在论还是强调外部实在构成的社会建构论，它们的主张实际上都是将抽象的哲学原则作为科学研究的规范原则进行阐释的产物，在规范的意义上对科学的方法论影响是一致的。从根本上来说，它们共同的问题在于都没有将实践的维度所彰显的涉身性认知秩序有效地考虑进去，因而在试图说明科学实践时往往会陷入抽象考察的困境。殊不知，对科学的研究不仅要探求到隐藏在自然当中的秘密，更为重要的是展示出自然规律最终呈现出来的过程性内容。事实上，只有选择具有如此理论内涵的科学方法论，才能为现实中的科学提供一种辩证实践的客观性描述。

介入性的方法论强调实践要素对认知秩序的情境性介入，采用这种路径能够将现实的实践活动从抽象泥潭中拉回到情境性的现时秩序中来，从而以一种介入的方式影响具体的实践趋向。常人方法论和后人类主义科学论能够为此提供良好的切入点：它们都以对认识对象的境域性考察为基本着眼点；不同的是，常人方法论是从局部视角遵循具身性认知秩序，而后人类主义导引的方法论把去中心化作为行动的出发点，以发挥作为他者的"物"的能动性力量。

一、常人方法论

在科学研究的实证主义阶段，科学家将自然作为一个待解剖的、静态的、孤立的对象置于实验仪器的检视之下，认为存在一个先验地潜藏在自然外表下的科学真理，秉承着这种信念，科学及对科学真理的追求以一种先定身份在主体与客体之间构筑一条难以跨越的鸿沟。但是，真理的存在并非是对既存的自然规律的发现，而是在人与物的境域性相遇中耦合生成的知识，这种对"科学是什么"的观念的转变是随着对科学的辩证实践的关注而发生的。常人方法论最初生发于社会学研究中，尔后被借鉴到科学领域。它旨在通过局部视角对科学做出一种微观分析，向我们提供了一种具有一般性意义的具身性认知秩序的方法论启示。

（一）规则与行动：关注"日常活动"

1967 年，美国科学哲学家哈罗德·加芬克尔在其著作 *Studies in Ethnomethodology* 中提出常人方法论的社会学研究方法。他主张把人的日常活动作为重点研究对象，通过对在社会日常交往中形成的知识和技能来分析人们在日常生活中交往行为的特征和规律。这里他假定了一个前提，认为普通人在社会活动中作为行动者并不能用规范事实来界定，否则就会失去其行为的积极性和主动性。这说明不存在先验的外部规则来事先对行动者的行为进行约束，规则是在人们的日常活动中内在生成的概念，从而构成日常生活的社会秩序。为了还原日常活动的本来面貌和出于维护社会秩序的现实要求的目的，加芬克尔重新对规则与行动之间的关系进行了厘定，指出行动应该存在于规则之前，而社会秩序形成于重复行动之后并作为行动的潜能发挥作用。在一定意义上，社会秩序可以被理解为是在行动与规则的波浪式往复运动中形成的，具有过程性特征而不是某种抽象的永恒存在。

更进一步地说，加芬克尔看到了普通人在社会实践中对规则形成的促进作用，实际上这就是"个体主义"理论意蕴的旨趣所在，即在规则与行动之间塑造了两者沟通的可能性。他们才是日常活动的真正缔造者和诠释者，日常生活能够体现出他们的行为模式及其内部机制，在他们的日常行为中蕴含着明显的可说明性、索引性和反身性等特征。[①] 总之，加芬克尔通过在日常活动中对行动者（规则自身也被赋予了行动者的功能特征）的关注，在具身性参与的基础上强调日常活动的常人视角，把社会秩序刻画为在行动与规则的互相建构中的实践行为的过程性结果。显然，在具身性参与的情况下所形成的社会秩序具有不可还原的唯一性特征，具有历史属性和逻辑特征。在此基础上，具身性认知秩序具有了某种可迁移的方法论适用性。

（二）"实验有其自身的生命"：具身性认知秩序

美国科学哲学家迈克尔·林奇把常人方法论引入到科学研究领域，特别是运用具

---

① 杨述超. 常人方法学的基本主张及其内在逻辑 [J]. 天府新论，2020（05）：154-158.

身性认知秩序去解释具有内部时间的科学实践活动，通过对具体科学活动的内部相互作用的关照指认"实验有其自身的生命"。他指出，具身性认知秩序把科学实践活动的操作话语和嵌入型行动作为载体，破除了中心化的认知秩序，从而在情境中消解了在主客体分离的前提下才能获得意义的先验性科学真理，意义在一个情境化的世界体系及与具身性活动相关联的行动部落中重生。① 任何把自然作为研究对象的具体科学学科都能在自身的发展历史中窥见其全部内容，而且这种专业性特征极其明显的物质成就具有不可复制的不可逆性。也就是说，它不存在那种在"发现的语境"中被重新转换出来的可能性，由于其自身的独特性被认为具有唯一性历史的知识内容，从而在内部时间的意义上生成特定科学学科的命题簇，在历史的具体情境中建构自身的完整历史，在方法论的功能意义上为科学研究的广泛开展提供了不可或缺的借鉴经验。这里从两个方面进行总结：

1. 分析方法的经验取向。常人方法论应用到科学实践的话语体系中最为显著的意义就在于：寻找科学在具体行动中被中立性的科学表达所遮蔽的东西，在具身秩序中把握科学活动的特质。"科学对象包括着一连串对两个定性对象之间的关系的度量，而它本身却并不是定性的；我们不可能把这种科学对象误以为是一种新的'实在的'对象，与通常的对象对立起来。"② 也就是说，科学并不是孤立存在的等待被发现的东西，而是存在于一种关系之中，与其他异质的东西相联系。换言之，从常人方法论的视角可以在科学研究中补全科学真理最终得以呈现的历史语境，通过对实验的日常行为的常人观察弥合科学文本和具体行动之间的过程性偏差。林奇倾向于对经典科学案例的经验性分析回到科学发生的"真实的"过程，并通过对日常生活语境中不同案例之间的对比分析形成一种超越"局外人"视角局限的实践的科学话语，再现观察、计量、测试、表征等专业话语指称所赖以从中剥离出来的"自然观察的基础"。林奇特别指出，科学是一项在实际的操作活动中发现科学真理的自然探索过程。

2. 实践活动的时间性关注。在科学的研究过程中，具体的操作性实践在境域性的进行中应该被认为是有序的，而不是混乱无章的时间性行进。事实上确实如此，最终被提取出的科学真理所具有的规范性和秩序性的保障就来源于科学研究内在所具有的有序性根源。这与社会学的常人方法论中对"可说明性"的确认相一致，两者在日常生活的秩序性问题上都以其中存在的秩序作为研究对象，并尝试发现这种秩序在真实的境域性环境中如何进一步获得强化，进而成为更加稳定、更加明晰的秩序性原则。

---

① （美）迈克尔·林奇. 科学实践与日常活动：常人方法论与对科学的社会研究 ［M］. 邢冬梅，译. 苏州：苏州大学出版社，2010：154.

② （美）约翰·杜威. 确定性的寻求——关于知行关系的研究 ［M］. 傅统先，译. 上海：华东师范大学出版社，2019：121.

比如，林奇通过把意大利科学家伽利略·伽利雷对钟摆的研究转换到"实践优位"上，试图对等时性原理证明的现实秩序进行把握，但由于实验过程的不可复原的唯一性特征而只能选择在实验操作的逻辑秩序意义上进行可重复性检验。源于此故，可以区分出秩序在时空条件下现时性和情境性的差异。现时性特征说明在实验的具体发生过程中仪器、人、自然等即时性地参与到具身性秩序中，这并非为了理性的重建而是出于还原理性得以发挥作用的场所；情境性则指具体的实验操作秩序不能被简单地进行形式化处理和提取，而只能选择在理解实验的逻辑秩序的前提下把握科学真理的理论内核。通过这样的方式，可以在实践优位的解释学驱动下以具身性操作秩序为依托对科学合理性进行重新确认，将"丢失了的东西"重新嵌入到科学说明中，从而用"特质"① 一词代替普适性概念来达致说明科学就是这个而不是那个的目标，即对科学真理的抽提和表达离不开具体情境的贡献。

从常人视角重构真实的科学有利于把握科学发现的真正逻辑，对经验性日常活动的关注对于满足林奇对"唯一适用性要求"的诉求具有十分重要的实践意义。一方面，应在经验世界中认识和把握科学，将科学内部及围绕在科学周围的相关要素作为一个整体考虑进科学的生成背景中；另一方面，要在对实践活动的微观考察中有意识地对研究对象向前发展的有序性规则进行利用。另外，常人方法论对科学微观层面的局限性认知在一定程度上造成对宏观影响因素潜在作用的关注不足，因而有必要认识并有效把握常人视角的适用限度。总之，常人方法论所特别重视的分析日常活动的具身路径，从微观层面上为我们提供了一种分析研究对象有序性发展的可选方法，正如拉图尔所言，"多亏有了时间这一特殊结构，现代人才能将那些新行动者的增殖秩序化"②。

二、后人类主义导引的方法论

20 世纪 90 年代中期，"后人类主义"进入了当代人文和社会科学的批判话语③，继而成为社会科学的研究范围内具有代表性的热门研究术语。起初，后人类主义是指随着信息技术和生物技术的迅速进展而出现的人类身体技术化的一种趋势，即在碳基身体与科技手段日益结合的条件下，呈现出以人-技结构为基本形式的协同演化发

---

① Michael Lynch. Scientific Practice and Ordinary Action ［M］. Cambridge：Cambridge University Press，1997：256.

② （法）布鲁诺·拉图尔. 我们从未现代过——对称性人类学论集 ［M］. 刘鹏，安涅思，译. 苏州：苏州大学出版社，2010：82.

③ Cary Wolfe. What Is Posthumanism? ［M］. Minneapolis：University of Minnesota Press，2010：xii.

展状态，并由此形成以人类身体为对象的技术化反思。后来，后人类主义又被引进到科学研究领域，成为一种理解科学的新角度，它从人类力量与物质力量的辩证实践中思考科学，其中的人与物在共舞中生成并演化属于自身的历史。总之，后人类主义的基本含义显著地揭示出人类中心主义的湮灭这一事实上的变化，以本体对称原则强调物质能动性力量，其中具有深刻的方法论意蕴，这里以后人类主义的科学研究进行说明。

（一）从主体性到主体间性：坚持本体对称原则

从人类中心主义到后人类主义的转变中，主体性重构成为首要任务。在后人类主义兴起之前，人类中心主义的哲学在对科学的反思中具有本体论层面上的主体倾向，形成了以科学实在论和社会建构论为主要流派的科学哲学研究纲领，直到科学哲学的实践转向使这种局面发生了根本性的变化。人类中心主义的基本观点在自然与社会之间划下了一道鸿沟，科学知识有赖于主体对客体的客观反映来获得，这是一种认识的二分法，也正是这种二分法使认识发生的全部能动性都被赋予给主体元素，而客体被认为是一种沉默的、被动性的东西。在后人类主义的哲学取向中，要求重新书写客体在科学知识形成中的作用，即客体与主体不再有传统意义上的区分。科学实在论和和社会建构论各自在方法论上的缺陷实际上推动了后人类主义科学观的本体论反思。

对人类中心论的批判是后人类主义方法论的逻辑起点。在二分法的基础上，无论是科学实在论的主张还是社会建构论的主张都是以人类中心主义为前提的理论构造，表现在方法论上就天然地具有某种割裂特征且各执一端。科学实在论把科学的研究对象（自然）定位在一个处于客体位置的待发现、待表征对象，运用具有普遍性质的方法原则和标准模型可以提取出隐藏于其中的科学真理。其根本出发点在于，通过这种方式来保证科学真理的自然起源从而规避主体形式渗透其中。但如此这般对科学客观性的追求实则存在一个主观性质的预设，即人类主义的知识发现逻辑。具体而言，它是从人的角度来确定自然考察的标准化模型的，因而是一种人类主义的知识发现和客观性描述，用奥地利哲学家埃德蒙德·古斯塔夫·阿尔布雷希特·胡塞尔的观点对之进行定性评判就是一种伽利略式的数学化处理，它通过对生活世界的阉割式想象把自然想象成形而上的抽象客体。换句话说，通过把认识主体和认识客体进行二分法处理，幻想将理性建立在认识主体及其标准模型之上，从而排除科学家废人心理、文化等非理性因素的影响。实际上，这种方法论的不对称性选择即便是出于规避知识受到人为干扰的目的，却最终导致滑向表征主义的抽象客观性境地。

秉持本体论意义上的对称性原则。社会建构论尝试克服科学实在论在方法论方面的不对称性局限，提出科学研究的"方法论对称性原则"①。科学社会学的强纲领是典型代表，它很好地体现出对方法论的对称性原则的要求。其理论要旨在于，把与科学研究相关的诸如逻辑规则、文化、心理等一切为科学共同体所体认的要素都赋予其以社会因素进行理论解释的应有地位。换言之，社会建构论可以用来衡量和建构任何理性的或非理性的因素，只要它与探求自然有关，那么，就应获得同等地位的一致性承认和重视。在这里，社会因素成为阐释科学研究诸因素（具有对立性特征）的基础标准和首要的方法论通道。

显然，科学实在论倾向于用纯粹的逻辑方法去解读自然，而在与科学相关的文化、心理等社会影响因素方面认识不足，最终只能获得关于科学实在的表象认识；而社会建构论则把理解自然的科学目标转化为社会因素的建构结果，或者说这是一种权力博弈的结果。两者虽有差异，但都是在自然与社会二分的前提下把理性归于其中一方的结果，本质上属于表征主义的科学观。其根本出路在于，在自然与社会之间找到第三条道路。科学的实践转向有效地弥合了两者之间的断裂，在实践层面上将自然与社会整合进对科学的重新理解中。而这必须建立在对科学实在论和社会建构论的理论延续上，在本体论意义上将对自然、社会和科学之间的关系转译为科学的辩证实践的主体间性问题，进而达致一种实践层面上的客观性追求。

总的来说，既要坚持自然在科学知识形成过程中的基础性作用，也应把诸如权力与利益等社会因素及不可忽略的决定性影响考虑进去，即两者的共同作用才是对科学本来面目的实践理解。换言之，自然不能忽略社会利益的潜在影响，社会因素也不能对自然做出独断式的解释。因为脱离了实践的对自然或社会的理解都是抽象的，其结果只能陷于"自然实在"或"社会实在"的陷阱；而当把它们置于实践的语境中时，就能恢复自然的能动性与社会的历史性，两者相辅相成，共同为科学合理性注入活力，在实践中生成科学的新客观性。

（二）"自我与世界的双向构造"：发挥"物"之能动性

根据本体论的对称性原则，"物"被赋予了同人类力量相同的能动性力量，它包括具有非人类属性的一切存在物。人类力量与物质力量二分的情况下，对"物"的解释只能是一方反映另一方的静态表现。但本体论将两者进行混合后，就破除了存在于其间的隔阂，人与物之间的区分在混合中不再存有界限，两者在科学的实践建构中获得了对称性的地位。其中发生的最显著变化是，"物"具有了同人一样的主观能动性。

自然也是一种"物"。自然成为现象界的构成要素，获得了为自己立法的权利，而

---

① （英）大卫·布鲁尔. 知识和社会意象 [M]. 艾彦，译. 北京：东方出版社，2001：8.

不再"为自然立法"。在康德的知识论中，自然是同一切世间经验现象一致的杂多，唯有通过知性概念提供的先验规则为自然对象立法，从而在感性世界中获得知识。也就是说，关于"物"的或者说自然的知识产生于外界的规定和反映，它本身并没有真正参与到知识的生成过程。而在混合本体论的框架中，"物"不再作为一种感性世界中的现象并通过本质抽象和认识，而是直接作为一种现象参与到知识的建构当中，对"物"的理解从此就必须放在关系中去理解。比如，"仪器"在这种本体论范畴中就不能被理解为一种抽象概念，亦不能作为一个单独对象进行描述，对它的解释必须同其研究对象联系在一起时才具有现实性，即必须在真实的实验情境中去把握这一现象。如果脱离了具体的研究对象，那么"仪器"的意义就是抽象的而不是具体的，与具体的研究对象联系起来时才有意义。也就是说，在对称性原则的要求下，"仪器"必须是在与其研究对象的关系中表现为具体的、可感知的，而非关于存在的抽象客体，在这个意义上，"物"就是一种可感知的现象，而现象就是实体本身。

　　自然在人与物所形成的本体论对称性结构中得到重新构序，"物"的能动性力量在自然与社会的共舞中释放了活力。这种新的涵义在奥地利科学哲学家卡林·诺尔·塞蒂纳的实验室研究中得到了具体而详细的说明。① 由于科学研究的辩证实践转向，实验室成为科学得以生成的场所。与英国科学哲学家大卫·布鲁尔的方法论的对称性原则不同，实验室把包括纯粹的方法在内的任何与科学研究相关的要素都囊括进实践过程当中，从而构成了一个类似于林奇所说的日常生活的经验场，其中人与物、自然与社会的对称性质的实体在科学中融合为一体，在关系中两者发生显著变化。

　　一方面，自然被社会重塑。在自然与社会的两极共舞中，进入实验室中成为研究对象的自然并非是原初地存在于外界的"第一自然"，而是在观察渗透理论选择机制作用下筛选出来的自然，即进入实验室场所的自然是渗透着人为因素在里面的，自然秩序与社会秩序交织一处而显现于实验室中。换言之，自然对象在进入实验室后就具有了某种可塑性，而不是表现为基于经验世界的本质性表达，它与原来的自然环境及自然本身相区别，恰如"第一自然"和"第二自然"的区别那样，或者说实验室中的自然就是"第二自然"，社会力量将其纳入自身的秩序之中。

　　另一方面，与自然秩序重塑有关，或者说通过对自然秩序的重塑的对称性理解可以得出，社会秩序也在实验室所构筑的场所中被提升和重构。与自然相对的是作为实验室研究主体的科学家个人，塞蒂纳将科学家视为与实验室中其他诸如仪器、铭文、电子图像等同样的科学研究工具，即科学家是构成实验室日常生活中的一个要素而

---

　　① （美）希拉·贾撒诺夫，（美）杰拉尔德·马克尔，（美）詹姆斯·彼得森，等. 科学技术论手册［M］. 盛晓明，孟强，胡娟，陈蓉蓉，译. 北京：北京理工大学出版社，2004：112.

已，是重构自然秩序和探索自然奥秘的技术工具。另外，实验室是开放性场所，社会的各种力量都会渗透进科学生成的具体进程之中。例如，基金委员会、媒体、政府机构等力量通过科学家强化自身对科学实践建构的强力作用。也就是说，实验室是一个自然力量与社会力量的聚集场所，在日常经验的时间性演进中，把自然和社会嵌入到实验室所构筑的现实秩序中并重新建构自身的演化秩序。

常人方法论和后人类主义各自从不同侧面为我们展示了科学实践从基础性的结构形式和时间性的生成变化两个维度来建构科学的基本图景。在此基础上，选择演化可作为促进事物发展变化的一种辩证实践的方法论选择。在自然与社会或者说人与物的对称性互相构造中，自然秩序与社会秩序都在实验室的现实秩序中重新定义了自身。常人方法论将焦点放置在日常活动当中，主张从常人视角理解和把握科学实践的具身性认知秩序，强调微观处理和动态发展；后人类主义的科学论则从本体论的对称性原则出发，刻画出人与物互相建构的双向模型，突出主客体的本体对称和耦合机制。两者共同揭示出科学是一种客观性和生成性的动态演变过程，其中，来自经验世界的自然与社会作为科学构成的基本要素受到重视并保证了科学的客观性，而人与物的互相建构则在时间性的嵌入运动中显现出科学的生成特征。在一般意义上，通过这种厘定可以抽提出一种可迁移应用的理论框架，即关于科学实践的结构分析和演化发展可用来分析当前技术发展的当代特征，因为科学实践所揭示出的生成本体论与技术发展的赛博本性具有天然的相似性联系。这将在第二章中进行详细阐述。

本章小结

生成本体论是从对科学的反思性研究中提炼得到的，是关于实践的科学的哲学话语表达，强调共生，突出特质。在本体论层次上，认为科学是操作主义的、动态生成的和价值有涉的，实则从根本上秉持一种反本质主义的、同时又是历史面向的基本观点；在认识论层次上，主体与客体的辩证关系建立了一种超越主客体差异的诸异质要素的耦合关系，坚持现象的产生与发展是集体话语的境域性呈现，具有根本的反本质主义取向；在方法论层次上，局部视角和本体对称原则成为解析对象的有效选择。

第二章　生成本体论视域下赛博技术的发展历程

在很大程度上，人类历史的展现都与技术的进步相互呼应，可以说，技术已经融入到历史的血脉传承中。然而，技术在日趋强大的同时带来一些前所未有的危机，这渐渐引起人们的警惕。正如胡塞尔所说的"科学的危机"那样，技术也有在特定历史背景下呈现出来的危机，即"技术的危机"。在说明这一问题时，有必要探讨当下的技术发展形态，这是理解技术带来的种种挑战的基本前提。

第一节　界定与阐释：赛博与赛博技术

一直以来，人与技术之间的关系问题都受到格外关注。尤其在以人工智能和大数据为引领的高新科技的加持下，一方面人类生活得到了极大的便利，另一方面技术与人俨然成为一个不可分割的整体。对这种在新技术环境下出现的变化予以理论重构，就成为当前的紧要课题。

这种新变化使技术越来越显现出赛博本性，也就是说，技术经历了一个逐渐凸显的赛博化历程，从生成本体论的角度来理解，可以将之描述为技术与人、自然之间耦合突现的时间性发展。通常意义上的"技术"在字面上的含义一般仅局限于技术自身，这让人潜意识地会产生那种"技术与人或者自然对立"的直观看法，即它们分属于不同实体，而不是彼此实际地互构着。与之不同，赛博技术是对异质构成的诉求与表达，是对时间性行进过程的关注。也就是说，"赛博技术"以具体的概念形式把"一般技术"所内在蕴含而又未充分地表征出来的内容以更加明确的方式予以确认和肯定。在这个意义上，"赛博技术"与通常意义上的"技术"之间的区别是根本的、明显的。接下来对技术的赛博特性进行梳理，以厘清赛博技术的概念蕴含。

一、"赛博"的生成论界定

"赛博"取源于古希腊哲学家柏拉图的著作中出现频次很高的 kyber（掌舵人）一

词，意为 to navigate（操控、控制）①，最初表达"航行、掌舵"之意，之后被引申为"长于掌控"。然而，该词是因美国数学家、"控制论之父"诺伯特·温纳的《控制论》才得以在国内流行的。② 他于 1947 年基于 kyber 创造出新词 cybernetics，翻译为中文词就是"控制论"。控制论包含两层含义：一层是驾船控舵般的掌控，另一层是调节反馈式的通信交流。"赛博"正是基于这种控制论的意义在多域的赛博场中进行操控，其内涵也在伸延的过程中得到了更加丰富的发展。具体而言，在赛博科学（cyber science）、赛博空间（cyberspace）还是赛博格（cyborg）的不同场域中都或明或暗地彰显着共生的理论特质，即作为核心蕴含成为关于技术的研究内容，因为它恰当地描述了技术与人、自然之间的异质共存现实。

（一）赛博科学：科学与军事的联姻

赛博科学在二战时期就已现端倪，最显著的就是科学与军事的联姻。事实上，在二战以前，科学作为一项纯理论性的研究学科与军事之间保持着泾渭分明的界限。然而，军事安全的迫切需求在战争中开始指向战争的科学研究，科学家和相关研究人员开始秘密入驻军事基地，平民身份的科学家与工程师把军事因素融入到自身的研究事业当中，军事与社会的界限业已模糊。其间，运筹学研究有效地对科学与军事之间的关系起着调控作用，它运用来自雷达实验室的物质工具积极优化军事应用，同时，将实际操作信息及时反馈给雷达实验室。这种交互反馈为雷达装置与反雷达装置之间的博弈提供了不可或缺的理论支撑，围绕科学的工程研究发展出强有力的武器装备参与竞争，战争日益变为全面的斗争，而时间性成为一个很重要的要素参与其中③。电子计算机作为最具代表性的赛博对象在二战及战后都是各种战争装置聚集的意象，一方面探索着人类大脑的思维能力，另一方面也是赛博科学的物质载体。显然，它向人类中心主义提出挑战，具备了一定的"原本只有人类才具有的思维和认知功能"④，换句话说，电子计算机打破了人与物之间的绝对界限并成为一种新本体意义上的人造物。

（二）赛博格：控制论的有机体

西方哲学传统中人类中心主义根深蒂固，而赛博格理论的出现彻底打破了这种局

---

① 陈晓慧，万刚，张峥. 关于 cyberspace 释义的探讨［J］. 中国科技术语，2014，16（06）：29.

② 高俊. 建议 cyber 一词音译为"赛博"［J］. 中国科技术语，2014，16（06）：18.

③ （美）万尼瓦尔·布什，等. 科学：没有止境的前沿［M］. 范岱年，解道华，等，译. 北京：商务印书馆，2004：61.

④ （美）安德鲁·皮克林，肖卫国. 赛博与二战后的科学、军事与文化［J］. 江海学刊，2005（06）：17.

限。"赛博格"最初在20世纪60年代由美国航空科学家曼弗雷德·克莱恩斯和内森·克莱恩从cybernetic（控制论）和organism（有机体）各取一部分构成"cyborg"，因此，哈拉维把它称为"控制论的有机体"。在哈拉维那里，赛博格是作为其社会主义女性主义批判理论的本体论进行展开的，并至少在两个层次上有不同的含义：一是狭义上的理解，即认为赛博格是人与机器的混合体，它导致了人与机器之间界限的模糊甚至消失，使两者之间原本存在的边界打破，破碎了的边界必然带来身份的破碎，人的概念与机器的概念都在这种破碎中迷失。不仅如此，破碎了的边界还延伸到人与动物、动物与植物、自然与文化、物质与非物质那里，一切二元对立的边界都在这种打破中获得新的身份和异质的构成要素，这等于是说它们之间的关系是存在的，且随时空变化而呈现出不同的混合性表征。二是广义上的理解，作为"社会现实的生物"，赛博格不仅指那种越出具有明确边界的"虚构生物"，它的意义还扩展到了伴生物种的范围内。所谓伴生物种，就是与所谓的"主体"生活世界不可分割的情境性存在，比如哈拉维运动时作为"伴生身体"的牧羊犬。广义上的"伴生物种"与"主体"的身体在特定时空中的联结实际上构成了一个关于存在的"场"，而场的构成要素是彼此联结而无确定边界的。总之，它"扰乱了古希腊著名思想家亚里士多德与法国哲学家勒内·笛卡尔所极力寻求的自我与他者的边界，确立了一种自我与他者、人与世界含混不清、密切相关、动态交流的本体观"①，重新在世界之间构建了一种关系的、变化的、无边界的秩序。

（三）赛博空间：虚拟与现实的对话

赛博空间的出现稍晚，在20世纪80年代由美国作家威廉·吉布森提出，是cyber和space的合成词，在哲学上是指建立在网络链接基础上以符号、人、信息之间的互动交流为主要特征的媒介传递新领域，它不同于作为物质运动之先验形式的物理空间，实际上构成人的数字化、信息化和虚拟化的生存方式和交往方式。在经验层面上，独特的字节符号作为质料为其提供唯一的量度，在此基础上与不同的形式结合而形成种类各异的赛博空间，诸如网络游戏、购物平台、社交应用程序、虚拟现实、增强现实、脑机接口等，日益丰富和改变着着人们的生活方式和存在形式。从它的语义可以看出，赛博空间虚拟与现实的交织特性已经成为学界的普遍共识。一方面，它是对现实世界的字节表达和对自然世界的虚拟呈现，虚拟的网络空间与现实建立起紧密联系，虚拟空间由此注入了现实世界的实在要素。另一方面，赛博空间业已渗透到现

---

① 欧阳灿灿. "无我的身体"：赛博格身体思想 [J]. 广西师范大学学报（哲学社会科学版），2015，51（02）：63.

实生活中的各个角落，深刻地改变着人们的思维方式和行为习惯。这种虚拟与现实交织而成的实在性成为区别于现实与想象的第三种客观性存在，从而具有实在性；同时，它的边界也是开放的，故而赛博空间的内容随媒介传递的改变而发生变化，而变化反过来又离不开各种时间性要素的参与。赛博空间虚拟的实在性与现实世界的客观性之间并无二致，如斯洛文尼亚哲学家斯拉沃热·齐泽克所言，现实就其本质而言具有最小程度的虚拟性。在这个意义上，赛博空间只是延续了"现实的逻辑"，实际上通过赛博空间的虚拟实在的构造揭示了现实世界的虚拟性。①

　　可以看出，源始于控制论的"赛博"在赛博科学、赛博格和赛博空间的理论与实践的交错中得以注入新内涵，在不同的特定场域中表达出不同的理论特征但又具有某种同构型的特点，实则与生成本体论的理论旨趣内在性地高度吻合。同时，由于生成论是实践科学观的哲学本体论基础，加之赛博强调异质要素间的共存共舞和共生，强调对实践主体的境域性关注，强调实践过程的时间性行进，因此，在实践和文化的意义上，可以说"赛博"的概念是对生成本体论理论内核在技术上的具象体现，赛博就是对生成本体论的别样表达，用它来呈现技术和人、自然的耦合极为恰切。

二、赛博技术：一种新的技术观

　　根据前面的论述，基于技术发展的现实状况，把技术哲学视野中的技术定义为"赛博技术"是符合生成本体论理论旨趣的迁移性选择。通过这样的方式，可以对技术在具体实践中的无边界性、去中心化、混杂性、开放性、时间性、动态性、境域性等特性进行生成本体论的解释和分析。其意义在于对技术的解释将以一种反本质主义的范式实现对其共生性质的认识，这有利于对技术及它与人、自然的关系模式进行向善发展的探索。

（一）技术发展的现实状况

　　赛博技术作为对技术发展形态的客观描述不仅仅是一种形而上的范式转换，更有深厚的现实基础，涌现出诸多改变它与人、自然之间关系的新技术手段。近20年来，在以人工智能、大数据、云计算为引领的进步浪潮中，技术与人两者相互嵌合的程度大致经历了三个层次的变化。在体外层次上，技术大规模、深层次地参与到人类的生产、生活中，极大地解放了人的劳动压力和智力束缚，技术基本驻留在人类身体的外部。例如，华为技术有限公司车间对工业机器人的商业应用，大大减少了人力投入，从而实现了大规模的自动化生产；又如自动驾驶汽车为人类的日常生活提供了安

---

　　① 何李新. 齐泽克的赛博空间批判［J］. 外国文学，2014（02）：138.

全便捷的出行选择。总之，技术已经渗透到我们生活世界的各个角落，这有赖于智能感知、人机交互、智能终端处理等技术广泛的实际运用。不过，此时技术与人的结合形式依然是外在的，仍然被作为"人类器官的延长"来使用，第二次变化才突破了这一限制。在身体层次上，技术与人的结合程度首次在身体层次上实现了突破，技术与人成为一个混合体。在医学应用中，人工耳蜗、心脏支架、3D打印的人工肺等嵌入技术有效地延长了生命路程。在常态生存中，植入电极、服用兴奋剂等增强技术提高了人类的感知机能。此外，基因编辑技术、遗传算法等生物技术都以改变身体的原始构造为目标，从而使人类更好地适应地球环境变化甚至为迁移到外太空生存做准备。显然，技术就此打开了人类的身体密码，实现了有机物与无机物、自然与人造、人类与机器的共存。然而，技术所要开辟的生命空间并不只是如此。在心灵层次上，在人类进步的驱动下，技术直接涉足人类的情感空间，将技术的主战场从体外经由身体转向人类世界的最后一片禁地。在人工智能领域中，情感计算致力于获知人的情绪变化、价值偏好等无形的心灵变化，从而更好地进行个性化服务，提升用户体验。以此为基础，情感计算形成了相应的技术生态，比如脑机接口、传感技术、人机交互等的应用。不过，目前此类技术也有局限性，并未在真正意义上达到随意控制人类意志的程度。即便这样，也可以说技术已经形成了全面涉足人类生命不同层次的技术体系，成为人类生活不可分割的一部分，技术与人类命运息息相关已然是不可辩驳的事实。技术的巨大力量使对它进行反思迫在眉睫，理论界关于技术与人的关系的意象分析业已获得不少具有代表性的成果。

（二）赛博技术：技术对"赛博"概念的借喻

技术从赛博的具体化实践中所借喻来的种种特性有力地弥合了技术自身与世界、自然及人等诸多他者之间的裂痕，从"赛博"的生成论界定中对此可有清晰的认知。实际上，这暗含了一种新本体论——本体意义上的生成论，这种新本体论可以用拉兹洛系统哲学的"场"论来说明。所谓的"场"，即认为世界的唯一存在是场，通过环境、反馈、自组织、自演化等系统概念描绘出关于世界的整体动态图景，物质和精神都是在场中相互作用中产生的、在时空条件下构成变化的关系存在。另外，它们也保持相对的独立性。其中，场是第一性的，物质、精神等作为要素是第二性的，因而区别于亚里士多德具有边界属性的"这个"所指的单值决定论的实体观，同时，笛卡尔逻各斯中心主义的心灵与身体互相对立的主体性蕴含在其中也予以消解。事实上，场本体论以双透视论作为其本体论基础，对"事件"这个系统概念给予了很大关注。其理由在于，"事件"理论为场本体论的提出提供了丰富的理论资源，是对"场"的哲学内涵的高度浓缩。一方面，事件理论在系统所固有的非加和性和历时性的理论前提下，肯定了物理事件和心灵事件各自的相对独立性；另一方面，事件理论突破了实体概念所造成的静止、单一的理论困境，超越了经验和理性之间长久以来的隔绝状态，独创性地在物理事件和心灵事件之间建立起联系，这种联系的存在在系统哲学中成为自然-认知系统的基本内涵。综合地看，事件理论不仅将任何存在物纳入场本体论中，还将存在物之间的关系在场的本体世界中进行观照。把这种思维迁移到对赛博技术的哲学分析时，我们可以说，技术自身与自然、他者与世界之间的诸种断裂在场本体论中得以修复，技术、自然、世界与潜在的他者共同涌现在技术场中，并且这种涌现在技术产生之初就跟随着历史的开放式终结过程而渐次展开。

这等于说，技术的历史在其向世界铺陈开来时便成就了技术的存在。这样的存在在生成本体论的话语体系下可以被描述为技术话语的范式转换。具体地说，技术的历史从抽象的历史转向具象的历史，最终被还原为基于特定时期特殊境域的历史性描述，也就是技术、人和自然三者情境性的耦合突现的历史性生成，摆脱了对技术本身的实体论的抽象表达，从而获得了那种关于技术的过程客观性的历史。

三、赛博技术：人-技术-自然的共生

赛博技术在实践层面上有其真实性的体现，在理论层面上也能看出现实演变的理论印迹，也就是说，技术的赛博化历程不仅有其现实表达，更反映在理论的蛛丝马迹之中。对技术的研究特别是对技术的历史的研究往往呈现出某些共性，因为这些研究拥有相同的研究对象，不同的研究成果只是在不同方面对技术进行理论呈现，它们实际上共同描绘了关于技术本来样貌的总体印象。换句话说，技术不同的研究理论呈现实际上是基于不同视角对技术进行透视的结果，它们遵循着来自史料的客观性要求，因而也是对技术史的如实反映，仅仅由于采取了各异的研究基础从而使最终对技术史的划分表现得不一致，但这仅仅是表面上的区分。

下面尝试通过介绍并分析西班牙哲学家敖德嘉·加塞特、德国哲学家马丁·海德格尔和德国哲学家卡尔·海因里希·马克思的技术思想来勾勒出人、技术和自然之间的复杂关系，他们的思想有助于在追问技术的过程中厘清技术发展的外在形态与内在蕴含。其中，敖德嘉将技术与人和自然之间的关系或明或暗地呈现在大众面前，实际上已经观照到技术异质性耦合的横向构成；而海德格尔对技术之于世界中存在和存在者的绽放作用进行了历史性考察，尽管这弥漫着一种极强的批判色彩；与前两者构成鲜明对比的是马克思对技术实践的描述，既不同于敖德嘉对异质性构成的关注，又不同于海德格尔对技术所引起的历史性变化的强调，马克思对技术进步的境域性特征进行了唯物史观的考察；三者的思想大致从不同角度与赛博技术的不同方面产生关联。

（一）赛博技术与敖德嘉的异质互构技术视野

敖德嘉作为一位职业技术哲学家，运用现象学的方法对技术进行了原始组分的层层剥离，继而将技术发展的历史划分为三个时期——机会的技术、工匠的技术和工程的技术。在这种分期中，技术与周围世界的纠缠在不同类型的技术形式中表现出各异的特征，通过对它们的挖掘和比较以期取得新的理解。

机会的技术大致对应史前和人类早期阶段，另外，大部分原始部落时期也应包含在内。在这一阶段，技术的要素紧紧地与自然界和自然物质联系在一起，技术的发明或者更准确地称为发现是在人类与自然进行生存斗争的过程中偶然导致的，而不是人类有意识地对技术的选择。即使这样，技术本身仍在漫长的人类历史上得到了一定的积累，于是出现了一部分特定的人群（也就是如今所称的工匠）掌握那些在日常生活中所获得的特殊技术工艺，这种技术就是工匠的技术。在此阶段，技术是由工匠操作而实现来自特殊需求的对自然界和自然物质的改造和利用，技术仅仅在工匠群体中得以传承。而到了工程的技术时代，在文艺复兴和资本主义萌芽的社会背景下，技术开始与科学发生联系，逐步从工匠时代的封闭性和停滞状态中摆脱出来，并由于科学思想的理论力量的有效指导，得以迅速形成庞大的体系，从而以前所未有的脱离工匠的方式揭开自然的面纱，自然自此之后受到来自技术的强力摆置。

敖德嘉对技术的历史划分以人与技术的关系作为考察标准，认为"人是从技术开始的地方开始的"①。诚然，人与技术的关系演化交织出技术发展的主要画面，但在他的这种划分中还有一个重要因素难以忽略，即自然虽未隐匿在他对技术的现象学还原之中却处于一种失语状态中。必须看到，在他的分析中，自然作为背景为技术形态的改变和人在技术操作中角色变迁的历史演化提供着人与技术之间张力存在的场所。人与技术的结合程度代表着技术解蔽自然的方式，继而反映着人类文明的发展水平，而自然作为隐性的物质力量实际上参与了人与技术的互相塑造过程，进而逐步展开自身。

（二）赛博技术与海德格尔的技术历史性关注

在对周围世界存在论维度的理解中，海德格尔将技术作为其中一个很重要的方面做了深入的剖析。在他看来，技术并非大众把技术作为流俗意义上的行为或技能所认识的那样，这仅仅是在器物层面上的讨论，对它的理解必须回到古希腊的语境中加以考察。技术在古希腊人那里被表述为 techne，它至少包含了对技术的两层理解：一是对存在原初性的领会，二是在此基础上使存在者和存在绽开自身的"用具"。在这两层理

---

① 吴国盛. 技术哲学经典读本 ［M］. 上海：上海交通大学出版社，2008：275.

解中暗含着这样的对技术本质的把握：作为一种解蔽方式，技术是说明周围世界之生存论建构的可能途径。

技术本质上是一种解蔽方式。海德格尔这种对技术本质的认识是在存在论维度上加以理解的，因此，作为一种解蔽方式技术的是之所是在不同历史时期有着迥异的展现。正是在这种意义上，海德格尔把技术划分为"古代技术"和"现代技术"，或者"前现代技术"和"现代技术"。古代技术的是之所是仍然可以从 techne 一词的含义中得到启发，它意味着对自然本性的产出，技术要达致这一功能性作用就意味着必须有人的要素参与其中，由此出现那样的可能性。技术在去蔽的意义上而不是在制造的意义上是一种"产生"①，产生即是对物之物性的本源性带出，在很大程度上保持了海德格尔的天地人神四重性的整体世界的物之完整性。它是对自然的柔和的解蔽，是人对存在的开动作用所彰显的"保存和呵护"，最终表达为温和的真理的"无蔽"状态。然而，在现代技术中技术的本质在新的科技环境中有了不一样的展现样态，人在技术的解蔽过程中所发挥的作用亦然不同，表现为人在技术对自然的开动作用的产出步骤中，与技术自身共同构成对自然的"促逼"解蔽，也就是说，技术对存在的解蔽方式从柔和的"产出"转变为对自然的一种严苛的"促逼"。海德格尔将这种"促逼"式解蔽的本质称为"座架"，亦即"集置"。简单地说，"座架"是以一种"促逼"的解蔽方式粗暴地将自然千篇一律地"摆置"在一种可替代性可能当中，自然被"订造"为那般失去本性的"持存物"。在现代技术的解蔽过程中，自然便不再是本真的自然，参与其中的人也遭到反噬，蜕变为与自然一般的"持存物"，人和其他存在者都在摆置、催逼中现身为有待开发的"持存物"②。

海德格尔对技术的古代和现代的区分对于理解技术在不同时期的展现方式无疑是独到的，然而，必须承认，技术的本质即作为解蔽方式一直贯穿在对存在和存在者的张力之中，技术所表现出来的无论是对自然之本性的产出还是"订造"的"持存物"而言，在古代和现代都有所体现，只是不同时期有不同的倾向而已。还有一点非常重要，在海德格尔对技术解蔽方式的分析中，无不体现了对技术社会性构造作用的关注，技术、自然与人共同诠释了技术对存在的解蔽方式的变化。古代技术对自然的产出是自然而然的，人是诗意栖居的状态；现代技术虽是对自然构成无蔽的揭示，但其反面造成了对自然的遮蔽，基本上可以说现代技术将人、自然与历史带入了一个遗忘

---

①　（德）马丁·海德格尔. 人，诗意地栖居：海德格尔语要 ［M］. 郜元宝，译. 上海：上海远东出版社，2004：127.
②　王海琴. 海德格尔论古代技术与现代技术 ［J］. 兰州学刊，2005：102.

存在的时代。从这个角度说，"现代技术也是一个合目的的手段"①，它把技术与人和自然之间的关系带入歧途，即那种对立的错误的相遇。

（三）赛博技术与马克思的境域性关注

在马克思那里，假若以社会制度的变迁作为考察依据，那么，封建社会和资本主义社会所处的技术发展阶段就基本可以被认为对应着海德格尔所说的古代技术和现代技术，但马克思以具体时期特殊的技术物作为划分标准，因此两者也有着区别。在唯物史观的逻辑框架下，马克思历史性地对技术的不同时期进行了考察，通过对具体时期的特殊技术人工物的比较，发现技术的具体发展形态与当时的社会制度具有潜在的密切联系，得出了大家耳熟能详的结论——手推磨产生了封建社会，蒸汽磨产生的是以工业资本家为首的封建社会。不同的技术形态代表着各自的社会生产力发展水平，同时，暗含着技术在上述两个历史分期所具有的不同境域性特征。

展开来说，在古代技术时期技术与人结合在一起且无法分离。比如，手推磨利用人力进行社会生产，此时人与技术之间的联系十分紧密。此外，手推磨的存在等于说人已经可以制造工具进行劳动生产，这就意味着技术与自然实际上发生着实质性的关系，也就是人以技术作为手段对自然进行了一定程度的改造，用海德格尔的话说就是，技术以一种较为温和的方式将自然的奥秘产出，技术、人与自然在此阶段基本上还保持着天地人神四重世界的一致性。不过，这种情况在进入资本主义社会后发生了根本性的变化。以蒸汽磨为代表的现代技术以"促逼"的方式对自然实现着某种意志的"强使"和"摆置"，自然开始沦为技术意志下的奴隶，进而丧失了其物之物性的完整性。另外，人作为技术的实施者与自然的改造者，同样不能独自诗意栖居在异化劳动之外，人不能幸免地成为现代技术条件下的异化存在。人利用智慧创造出技术人工物意图摆脱劳动的束缚，反之，技术实际上控制了和改造了人的存在。

那么，古代技术和现代技术在马克思这里可以在技术、自然与人三者的境域性关联中进行区分。古代技术呈现了其和谐的基本面貌，技术、自然与人之间的关系维持着它们相对本真的状态，技术以拥抱自然的态度与它发生着关系，人作为技术的使用者达到了那样的可以说迄今为止最为令人向往的存在者的世界。不过，在现代技术那里，三者之间的关系实际上被异化了，技术虽在更加广泛和深刻的意义上行使了作为工具性存在的使命，却实际上成为单一的揭示世界的方式，不可避免地遮蔽了其他可能的达致无蔽世界的方式，至少它已失去了如古代技术那般与世界和谐相处的时空条

---

① （德）马丁·海德格尔. 存在的天命：海德格尔技术哲学文选［M］. 孙周兴，编译. 杭州：中国美术学院出版社，2018：136.

件。自然受到残酷的分割和重组同时也被遮蔽着，而人自身亦成为"异己的存在物"。但有一条是它们所共通的，无论是古代技术还是现代技术都不能单独去看，必须把它置于技术与人、自然的互锁共生中去理解其技术本性，"没有自然界，没有感性的外部世界，工人什么也不能创造"①。也就是说，对技术的理解不仅要在技术与自然关系的衍变中进行把握，也要更加注重它与社会的深刻联系。②

以上对技术的历史分期以技术的解蔽方式，或以人与技术的关系作为技术进步的标志，虽有不同但都体现出技术时代的更迭不仅仅与技术自身有关，还必须认识到技术、自然和人在彼此交织与嵌入的过程中所共同造就的技术诸阶段之连续而愈加丰富的内涵作用。在认识到这一点的情况下方能对技术的历史分期何以可能有所领悟，其原因基本可以归纳为两点：①由于特定技术在自身发展的历史阶段所内含的有限性与人的社会需求的无限性的冲撞而致的技术换代的延续性；②在人类的生存斗争中，技术始终都受到来自自然的物质力量的先在性引导。

换句话说，技术的诸历史分期其实暗示了"技术是历史变动性和历史恒定性的统一，是自然维度与社会维度的有机结合"③，是人类力量与非人类力量在异质性要素的耦合突现中的境域性生成。不同的技术时代都是对技术、自然与人诸力量交织的实践性表达，可以说这三个要素基本涵盖了技术历史的主要驱动性力量，正是这些要素的构成性嵌入使对技术发展的透视论分析成为可能。根据以上论述，如做进一步的说明，赛博技术主要表现为如下内容：

1. 技术与人构成显性的人-技结构。技术变迁的过程与人类的生存形式历史性地互相缠绕，即技术的发展形态以人与技术的耦合作为自身向前的世界入场基本模式。直观地，可以借用"赛博格"这一概念对这种技术的展现方式予以归置。赛博格最早以单纯的技术性操作设想出现在科学探索领域，借助药物和外部机械的协作来克服严酷的航空环境，后来在哈拉维的性别歧视批判中被赋予了哲学的隐喻意义。她认为，赛博格是一个关于政治身份的反讽神话，它突破了动物与人类、有机体与机械、身体和非身体等在实体论背景下十分清晰的边界区分，成为控制论意义上的有机体，是机械与有机体的混合体。这种混合实际上隐喻了二元对立的坚固边界的丧失，边界的意义转变为流动着的诸对象的外延扩大与相互交融，世界成为经过重新编码的、碎片化而又彼此关联的持存。换句话说，世界的生活景象的变化在于技术的重

① 中共中央马克思恩格斯列宁斯大林著作编译局. 马克思恩格斯选集第一卷［M］. 北京：人民出版社，2012：52.
② 王耀德. 论技术和技术的历史划分［J］. 理论学刊，2007（03）：72.
③ 张成岗. 技术与现代性研究：技术哲学发展的"相互建构论"诠释［M］. 北京：中国社会科学出版社，2013：31.

构作用，使主体与客体在混合时达致一种整体意义上的统一性存在。在这样的情况下，无论是技术抑或人都不再是自身独立的实体化表达，即关于人的生物性理解或者精神性理解都不能脱离所处的具体技术关联，而技术因此在展现自身并改造对象世界时又重构其原始形式。

2. 这种人–技结构可表达为技术人工物，继而自然的维度被考虑进来。实际上，技术实在就此获致了新内涵，即技术不再作为与非技术物相区别的独立存在，而是在于对象的相互建构中发展自身，技术模糊了固有界限，将人纳入自身，或者说人在其种系延续中融入了技术元素，因此，不管对人或者对技术而言，在某种意义上，都成为技术人工物那样的存在。所谓人工物，就是改变了具有原本属性的自然的人造物，是技术与人在力量博弈中与自然现象的合谋。这就是说，自然作为一个参与要素隐匿于技术的出场过程中，然而自然又是对技术人工物作为一种关系实在理解的必要前提，否则，技术与人之间错综复杂的历史性涌现将失去物性基础，这对技术实在来说是致命的缺陷。反过来说，只有技术、人在自然作为物性支撑的条件下，进行异质性要素的联结，进而维持向前入场的惯性，才获得了现实可能性。如果这种关于技术实在的关系解释是合理的，那么，技术、人和自然三者在关于技术传统实在论的批判理解中实现了某种意义上的视界融合。

总之，技术在应用方面的实践广度及现实反思方面的理论深度都向前迈了一大步，呈现出技术、自然和人诸异质性要素联结的混合现象。技术获得了新的表现形式和形上意义，即技术表现出显著的赛博特性。进一步讲，这种表现形式实际上是将技术在现阶段的发展形态编码为技术元素在开放世界中彼此耦合突现的历史性过程，这可以从三个方面来理解。

第一，从内部构制看，一般意义上，人作为技术主体在进行技术活动时赋予了技术对象特定目的，技术物从想象转向现实物时又反过来改变了人的存在方式，而这都依赖于自然提供物质基础并潜在地受到自然规律的支配，总之，三者反身性地成为一个混合体。

第二，从外部构制看，此三者间在集体自身的小生境的基础上共同营造了耦合突现的互动环节，然而这种环节要存续下去就要求具有独立性的生境与周遭环境形成以能量、物质和信息的循环圈，也就是说，它们的存续必然伴随着外部环境的在场，缺少环境涌入的过程难以为继，换言之，开放性是其现实存在的必要条件之一。

第三，从历史演变出发，技术的外在表现形态在不同时期并非一成不变，而是在时间伸延的过程中不断地重构自身，一是由于技术需求跟随人的生存挑战而产生变化，二是技术变革没有固定的程序规定，因而偶然性要素的融入嵌入了技术历史。

也就是说，技术、自然和人作为一个混合体，指示着关于技术实在的非决定论解释，体现了技术进步的不确定性、情境性和历史性的基本特征，因而用"赛博"来概括这种涵义不失为一种良好的选择。

第二节　赛博技术的发展历程

赛博技术是技术对"赛博"概念的借喻，是对技术与自然、人三者境域性耦合突现所呈现的共生状态的描述，由此技术获得了区别于关于技术的抽象性认识的新生命。其实，技术的赛博形态在技术产生伊始就已同步出现，即技术的赛博特性在不同阶段的表现是历史性的，其间的逻辑就如英国社会学家安东尼·吉登斯所认为的那样，即后现代只是"现代性的后果"而已。也就是说，赛博技术不过是从它发源处就具有的本性的集中体现。因此，从历史的维度对赛博技术进行一个必要的回顾，对于理解技术的内部时间及它的全部历史就极具理论意义，毕竟，"伴随着人类的进化和发展，技术也经历了一个从无到有、由低级到高级的发展历程"①。根据技术在不同阶段的具体赛博形态，可以将技术大致划分为四个不同的技术形态，即工匠技术、机器技术、自动技术及新近出现的赛博格技术，它们表现出了完全迥异而又不失连续性的特征。下面对此做进一步的描述。

一、工匠技术：技术赛博本性的初现

技术的产生与人本身的缺陷性存在具有天然的关联。technology（技术）一词起源于古希腊语 techne，然而 techne 仅仅作为逻各斯（logos）的形式而实际上不具有制作活动的涵义②。techne 到 technology 的转变可以从"爱比米修斯的过失"的故事讲起。传说史前时代世界是神的世界，人还没有出现。在神造万物的过程中，爱比米修斯和普罗米修斯参与到这项活动中，负责分配的爱比米修斯将技能分配给每一个生物以让其具有可以生存下去的独特品质，最后负责检查的普罗米修斯发现所有的技能已经分配完毕，人没有被分到任何技能。为了弥补这一失误，他就把赫菲斯特的制造技术和雅典娜的火偷盗给人间，于是，火作为技术的代表性意象与人联结起来。在这个故事中，人作为神的被造物赤身裸体地来到世界上，亚当和夏娃原本可以无忧无虑地生活在伊甸园里，但最终从中走了出来。他们不仅仅因为偷吃了禁果，更可能是掌握了生

①　王伯鲁. 技术究竟是什么？广义技术世界的理论阐释［M］. 北京：中国书籍出版社，2019：53.

②　Carl Mitcham. Thinking through Technology：the Path between Engineering and Philosophy［M］. Chicgo：the University of Chicago Press，1994：128.

存下去的必备技术，有了开拓世界的工具性手段。也就是说，人原本是一种"缺陷性存在"，而技术弥补了这一缺陷，成为人与自然之间联结的纽带。

（一）技术：适应自然

在人降临世界之时，技术作为自然的馈赠与之同步地来到人间，并成为人的一种生存方式。在此之前，人与自然之间的关系是从属性质的，即使人自身出于自然，但自然的力量对人的影响要远远超过人对自然所能施加的反作用。由于这个缘故，在原始时代的生活境域里人很容易地生发出对自然的崇拜情感，因而在泛神论思想的蔓延下出现了普遍的图腾文化。在这种文化背景下，人利用技术改造自然的同时也敬畏着自然，比如在重大活动时通过占卜测吉凶及祭祀活动等。从本质上讲，人作为一种缺陷性存在为技术的产生提供了逻辑上的必要支撑，正是由于人无法依靠自身力量维持在自然界的生存，因而必须寻求来自外部性的支持，这种外部性的支持就是那隐喻着制造技术的"火"，它代表着野外生存必要的知识、技能等人类文明的要素。技术的这种存在形式实际上就是人的器官的延长，在缺陷性存在的人的先天条件下而生发的属于人之外的而又增强人体器官功能的存在形式，增强了人在严酷生存环境中的适应能力，大大提高了存活概率。也就是说，技术从根本上表现出了与神性力量不同的效用价值，它依赖于人自身的努力来改造自然，为生存提供基本的物质生活条件，这不同于神性的超自然力量。然而，人并未真正明白技术与神性力量之间的不同之处，而是将技术归结为自然神的慷慨赠与。

（二）技术：自然的馈赠

事实上，这种自然的馈赠具有一定的偶然性，因此这一时期的技术也被称为偶然技术或机会技术。最初，见证人猿相揖别的历史时刻的技术是在人类与自然的生存抗争中被发现的，之所以说是发现而不是发明，是因为技术的产生并非人类有意为之而是充满着偶然性，这种偶然性就孕育在对自然的附魅之中。众所周知，古希腊文化中弥漫着浓厚的理性传统，这种理性的光辉充分折射出古希腊时期整个社会对自然的崇拜，人人都处于那种在今人所向往的诗意栖居的年代所特有的附魅状态。他们认为天地之间都充满着神灵，世界万物都是自然所赋予且具有灵性的事物，而心灵则表示着世间万物都无一例外地拥有着理智或秩序。正是这一秩序使自然成为一个规定者，它规定着动物和植物各自的位置及生灭变化节律，当然人也必须遵守这一来自自然的设定。然而，人类要在残酷的自然环境中求得生存，就必须在自然所预先设定的规则下为满足与生俱来的维持生命的基本生理需要而进行抗争，这种抗争用恩格斯的话说就是劳动，"劳动创造了人本身"①。不过，劳动一开始只是以狩猎、采集为手段，并没有任何可称为技术的要素存在，假若一定要追溯，那便是人类在不经意间从自身锋利的趾甲得到灵感，于是，偶然间石斧产生了。也许在今天看来它极其原始，只是人类器官的延长，但在当时它标志着人类进入使用技术的时代，即敖德嘉所言的偶然技术时期，此时还没有能够熟练掌握工具使用技能的工匠出现。

（三）技术：从属于人

其实，在中世纪时期这种情状并没有发生颠覆性的变化，只不过偶然间产生的技术开始被匠人熟悉地操作和使用。技术、人和自然在神性自然观的背景下成为和谐的存在，对技术的认识开始着重于人本身，尽管这一时期的技术主要以手工操作为基本特征。技术作为一种生存手段在古希腊、古罗马甚至中世纪很长的一段时期内都未曾有过大的变革，仍然表现出因其自身发现的偶然性而延续着的种种特征，不过情况也并非总是如此。起初，偶然性的技术必然掌握在一部分人的手中，他们对技术的掌握和使用日渐纯熟，成为后来人们口中的工匠，技术便进入了工匠时代。在这一时期，技术与工匠紧密结合在一起，对技术的思考也开始出现了某种转变，从对超自然力量的简单崇拜转变为把技术作为人类自身能动力量的创造物。但是，技术的传承仅仅发生在师徒之间，并且在传授的过程中，技术可能由于某位徒弟具有良好的悟性而得到一定的改进，但仍然改变不了它所固有的封闭性和相对停滞的发展进程。这可能存在至少两方面的原因：一是西方传统中对理性的追求和对秩序的维护仅仅表现为理论上的兴趣，自然科学还未从自然哲学中独立出来，囿于此故，不存在自然科学对技术进行指导和改进的任何可能；二是技术本身的发展还局限在未形成社会化生产的特定行业内部，技术经验仅仅在师徒间缓慢地积累着甚至有失传的可能，使得技术知识隐匿于工匠及其产品的结合之中，不能得到有效的总结和反思，进而不能在根本上促进技术的进步与革新。工匠技术深深困于自然的牢笼之中，自然对技术的前进方向有着绝对的限定功能，工匠对技术的微弱改进也并未逸出自然的藩篱，技术与工匠在技术人工物的结合中附魅于自然的秩序之下，技术、自然与人在工匠技术时代诗意地栖居着。

二、机器技术：技术赛博本性的确立

直到 15 世纪前后，随着大航海时代的到来，资本开始席卷全球，商品经济盛

---

① （德）弗里德里希·恩格斯. 自然辩证法 ［M］. 中共中央马克思恩格斯列宁斯大林著作编译局，译. 北京：人民出版社，2015：303.

行，技术成为掠夺资源和攫取利益的工具性手段。在这一时期，技术从工匠技术时代转向机械技术时代，在转变的过程中，技术日益呈现出迥异于先前阶段的种种特征。

（一）技术：脱离于人

在机械大工业生产的背景下，技术慢慢地与工匠相分离。确切地说，在资本主义生产条件下，对劳动效率的要求迫使分工出现，这首先体现在工匠身上。原本技术与工匠是结合在一起的，只有工匠才能熟练使用技术并在实际经验中对技术进行改造升级。但是，这种情况伴随着分工出现而发生了变化，其结果就是工匠只负责机器的实际操作，而技术设计工作则留给那些掌握了自然规律和科学原理的工程师。这表明，技术与工匠开始分离而成为一种独立的工具性手段以用于手工业生产，工匠技术在以分工和专业操作为基本组织形式的社会生产中逐渐脱离出来，技术与掌握它的工匠开始处于分离的状态，而工程师则占据了技术活动中的主导地位；同时，在这种分离的过程中技术获得了它的独立性，技术经验不再受限于具体的行业，开始在行业内外传授并成为可以被其他技术从业者模仿、复制的对象。这种变化带来的直接结果就是，普通人也可以经过技术培训来掌握机器的操作方法，最后加入到生产的流水线上。也就是说，技术的发展形态经历了从工匠技术到机械技术的转变过程，工匠在分工上的变化使其丧失了对于技术改造的创造性发挥。换句话说，技术与工匠的分离使得技术成为一种外在于工匠的异己力量，进而使工匠臣服于它的安排，人与技术之间的关系在这一过程中发生了天翻地覆的变化，从两者间的和谐共存完全走向另一完全相反的方向上去。

（二）技术：对自然的求索

正是这样的变化促使对技术的研究成为一种现实需要，技术开始与科学产生互动，但是这种互动表现为技术为科学的进步提供科学仪器，而科学只是促进技术的改造或优化，技术偶尔通过科学知识扩大对自然的探索，"虽然有时科学进展促进了实际应用，但更经常的是已有的技术方法为科学发现提供了资料；而且恐怕技术发明和改进大都是在根本没有纯粹科学帮助的情形下进行的"[①]。然而，自然科学在这一阶段仍扮演着重要角色甚至不可或缺，这主要是指，实验科学的兴起促进了技术的改进。这首先得益于英国哲学家弗朗西斯·培根的工作，他认为自然的精微与人类的感官和理解力之间存在着巨大差距，任何对自然的沉思和推演都"离题甚远"，因为"人类理解

---

① （英）亚·沃尔夫. 十六、十七世纪科学、技术和哲学史［M］. 周昌忠，等，译. 北京：商务印书馆，1984：562.

力依其本性容易倾向于把世界的秩序性和规则性设想得比所见到的多一些"①，即便人对自然规律的探索表现出了极大的积极性，但这仍然阻止不了它几乎注定会导致的"族类的假象""洞穴的假象""市场的假象""剧场的假象"等诸多假象。为了破除这些假象及其错误观念，更为了使深陷其中的人类理解力重获自由以追求真理，他提出通过实验来获知藏匿于自然之中的秩序，以真正的归纳法在自然的"基底"，即物质的基础上建立事物间确定性的因果联系，从而使技术成为真正意义上可操作的东西。不过，这种情况在现代技术到来之前并未发展到无法控制的地步，仍然处在人们的可接受范围内，因为机械技术仍然主要基于日常经验而不是科学得以改造和发明。毕竟，"只有当科学成为技术的先导，开始了从经验基础上的技术向科学指导下的技术转变时，才打破了人们对技术的这种机械的理解。"②

（三）技术：自然的隐没

人与技术的分离直接导致自然观念的转变，进一步地，人与自然也渐趋分离。在人类意识当中，自然作为一种超自然力量是人类生存难以违背的天意，然而，技术的角色转变使这一认识发生了根本上的变化。技术原本被人当作自然的馈赠来对待，但随着现实生活中技术实践的发展和经验累积，技术渐渐逸离出自然边界，其人工印记越来越显著。这种人工性的凸显渐渐使人相信只要拥有了技术，就拥有了改造自然和获取生存资料的工具、机器及知识等必要的条件，于是，第一自然和第二自然的区分便由此出现了。第二自然是人工性的自然，作为技术改造的对象而与人之间的隔阂也越来越明显。

实际上，世界图景的机械化在技术演进的道路上作为一种推动性力量不可或缺，笛卡尔是研究这方面的代表人物。他首先使世界的几何化成为可能，原本各有其"质"的自然物质在数学的度量下被消解掉，事物间的差别经过数学的换算仅仅被表达为在数量上的差异；其次，世界图景的机械化还表现为空间的无定限。与古希腊时期充实的空间观念不同，笛卡尔认为世界是虚空的，用热力学的概念就是指宇宙的熵处于不变状态，即空间表现为无定限或无规定性，这意味着"世界没有界限，因为假定界限便会导致矛盾"③，技术因之取得开拓世界、探索自然的广泛可能性。最后，时间计算的精确化。在古代技术时期，技术十分粗糙，全靠工匠对它的揣摩和调整进行生

---

① （英）弗朗西斯·培根. 新工具［M］. 许宝骙，译. 北京：商务印书馆. 1984：22.

② 远德玉. 过程论视野中的技术：远德玉技术论研究文集［M］. 沈阳：东北大学出版社，2008：74.

③ （法）亚历山大·柯瓦雷. 从封闭世界到无限宇宙［M］. 张卜天，译. 北京：商务印书馆，2016：134.

产，因此不可能进行精确性要求过高的实验，但摆钟的发明标志着精确性时代的到来，它使对时间的描述可以精确到秒进而可以应用到实验中去，从而使近代物理学得以可能。世界图景的机械化在这三个方面的实现为实验的探索提供了极其有利的条件，而这种机械化的观念来自于近代自然观所出现的变化。希腊自然观是泛灵论的，认为心灵的理智属于自然本身。与之不同，近代的机械自然观将理智看作独立于自然的他者，这个他者即指上帝，也就是说，机械自然观是基于基督教的创世观念和全能上帝的观念提出来的。此外，还有一点非常重要，就是"它基于人类设计和构造机械的经验"①。16 世纪时，风车、滑轮和水泵等机械技术的应用已经成为日常生活的基本特征，机械的观念普遍地扎根于每一个人的心中。因此，在很大程度上可以说，技术最终导致了技术自身的变革，只不过，自然的观念和人的作用嵌入了这个过程。总之，在技术对自然的机械理解，即认为只要掌握了自然规律就能够实现对自然的改造的历史背景下，"技术不再比自然低下，神奇科学对目的性和控制的追求得到了继承，通过技术与自然展开竞争也成为一种值得鼓励的行为"②。实际上，这种机械的自然观最终导致了人与自然的二分，人与自然的和谐状态在技术作为工具性手段对自然进行索取的过程中被打破了平衡。

三、自动技术：技术赛博本性的凸显

回顾历史，技术与人先后从自然所提供的生存背景中凸显并抽离出来。在古代技术时期，技术作为工具制造的手段对抗着来自自然的严苛挑战，人在偶然间发现可以使用手斧、水磨等粗糙的工具改善生存条件。到了近代技术时期，技术已经从工具技术过渡到机械技术的外在形态，技术成为独立于工匠的一种程式化操作；与此同时，人对自然的态度从盲目崇拜转变为改造自然的机械论的理解，人与自然的对立开始出现。不过，在有限的技术水平之下，人对自然的索求还没有超出自然的限度。在18 世纪末、19 世纪初，这种情况出现了前所未有的转折。这种转折的革新性至少有两点可以加以说明：①在思想领域，数世纪之前的文艺复兴和启蒙运动所倡导自由和理性观念，仍然在解放人的思想方面发挥着极重要的作用，为科学进步与技术变革提供了革命性的先导作用；②在实践领域，第一次工业革命的到来使对技术的应用产生了体系化进程的加速作用，这极大地解放了工人的双手并带来了远超手工操作效率的生产力的提高。不管是哪一点都为技术在新的历史条件下的进化提供了不可或缺的支持，而且，这也表明技术自身在经历了古代技术、近代技术两个时期后进入现代技术

---

① （英）R．G．柯林伍德．自然的观念［M］．吴国盛，译．北京：商务印书馆，2018：12.
② 段伟文．被捆绑的时间：技术与人的生活世界［M］．广州：广东教育出版社，2001：15.

发展时期具有一定的历史必然性，其总的趋势本质上是对近代技术的延续和强化。

（一）技性科学：应用属性的强化

大致在 19 世纪中叶，技术进入现代发展阶段，学界普遍地称之为现代技术。现代技术与之前技术的发展状况相比有诸多不同的特征，首先表现为技术与科学日益一体化，科学为技术发展提供关于自然规律的认识。科学在此阶段的突出地位主要依赖于基础研究为技术开发提供了实践的场域，科学跟随着技术前进的方向，而不仅仅局限于对技术细节的改造或优化，这种状态被概括为技性科学，即科学的研究成果是带着实践目的的，在科学认识世界的基础上技术的创造性活动则旨在改造世界。这种实践目的来源于现代自然观所重新注入其中的目的论，并以有机自然观作为其表达话语。古希腊泛灵论自然观的形成得益于人以其自我意识向其自身揭示的那般和自然万物间充满心灵所释放的灵感，而近代的机械自然观基于上帝之手对宇宙的机械制造和人们在日常生活中惯常使用机械制造物；类似地，现代自然观是在人类对自然变迁历史研究及社会学家对人类事务发展历史的考察的过程中初具轮廓的，也就是在这一轮廓渐渐凸显的背景中，被机械论自然观所摒弃的目的论又重新融入到对世界图景的理解中。从此，技术的发展不仅仅建立在对自然的认识基础上，还注入了人的主观性目的，技术、自然和人更加紧密地结合起来。实际上，目的论的重新注入不仅提供了将技术置于系统论视野下进行认识的可能，还使自然完全异化为一种待发掘和改造的技术对象。

（二）技术体系：人从属于技术

就技术的外在表现来看，现代技术呈现出体系化、自动化的特点。作为对生产力的发展和社会需求的回应，技术在科学的引导下，确切地说是科学与技术日渐结合紧密，为技术体系的系统化提供了强大的理论支撑。另外，技术的实践形式也印证了这一点。基于控制论嵌入到技术实体当中的基本事实可以看到，机器的运行基本实现了自动化处理，这种自动化不仅体现在技术的动力来源上，而且体现在对技术的操作上，人的作用只是在机器运行的整体设计及相应的维修工作上还留有空间。换句话说，自动化的现代技术表现出了完全不同于机械技术时代的巨大生产力和无人化操作方式。相较于现代的自动化技术，机械技术（诸如蒸汽机、发电机等）仍然以牲畜、煤炭、水力资源作为动力来源，而且对技术的操作主要还是由人来完成，人仍旧作为机器正常运行的必要保障而存在于工业生产中。但是，现代的自动化技术弱化了人在机器操作中的作用，取而代之的是提前设计好的机器运行程序，这只需要极少数的工程师或普通工人就能完成。在这一差异表现中，可以清楚地看到其中所隐含的"关系"变化。从技术与人的关系看，人从机器大生产中被自动化机器替换下来，这既可以说是人从复杂而枯燥的工业劳动中获得了解放，得到了自由；又可以有另外一种理解，即在技术的自动化实现过程中，人作为机器的某一"部件"被抛弃了，取而代之的是更为高效和稳定的自动化程序。从技术与自然的关系看，技术对自然的利用转变为一种更为隐蔽且更具侵略性的方式。也就是说，自动化的机器可以不再通过对机器的频繁操作就能实现对自然的发掘，而且这种方式相较于机械技术而言具有更强大的力量和更高效的掠夺，自然进一步地与技术纠缠在一起而成为技术奴役的对象。另外，在技术的遮蔽下，自然越来越逸离出人的视野，这无疑造成了人与自然的分离与对立。

（三）人和自然的双重奴役

其实，技术对世界的改造是通过实验科学对自然的"拷问"探知前进道路的，科学的盛行及其对自然冷酷无情的"拷问"迫使自然暴露其内在性的秩序，自然沦为科学研究的对象和技术的掌中物。人类对自然的态度在技术对自然的解蔽活动中从"附魅"彻底转变为"祛魅"，在技术的逼索下，确切地说，是人在追求更好生活的过程中自然被奴役了，这种奴役表面上看是技术对自然的无止境探求，实则是人在掌握自然秩序的前提下对自然的改造。但是，这种改造在技术的强力意志下催生了来自反身性的反噬，人的生活世界在技术人工物的包围下隐匿了边界，边界消失意味着生活意义的丧失。人在技术对自然的征服过程中被异化，毋宁说，技术对自然的奴役根源在于人对人的奴役。这么说的理由在于，在"巨机器"时代，现代资本主义制度的确立使劳动分工更加明确，人成为工厂生产流水线上的一个零件般的存在，就像英国演员查理·卓别林在电影中始终重复同一个机械动作，以这样的方式表现为机器生产的异化存在。然而，更深层次的原因隐藏在资本家对利润的追逐过程中，而技术掩盖了人在对自然的改造过程中对自身的奴役，并在此奴役中进一步发展壮大。如德国社会学家马克斯·韦伯所言，"这些科学技术的发展又从实际的经济应用中受到资本主义的影响而获益匪浅"①。总之，现代技术在对自然的"祛魅"活动中不断迫使自然敞开自己，同时也使自然远离了诗意栖居的年代，人自身也在这远离的背景中成为机器的奴隶。更准确的表达是，技术在机械自然观二元分立的前提下，通过现代生产组织形式掩盖了人对人自身奴役的真相，自然持续向技术敞开自己而不再保有神秘感，技术、自然与人在异化的氛围里愈益紧密，亦趋向分离。

---

① （德）马克斯·韦伯. 新教伦理与资本主义精神［M］. 龙婧，译. 北京：群言出版社，2007：12.

四、赛博格：技术赛博本性的新常态

在现代技术的快速推进中，主体性的焦虑导引出对历史的深刻反思。在这样的背景下，"后现代技术则是要消解现代技术的那种无所顾忌，处处反对自然、突显自己的存在感，甚至是要在一定的意义上回归前现代技术的部分特征"①。实际情况确实如此，一方面，虽然技术延续甚至加快了现代技术对自然的攫取和对世界齐一化的节奏，庞大的技术体系也表明它的目标取向将实用主义的核心价值发挥到极致；与此同时，技术进步的动力从"求真"转向"务实"，社会生产的高度分工和组织化运作直接使技术越来越分化并形成面向社会的技术网络。科学开始退居幕后，技术发展展现出某种自主性趋向，既有的技术成果开始作为技术创新的基础，"技术集合通过人类发明家这个中介实现自身建构"，也就是说，"技术体是自我创生的，它从自身生产出新技术"②。另一方面，后现代技术又确实表现出与现代技术不同的特征，后现代对多元性的弘扬使技术发明把诸多异质要素嵌入到技术的单一价值取向，进而促使技术与其他要素的彼此缠绕和相互平衡，最显著的就是主体性的复归诉求在技术对现实世界秩序的重新塑造中越来越重要，现代技术单向度的价值追求在寻找意义的过程中被瓦解。总而言之，后现代反本质主义立场使人们对技术的思考也蒙上了一层后现代色彩。

（一）当代技术：回到自然

技术在后现代世界的自主向前和无限扩张使日常生活的全部领域呈现为一个为技术体系所覆盖的以信息技术和生物技术为主导的当代世界，自然的观念在这样的背景下逐渐模糊。在古代技术时期，技术在自然的秩序中寻求它的形式，通过人的偶然性发现成为掌握在工匠手中的技艺，也就是说，技术一开始是源出于自然的，在人的生存抗争中三者处于和谐相处的状态。不过，当技术日益具有自主化发展的特征时，它几乎完全从自然中脱离出来并形成庞大的体系，自然似乎逸离出三者相互交织缠绕的状态，在技术的现代进程中被抛弃。但是，自然作为一个先在性的物质性要素早已嵌入到技术演化的历史中，但在当代这种角色发生了转变，以自然在生活世界的缺失和融入的过程中被重构。

同时，人对自然复归生活世界的主体诉求也暗示了技术与人之间的关系发展的后现代变化。后现代的技术反思对人的生存方式和思维方式提出向善发展的新要求，这

---

① 肖锋. 哲学视域中的技术 [M]. 北京：人民出版社，2007：32.
② （美）布莱恩·阿瑟. 技术的本质 [M]. 曹东溟，王健，译. 杭州：浙江人民出版社，2018：190.

也是技术发展的本然趋势。一方面，诸如人工智能、机器人等后现代技术开始替代人的部分工作，使人退出了习以为常的生活方式和生存模式；另一方面，技术对自然及生活世界的重塑激发人对技术发展的社会需求的更新，比如美国企业家埃隆·马斯克探索外太空以寻找和开发适宜人居的其他星球，及人与机器的混合体的赛博格等，都是后现代技术所呈现出来的新特性。概言之，后现代技术较现代技术更为分化也更成体系，技术创新具有某种自主化特性。在这种变化中，技术、自然与人之间的耦合过程并未中断，而且三者在重构的过程中各自获得了新的内涵。

（二）赛博技术新常态：人、技术和自然的和谐共生

"技术的历史演变本来是一个连续的过程……不同历史时期的技术有其不同的特征，不同历史时期的技术的形态也有所不同"[①]，但赛博技术发展的基本趋势是，寻求在技术、人和自然之间达到一种平衡状态，以保证三者的永续发展。在古代技术时期技术、自然与人的和谐相处，人以诗意地栖居的方式存在于这个世界；近代技术则在机械自然观的指导下开始从工匠手中脱离出来并成为可表达和学习的知识从而得到广泛应用，同时实验科学和数学开始用以改进技术，自然从此陷入来自技术的"强使"；现代技术处于机械自然观所隐含的二元分立形而上学预设下，自然在更大程度上受到来自技术的拷问，而日常生活与技术日益密切，但其间的关系亦不再具有诗意。这种对技术的反思成为后现代的一个重要方面，在反本质主义的大旗下技术受到后现代的启示，开始将人文关怀重新纳入到技术的设计中。因此可以看到，后现代技术延续既有的技术发展节奏，技术创新在技术的现有基础上不断取得突破而成为愈来愈庞大的技术体系；同时，对自然逼索的脚步逐渐放缓。也就是说，技术在自然物质的先在性和人类力量的延伸性的张力冲突中显现自身，只有在技术、自然与人冲撞耦合的历史变迁中才能把握技术的本性。技术的动态发展过程彰显出"赛博"概念所暗含的无边界性、历史性和去中心化特征，这既是技术的赛博本性又是后现代技术发展状态的背后逻辑。展开来说，后现代技术已经认识到现代技术的异化所造成的深刻影响，所谓后现代技术就是在现代技术之后，是对现代技术的超越。它的标准在笔者看来就是改变技术对人和自然的奴役和压迫，使它们之间形成良性发展的基本趋势。

德国思想家汉娜·阿伦特对劳动、工作和行动有不同的理解。第一，对劳动的理解：劳动的动物通过利用工具将自然纳入自身，以维持基本生存。第二，对工作的理解：工匠人则通过物化将劳动的结果即人工产品纳入自身的生存环境当中。第三，对

① 姜振寰. 技术的历史分期：原则与方案［J］. 自然科学史研究，2008（01）：13.

行动的理解：社会人通过行动将自然和人工产品纳入到自身的交往实践中。① 相应地，笔者认为还需补充一点：第四，自然、人工产品和人都被纳入到赛博格之中。也就是说，赛博作为一个活动场域把自然、人工物及人都纳入到三者所共同营造的共生状态中，技术的赛博化历程是三者在彼此的互动和交流中重构自身和对方的结果，它是变动性的。换句话说，它向我们揭示了技术发展变化的时间维度，如果我们不能对该维度有一个充分的关注，那么，我们就不能着眼于过去，也不可能体察到技术发展的这种历史性特征，反映在人所存在的领域中，人将永久性地定格在某处，没有过去、现在和未来的区分，即人成了一个形而上学的概念，这样就很难说出它的起始和终结。另外，还应认识到，这种历史转变在很大程度上是由技术的发展水平所决定的，转变所用的时间间隔也越来越短，即技术进化的速度越来越快。在如此背景下，如果不能很好地处理其间的关系，技术与人、自然会日趋分化为不同的实体存在，这将不利于技术的发展，也会对自然和人造成伤害，人作为独立的行为主体在技术所开拓的疆域中迷失了方向，而自然也逐渐在技术的奴役中沦落。

由此不难看出，"赛博技术"人、机器与自然这三个要素在时间性的共生演化中编织出技术世界的动态图景。既看到了自然作为技术出现之先在性条件的物质基础，又对技术在发展过程中所表现出来的无限可能性抱以极大关注，这就是说人类力量的延伸性为技术的无限潜能提供了可能性条件。也就是说，技术的赛博本性在产生之初就已现端倪，只是它所内含的种种特征在现代技术那里才得以尽显，而之前的发展阶段在技术、自然与人之间的冲撞中展现出不同面貌而已。技术在世界图景的现代化进程中从来都不是自发展开的，而是在自然所提供的物质"基底"与人的生存欲望的相互交织中达到自觉的过程，技术、自然与人以嵌入彼此的方式历史性地谱写出关于发展的人类文明史。任何对技术的研究包括对它的历史分期都或多或少地涉及这些内容，也就是说，假使自然或者人从技术进步的背景中被剥离出去，那么，技术就会丧失坚实的进步基础或者迷失未来的前进方向，而丧失了技术的自然也将失去人所希冀的生活意义。技术的这种在人类力量与非人类力量的交错中成长的方式呈现出明显的"赛博"特征，因而将技术的这种历史性的耦合特性表达为技术的赛博特性或者称为赛博技术，是有其现实而具体的历史基础的。

---

① 　吴国盛. 技术哲学经典读本［M］. 上海：上海交通大学出版社，2008：104-118.

第三节　赛博技术视野下的技术理论批判

在日益形成的技术世界里，赛博技术作为一种对当代技术发展形态的真实状况的客观性描述并不是突然出现的，而是有其深刻的理论渊源。一方面，技术俨然已经成了一种生存方式，人们已经难以适应没有技术的生活；另一方面，面对浸润其中的技术环境，普通大众难以说出技术到底是什么。因此可以说，在日常生活中，技术的影响无时不在、无处不在，这难免引起人们对技术的关注和反思。其实，在技术发展的不同时期，人们在具体的特定技术条件下会形成迥然不同的技术理解，这与技术在实践过程中的具体形态有关，但基本形成了关于技术的工具论、实体论、批判理论等不同认识。对这些不同技术观进行梳理，能够理清关于赛博技术的理论观念的发展过程并发现更恰当的技术解释的理论选择。

一、技术工具论：价值缺位的技术观

工具论基于常识观念为我们提供了一种被广泛认可的技术观，即认为技术是用来服务于使用者目的的工具，它是中性的、是价值无涉的。也就是说，技术本身不负载任何价值，只有当与人的合乎目的的技术行为联系起来时才具有或善或恶的价值标签。比如，一把水果刀就只是一把水果刀，如果用它切削水果，它就有了合乎目的的正向意义，反之，如若拿它来行凶，则它就释放了恶的力量。或善或恶，只是取决于技术使用者具体的目的及价值取向。

其实，工具论所持有的技术观点根植于深厚的西方哲学传统，亚里士多德就对技术非目的论做出过解释，他认为技术仅仅是达到生存目的的手段而非目的本身，因为在他看来，残酷的自然条件即使为人类生存提供了必要的物质保障，也并不能为人类所直接利用，囿于人类自身的能力范围就只能借助工具将自然转化为能够被人类利用的物质生活条件。技术在其中的作用仅仅是实现对自然的超越和转化，技术作为一种工具性手段而言是中性的。其实，持工具论观点的理论家并不在少数。比如，马克思在一定程度上也曾是一位工具论者，肯定了技术在拯救人类方面的解放力量，认为技术发展能够提升人类的物质生活条件。德国技术哲学家弗里德里希·德绍尔也持类似的观点，认为技术活动的内在构成决定了技术是一项合乎人的目的的创造活动，技术通过发展自身可以无限接近上帝达到一种完善的境界，这也是技术王国存在的使命和

意义，帮助人类通向幸福之路①。另外，德国哲学家尤尔根·哈贝马斯、德国存在主义哲学家卡尔·西奥多·雅斯贝尔斯、美国技术哲学家伊曼纽尔·梅塞纳、英国哲学家斯蒂芬·F·梅森等也是工具论的代表人物。

把技术定义为一种中性的工具，至少存在着三方面的理由：①人猿揖别之时，自然作为人类生存的唯一物质来源必须通过转化才能为人类提供可靠的生存供给，而技术就能承担起自然转化目的的恰当手段。正是由于这一理由，人作为生物界中的一员的独特性才真正凸显出来。②技术在最初的发展阶段通常以手斧、瓦罐等为其外在形式，显然这并不能给自然或人类带来任何不利影响，即便到了近现代社会，技术已经超越了其作为工具的原始身份的认同而渐渐成为人的生存方式，尽管某些技术造成了一些潜在的生存危机，但这种潜在的威胁还未真正进入人的视野，反倒使人们感受更多的是技术无法取代的服务和便利。③技术在具体的使用场所中之所以能够与价值建立某种联系，是因为人的目的的选择在两者间架起了沟通的桥梁。正是由于这一理由，尽管工具论者也谈及技术在经济、社会、文化等领域的或正面或负面的影响，但仍然改变不了对技术的中性理解偏向。

对工具论立场的坚定拥护与技术中性含义的理解有着内在的深刻联系。依据美国哲学家安德鲁·芬伯格的分类，它包含了四种前后一致而又逻辑相连的含义②：①技术的中立性指向技术作为一种工具手段的独立性，仅仅偶然地与技术对象的价值蕴含产生关联。也就是说，技术自身不具有任何价值属性，与其实现的目的处于天然的隔绝状态。②技术转移具有无条件特征，与外在的社会制度不存在必然的联系。比如，吉利汽车集团公司收购沃尔沃汽车公司轿车业务，实现技术重组和提升，并没有受到来自政治的影响，而只是取决于转移成本，这与宗教或法律与其具体社会情境的紧密联系不同，因为在相对宽松的政治环境下并没有直接的证据表明技术会受此类因素的影响。③技术在政治方面的中立取决于其固有的理性特征，就如科学的普遍必然性，技术也有其理性的普遍必然性。这一点保证了技术在任何社会情境下都能发挥理性的巨大力量而不用考虑具体的外在条件限制。④技术的效率标准同样是普遍有效的。因为理性与效率是技术的一体两面，因而理性的普遍适用支持了效率标准的同样适用。比如，全球化背景下代工厂的出现就表明了效率可以维持其稳定水平。

不难看出，这种对技术的中性理解将关注的焦点放在技术的工具属性上，并认为技术是一种与政治无关的工具手段，有其天然的理性特征和相应的效率标准。一方

① 赵阵. 从神学阶梯走向形而上学——德绍尔技术哲学思想研究［J］. 哈尔滨工业大学学报（社会科学版），2008（01）：14，15.
② （美）安德鲁·芬伯格. 技术批判理论［M］. 韩连庆，曹观法，译. 北京：北京大学出版社，2005：4，5.

面，技术的工具论特征在现实世界中具有普遍显现。比如，在商品的世界市场和全球贸易中，华为技术有限公司作为一个通讯公司，其产品的最终形成依赖于不同国家不同公司之间的合作，因为技术产品并不因社会制度和公司价值而改变它的功能特性。另一方面，技术的工具论观念使技术与其种种不良后果划出明显的界限，比如切尔诺贝利核电站和日本福岛核电站泄漏造成的核污染等。概而言之，技术只是一种实现目标的工具手段，它与价值无涉。基于这一点，可以自然地推论出技术作为一种工具手段的价值关联在于人的技术目的具体内涵。换句话说，技术作为工具手段与其作为价值载体的目的之间的联系是随机发生的，并且这种随机性主要取决于目的主体即人的感性活动的选择结果。比如，在日常生活中要与人取得联系，那么既可以打电话又可以使用微信，这仅仅依赖于人的随机选择。

毫无疑问，工具论对其中性立场的阐释有其合理性基础，这使对技术的工具论认识在现实社会中获得了相当长一段时期内的认可和拥护。但是，这种"中性"的认识必然涉及一个合理性的限度问题，超出了特定的限度范围，这种对技术的中性立场就失去了稳固的根基。芬伯格认为，尽管技术作为一种工具手段是基于自然规律和工程科学获得诸如仪器设备等实体形式，但这些仪器设备并非如自然规律和工程科学那般处于纯粹领域而无任何价值关联，因为它作为实体形式有其自身的内在逻辑和价值蕴含，其中立性只有在未进入实践场所时才能获得保证。假使将这种中立性的范围继续扩大到具体的实践场所，那么，若仍以中性立场来认识技术，难免导致一种"静态的认知观"[①]，这显然已经超出了工具论本来的意义范畴。

工具论认为，技术是一种合乎人的目的的纯粹工具，这里是把技术作为一种从属于人的目的的工具手段来认识的。在技术应用的过程中，人的选择是首位的、具有优先性的；技术只是第二位的，本身不具备任何价值负载的功能。然而，这种工具论的思维一旦被用于人自身和自然对象，那么，这些技术对象就难以逃脱被工具化的命运，最终造成人与人关系的异化和自然对象的工具化，一切都将在理性旗帜下以效率追求为唯一目标。在实践阶段，技术在进入实践领域时会经历一个从纯粹的自然科学领域到充斥着社会需求的利益场所的转变过程，它无可避免地会与价值发生联系。也就是说，将技术（作为一种实现目的的工具手段）与潜在的价值关联进行完全隔离在事实上存在着难以克服的困难。另外，在设计阶段同样存在着类似的困难。因为在技术的设计过程中，工具论所划定的中性纯粹场域隐没了专家和工程师的的伦理角色，仅仅将技术的精细化程度作为唯一的追求，忽视了技术实践场所特有的文化氛围

---

① 张成岗. 西方技术观的历史嬗变与当代启示［J］. 南京大学学报（哲学·人文科学·社会科学版），2013，50（04）：62.

和社会需求，就这种局限而言，工具论对中性的解读同样难以获得认可。

把关注的焦点重新转回到对工具论的中性立场的四点含义上来，将会发现，它们并不总是能站得住脚。根据芬伯格的观点，可以对此进行一个较为详细的解释。首先，不论是在技术发明或实际应用阶段，技术的内在结构及实践活动都隐含着人和自然的要素，这决定了技术的中性认识根基的脆弱性。比如，一把锤子真的就仅仅是一把锤子吗？除了它自身之外，还应该包括其使用环境，这就涉及锤子的使用者和捶打对象，在使用者-捶打对象构成的具体操作中，锤子实际上内在地蕴涵着特定的目的价值。其次，技术作为一种工具手段与政治有着千丝万缕的关系，并非是政治绝缘体。因为许多技术的开发和应用都是由国家主导的，甚至是举国体制的产物，它承载着政治任务甚至是霸权主义的政治目标。例如，在冷战期间，资本主义阵营和社会主义阵营进行军备竞赛，技术被作为不同政治力量间互相抗衡的工具，任何拥有能够击败对手的潜力的技术都会被不遗余力地发明出来，尽管这在一定程度上确实促进了技术进步。再次，虽然技术与科学越来越一体化甚至呈现出"技科学"的技术进步模式，但科学原理赋予技术的理性特征却不能保证技术作为工具的确定性，因为技术可以通过重新设计并在不违背基本科学规律的前提下被赋予不同的功能。美国思想家布莱恩·阿瑟认为技术进步可以通过改进设计来进行，并指出技术是以层级进化的形式来实现这一目标的。最后，技术并非以效率标准为唯一的发展要求，文化的、审美的、经济的等也是必须考虑的影响因素。实际上，这是工具主义方法的内在意旨，因为它以"公平交易"为讨论的核心，要实现环境的、伦理的或宗教的目的等这些其他的变量就要付出相应的代价，而这种代价就是必须降低效率。这也就是在社会科学领域"它似乎可以用来解释传统、意识形态与社会技术的变化中产生的效率之间的张力"的原因所在。

这种对工具论的反思使得在技术作为工具手段与合乎目的的行动之间的潜在联系逐渐显露出来，即技术同时具有工具属性和价值属性，它绝非如工具论所认为的那样是价值中立的。这样，技术的价值的一面就被凸显出来，甚至被认为这种价值蕴含具有某种独立性并实际上构成一个具有自主性意识的实体存在。于是，伴随着对技术工具论的批评，技术实体论开始出现并逐渐成为关于技术认识的一种颇具说服力的立场。

二、技术实体论：自然缺位的技术观

尽管工具论揭示了技术作为一种工具性存在的进步之处，但也存在着由于强调工具手段的功能应用和对技术中性立场而坚持认为技术价值无涉的这种可能偏颇的嫌疑，故而招致了少数否认技术的中立性的观点。与之相对，技术实体论认为技术不单单作为一种实现人的目的的工具手段，更会受到来自文化、社会、经济等不同领域的影响，技术体系通过重构现实世界而形成一种技术的普遍化现象，这突出了对技术的价值承载方面的特殊关注，它以一种弱化技术的工具属性并将价值属性置于主导地位的方式，获得一种根本区别于工具论的技术认识。由于价值自身所具有的驱动力特征，技术的外延性扩张使得人的生活世界逐步沦陷，技术世界因而就成了一种必然的命运。可以说，从技术的社会推动及其后果来看，属人的目的及其价值负载是技术实体论形成的显著动因，因而技术实体论归根结底是从人的角度对赛博技术的片面化解读。

技术实体论的产生并不仅仅以对工具论的批判作为根本出发点，还有其特殊的现实历史背景。技术与经济的关系日益密切，其负面效应日益凸显。一方面，在改造自然的过程中，技术对自然的不可逆损害和自身的不可控逐渐暴露。在人类社会进入资本主义发展阶段特别是第一次工业革命以来，技术就成为资本家攫取资本利益的一种手段。技术在科学给予的理性指引下进入了发展的快车道，以电动机为代表的技术极大地解放了生产力，技术显现出来的巨大潜力促使资本家将技术作为一种生产要素投入到工业化大生产中。然而，对利益无止境的疯狂追求迫使技术在改造自然的道路上被过度使用，大大超出了自然的自我修复能力，诸如大气污染、全球变暖、动植物栖居地被破坏等几乎无法挽回的后果。同时，尽管技术以理性著称的科学作为后盾，但仍未成功避免由于不确定的存在而导致的不可控的发生。在现代性的普遍性扩张中，理性与自由的声音不仅出于对人类精神解放的诉求，还在技术层面得到了值得商榷的伸张。技术展现出的神奇力量在资本的推动下以拔苗助长般的速度应用于现实情境，比如近年来自动驾驶领域出现的"意外"交通事故，贺建奎基因编辑婴儿事件等，都是在技术条件不成熟的前提下对不确定性发起的不周密且注定失败的案例。另一方面，在技术体系的无限扩张中，人的主体性地位不断获得确认，反过来，技术的过度控制使人的主体性地位遭到贬黜。在由机器构成的遵从资本主义秩序的生存背景下，人逐渐被隐没并退居幕后成了机器运行机制中的某一环节。正如韦伯所言，"人们必须将劳动视为一种目的，当作天职去完成。但是，这种态度并不是天性的产物；仅凭低工资或者高工资是无法激活的，只有在长期的磨练中才能唤起人们的这种意识。"① 换句话说，人对自由的追求在技术活动中被消解了，显然这与技术合理化的目标背道而驰。最初，对技术的价值寄予厚望，机械化和标准化的技术流程可以使人们从繁重的体力劳动中抽身并获得自由。但是，鉴于其组织技术的基本形式，工业社会毫无例外地会导致极权主义。对此，德裔美籍哲学家和社会理论家赫伯特·马尔库塞

---

① （德）马克斯·韦伯. 新教伦理与资本主义精神［M］. 龙婧，译. 北京：群言出版社，2007：44.

很隐晦地表达了与韦伯类似的看法，"在工业社会前一阶段似乎代表新的生存方式之可能性的那些历史力量正在消失"①。面对技术在现实世界的大规模延伸，人类也许毫无抵抗力地放弃自己的最后一块领地，或者，退回到技术社会以前的那种简朴自然的生活时代。

　　显然，技术的价值负载已经超出了工具论者所言说的服务于人的目的的那种正向意义，很意外地而又必然地走向了另一面。法国技术哲学家雅克·埃吕尔指出，技术是一种文化现象，在由传统社会过渡到技术社会的过程中，它成为了控制人和物的一种自主性力量。这种自主性的基石在于，现代社会已经成为了一个彻底的技术社会，技术渗透到社会生活的每个角落，任何人和物都被打上了技术的烙印，技术现象是唯一的存在。另外，技术逐渐发展为一个日趋庞大的体系，它按照自身的扩展规律壮大自己而拒绝接受任何来自外部的干扰和评价，那种工具论的合乎人的目的的技术活动已经成为过去，本来作为工具手段的技术倒成了目的本身。在这一转变中，人成为依附于技术的附属品，人的目的随之丧失，取而代之的是技术目的。对此，海德格尔表达了对技术类似的担忧。他声称，技术已经获得了超出人类意志的力量和方向，人在技术向世界展开自身的过程中被摆置为一种"持存物"，人整个地成为一种对象性的存在。他认为，技术社会的形成根源于极权主义利用技术对世界的重新构造，即将人和物都转化为单一性的技术对象。这样的例子不胜枚举，比如新近兴起的外卖行业就可以被理解为技术对社会文化的一种无意识的极权主义的搁置。诸如"饿了么""美团"等快餐平台为快节奏生活的人们提供这样一种可能性，只要在网上下单就会在预定时间送到指定位置从而享受到美味可口的饭菜，但其后果是，人被牢牢固定在工作岗位上，成为卓别林意义上流水线上的生产工人。人的身份被单一化为机器属性，本来的文化属性随着家庭聚餐形式的消失而被遮蔽了，这表明以网上订餐服务为基础的新生活方式的出现，但并没有人认为这和工作时间的延长有任何关联，尽管它真实地存在着。或许在工具论者看来，外卖并没有影响人对营养成分的摄入，就其对维持生命的功能意义上说毫不逊色，而且事实上节省了大量时间，因为不用回家重复做饭的一整套流程，这对于保持工作效率来说无疑是一种更好的选择。可是，将人的文化属性压缩到机器的单一维度内，失去了人在现实生活中所应有的丰富性。

　　技术实体论指出了这样一个事实，技术体系的扩张造成了世界技术维度上的扁平化，技术统治一切，万物都成为技术性存在，价值的意义在这一过程中既被彰显又被隐没。工具论者将世界的技术化进程判定为一种以理性和效率标准为衡量尺度的进

---

① （美）赫伯特·马尔库塞. 单向度的人：发达工业社会意识形态研究［M］. 刘继，译. 上海：上海译文出版社，2008：9.

步，认为机器可以接管一切，是可以让人从精细化和高效率的自动化生产中释放自由天性的选择方式。然而，这种观点其实是基于人的判断而做出的，本身便包含了一种价值在里面，只不过这种价值仅仅以技术成效为唯一标准。事实上，在我们选择机器作为实现目的的手段时，就已经默许放弃了作为人的诸多权利，这包括宗教的、审美的等等。因为技术在渗透生活世界时就失却了作为一种合乎人的目的的工具的纯粹属性，而是成为相伴人的存在的一种生活方式。其中的原因在于，技术的自主性特质使其像科学、数学那样独立于社会，但不同的是，技术能够在现实世界中获得它的物质形式，并对社会产生直接而深刻的影响。因此可以说，这种自主性力量使现实存在产生了实质性的改变，并指明了工具论者对技术的中性构想所具有的多少片面和武断的意味。因为这种认识与技术的实际影响显现出一种失衡，然而，这种失衡被实体论者打破了，并成为他们提出与之相异看法的出发点。他们认为，技术活动体现了人们对技术的信任，然而这种价值选择的结果俨然已与人的初衷相悖离，技术对社会的实际改造使它具有了某种自主性的力量，这完全超出了人的控制范围，毋宁说这使技术成为新的主体性存在并统治了人的世界和物的世界。用美国学者约翰·斯托登梅尔的话来总结就是，对技术的任何考察都应基于具体的社会情境，由任何不顾现实的社会内容做出的判断都是对技术的抽象概括。

诚然，实体论者对社会内容的关注突出了技术的价值功能，彰显了技术丰富的现实背景，就这一点而言，显然实现了对工具论者的超越。但是，实体论的一些观点仍然值得进一步商榷。第一，技术在价值方面的彰显似乎逐渐越出了人类的可控范围，原本居于他者位置并协调于人的目的的技术成为一种拥有了某种主体性的独立实体，能够造就一个技术化的世界，并作为世界的主宰进而成为一种决定一切的控制力量。但是，即便技术确实造成了一些负面影响，但显然没有到无法挽回的地步，比如环境保护政策的实施、对珍稀动物栖息地的保护等；退一步讲，对技术造福人类的功劳同样不能忽视，否则，人就很可能退回到茹毛饮血的原始生活。第二，技术展示出的强大力量似乎造成了"技术就是人的天命"这一假象，人无法逃避被技术奴役的命运，遑论其他。毫无疑问，这种悲观主义的看法导致发展出一种技术决定论的论调，甚至造成人在其自身主体性的能动力量方面的健忘症。技术确实表现出了某种不以人的意志为转移的自主性，但技术的发展实际上仍然受到经济、文化等因素的影响，技术的发展趋向是多种力量凸显耦合的结果，并不存在某种单一的决定力量。因此，技术与人之间的关系并非决定与被决定的狭隘模式，而是存在着共同进化的可能性。

三、技术批判论：超越技术本质主义

工具论与实体论都属于对技术是什么的本质主义的回答。具体而言，工具论者将注意力集中在技术的自然属性上；与之相对，实体论者则更看重技术的社会（人的）建构。自然与社会使技术在不同的解释框架内得到了不同方向上的伸张，但两种理论都只是将着力点集中于某一点，难免失之偏颇。基于这种认识上的两难困境，技术的批判理论尝试整合这两种观点并发展出第三种技术观的可行性道路，其中，尤以芬伯格的技术批判理论最为典型。他在清理工具论和实体论的基础上，以技术代码作为其理论大厦的基点，提出了关于技术的工具化理论，进而统合了实体论与工具论的合理成分；虽对自然有所提及，但并未将它作为一种异质性要素之一在与技术、人之间建立关联，只是将它作为一个在技术与人相互作用范围之外的从属性的存在。

（一）对本质主义的清理

在提出工具化理论之前，芬伯格首先对本质主义的技术观及其技术发展的对策设想进行了清理。在芬伯格看来，两种理论对技术要么接受要么放弃的态度都暗示了技术是一种独立的力量存在，它超出了人类的干涉或修正的能力范围，在任何一种情况下，我们都不能转化技术，而只能限制其使用界限。比如，有人主张放弃开发和使用核能，因为它有已经发生的或潜在的技术风险；转基因技术一直以来都受到质疑，因为它很可能会影响到人类健康；病毒研究一度被叫停，源于人造病毒的产生会危及整个人类；甚至被告知停止使用汽车，应该回归到更自然的生活方式。

从一般性意义上讲，这实际上是对技术限制方式的选择，这主要包括道德和政治的解决方案。在道德限制方面，这种解决方案的困难在于难以恰当地划定风险的限制界限，因为技术体系已经塑造了全部的社会生活。如果采取强硬的态度对技术加以限制，那么，就至少存在四个反对理由反驳这种限制的有效性。首先，在指定技术的恰当范围和适当形式时，批判者通常也排除了技术潜在的工具性效能；其次，面对诸如宗教、艺术等不同领域的价值诉求，难以定义哪个领域更不需要技术介入；再次，这种限制要求寻找到与精神价值更加一致的可替代技术，而这仍然是一个问题；最后，限制本身实际上也许正是一种隐形的技术控制，从而导致它本身陷入技术自反性的怪圈。在政治限制方面，那种将技术置于政治目的之下并通过利用技术来维护传统或发展未来的思路在本质上是一种工具论的再生，苏联将技术与共产主义联合起来的做法，及日本在战前维护既有文化的企图而最终失败的结果，就是极有驳斥力量的例子，因为它们轻视了技术与社会、文化和政治等相协调的先决条件。其根源在于，技术力量所贡献的改善福利待遇的实际成果比任何意识形态所给出的承诺更具有说服力，技术在人那里已经获得了超出工具范畴的文化意义。另外，这种力量并不能服务于出于政治诉求的多元目的，因为它有与其自身相适应的政治环境，那种为了保持原有的价值而尝试将技术工具化的做法注定要失败，在这一点上，实体论的主张与工具论的主张表现出了一定的类似性，至少在结果上是这样。此外，通过在技术与文化之间建立相对封闭领域的方式以试图寻找到一种技术文明的替代形式同样不可行，这违背了最初利用技术欲要达成的文化目标。

这种对技术危机的解决方案的失利实际上应归于对技术的本质主义理解，这种理解没有注意到其先验性所决定的历史性的先天性缺失。换句话说，不管是工具论还是实体论，都没有深究技术的内部结构，而只是或从技术的功能角度或从技术的自主性视野进行分析，那么，最终导致技术乐观主义或技术悲观主义的结果也就都在情理之中。因此，如果仍要拥抱技术，那么就需要在道德与政治限制之外寻找另一条道路，这要求重新审视技术基础的具体含义。芬伯格认为，技术的本质问题实际上是一个不确定性问题，这可以通过技术代码这个概念来展开论述。

（二）技术代码作为工具化理论的基点

在对本质主义的技术观批判的基础上，芬伯格将技术的历史维度纳入视野，用技术代码来指代这一特性。代码原本是计算机领域的一个典型词汇，可以这样解释，它是一种以符号、字符等形式表示信息的规则体系，通过对文本信息的变换和重新组织来获得一种更有利于信息传递和处理的方式，以促进不同类型信息间的有效交流。基于对代码的这种理解，芬伯格将其运用到对技术内在结构的认识和研究上，用技术代码的概念来指称技术的价值蕴含，并指出包括文化的、宗教的等任何形式的价值诉求都能以代码的形式嵌入到技术中。进一步地，芬伯格认为技术专家的出现并不能将来自社会系统的多元价值诉求沉淀到技术设计中，他们只会将占据着技术霸权地位的思想和利益融入到技术中。究其原因，是由于对技术的决定论认识使人放弃了参与到技术设计过程的冲动，但从社会建构论出发可以获知这种情况是因为缺乏对技术内在结构的关注和重视而做出的片面选择。只有打开技术黑箱，才能在对技术的客观知识的基础上厘清技术的本质问题。

芬伯格认为，技术代码是在代码及其与现实语境中的文本或事实的意义相联结的基础上做出可否选择的一种机制，类似于控制理论中对开关的策略性决定。这表明，技术代码的形成是技术自身与价值诉求相博弈的结果，反映了在技术设计中具有决定性影响的特权阶级的利益和价值。这也表明，技术代码实际上是技术与相关的社会价值间的交互场所，涉及技术和价值两个参与要素，其中，价值自身又是多元的，即便它常常以一种霸权主义的定性形式嵌入到技术中。因此，从解释学的角度来看，芬伯格认为技术代码至少包括三重含义。

1. 技术代码是用以解释技术的基本界面。技术代码既包含了工具论者对技术的工具性功能的基础见解，又吸纳了实体论者强调社会价值的合理成分，故而能够在两者间达成某种平衡的基础上对技术做出独创性的解释。比如，在选择交通工具时，根据价格和安全性等具体需求来确定选择动车、高铁或飞机，以获得较为满意的乘坐体验。其中，不同的交通工具就体现着差异性的技术代码，比如飞机更快、动车更便宜，不同的技术代码决定了对出行方式的认识和最终决定。

2. 技术代码是效率标准与价值标准间的张力性存在，反映了两者在特殊情境下经过斗争后得到的协调结果。通常来说，在稳定的社会系统下，存在着多元的价值倾向和利益诉求，与之对应，技术也存在着多种可能性，究竟应该选择哪一种对应关系就成为一个颇具弹性的问题。一方面，效率标准已经获得了民众的广泛认可；另一方面，价值诉求显得同样重要。两种选择之间形成的对峙态势使技术必须获得超越，这种超越便是技术代码，它能够在异质性力量之间获得一种至少是暂时性的平衡。这里有一点需要特别指出，技术代码的这种相对性还体现在它代表了居于技术优势地位的人群的特殊利益，在芬伯格的语境中主要指的是资本家，因为他们能够在众多可替代的合理化选择中做出某种调整，以最大限度地体现他们的意志和利益。

3. 技术代码在现实情境中成为技术合理性的替代形式，使技术统治得以合法化。在现实世界里，技术已经成为人的一种普遍化存在方式，技术渗透到日常生活的每个角落。但是，技术代码所蕴含的利益和意志也潜藏其中，使人误以为这是一种必然。以铁路为例，它的宽度开始是以马车的宽度来制定的，后来马车退出历史舞台，但这种标准一直延续到现在，并且人们习以为常，认为这是一种先验性的技术标准，以至于不会受到任何质疑。但是，也有例外。手机是大家每天都在用的东西，从有线电话到无线电话，从语音电话到可视电话，其间经历了从简单的接打功能到复杂的智能手机的变化过程，都有赖于人性化的技术代码沉淀到技术设计的过程。这说明，技术代码实际上是可以改变的，存在着一种变化的可能。

（三）工具化理论

技术代码提供了对技术的基底及其内在结构的客观说明，为芬伯格的理论的向前推进铺平了的道路。基于对技术代码的认识，也为了更加系统地研究技术的本质蕴含，芬伯格提出了工具化的分析框架。这种框架建立在对工具论和实体论的批判性吸收的前提下，也就是说，在工具化理论的范围内可以看到它同时包含了本质主义的工具论及具有建构主义色彩的实体论的基本内核和有效成分。芬伯格在工具化理论中统一它们的办法就是利用双层结构将它们联系起来，即初级工具化和次级工具化，前者注重工具理性的功能主义描述，具有直接指涉自然和现实世界的揭示意义；后者则从社会建构的角度指明技术的价值蕴含及其实现过程，对初级工具化的实践活动的顺利展开发挥作用；两者以"硬"技术和"软"技术的结合形式表征了工具化理论的一体两面，形成技术的辩证法或者说关于技术的本质认识的双面理论，以指向批判性技术观的解读。

由于初级工具化和次级工具化都统摄在工具化理论中，为了不在这两个不同层次的具体内容之间造成某种割裂的误解，对工具论的阐述必须采用一种与这种理论本身相适应的说明办法。具体地说，初级工具化包括去除情境化、简化法、自主化、定位四个步骤，同样地，次级工具化也包含与之对应的四个环节，即系统化、中介、职业、主动，它们构成四对一一对应的关系，形成了对技术的工具化的整体性理解。①其中，去除情境化和系统化构成第一对关系：去除情境化指技术首先切断与直接情境的联系，然后得以系统化，即技术与其所属的技术体系中的其他对象，及技术的操作主体、操作对象形成联系，由此构成技术活动的整体情境。简化法和中介构成第二对关系：简化指通过技术将技术对象中的目标部分抽离出来，这种抽离则基于技术的中介作用，即在技术设计过程中将道德和审美等价值嵌入其中。自主化和职业构成第三对关系：自主化指技术与技术对象的分离，即技术的使用者与技术的行为后果不存在某种联系。其原因在于，技术的自动化操作方式使技术的操作者不认为他与技术的后果有什么联系，只是把它作为一种职业。定位和主动构成第四对关系：定位指技术活动中，操作者自己置于控制对象和奴役对象的战略位置上，而实际上被置于被动地位的对象具有一定的自由活动空间。

可以看出，以上四对关系主要涉及操作者和操作对象，以技术为活动背景说明两者间的层次关系，很好地综合了工具论与实体论关于技术的基本认识，并在此基础上将它们囊括在一个统一的理论框架中，进而为技术的本质认识提供了新的视野，也为技术的民主化道路奠定了良好的理论基石。

需要指出的是，工具化理论并非完美无缺。第一，在这种对技术的工具化理解中，技术活动往往以强化初级化工具同时压制次级工具化的方式进行生产活动。这其实表明技术实践包含着某种异化成分，即这种关系存在一定程度上的扭曲，这实际上给技术实践暗示了某种予以调整的现实需求和可能性空间。第二，在调和两种理论时，工具化理论似乎在一定程度上忽略了自然隐藏在背后的作用和意义。要知道，技术是围绕人与自然的关系而得以展开的，忽略了自然就等于失去了继续讨论的根基，因此，有必要将自然作为参与要素之一考虑进来。第三，工具化理论主要的目的是在工具论与实体论之间尝试达到一种平衡和统一，但对技术与以人为主体的社会和自然之间复杂的相互作用模式并未着墨太多。但有一点值得肯定，技术代码概念以一

---

① （美）安德鲁·芬伯格. 技术批判理论［M］. 韩连庆，曹观法，译. 北京：北京大学出版社，2005：224.

种历史意识提出了对技术的发生学解释，从而使技术的形象变得立体起来。

本章小结

随着新科技革命的继续推进，在大数据、人工智能、生物技术、信息技术等高技术的加持下，当代技术或者说后现代技术呈现出了明显的赛博特性。所谓赛博特性，是指在具体的实践活动中技术、人和自然三者境域性地耦合突现的生成过程，它借用了赛博的控制论的初始含义，兼顾了技术的异质性基本结构和历史性生成过程两方面的基本内容。实际上，从古代技术、近代技术、现代技术和后现代技术四个不同的发展阶段来看，技术都呈现出不同形态的赛博特性，也就是说，技术的赛博本性是伴随技术的更新和升级而获得不同的历史性表达形式。具体地，在古代技术时期，技术和人从自然中分离出来并获得了一定的独立性，由于泛神论思想的盛行，此阶段技术与人、自然处于和谐共存的状态，甚至还有崇拜自然的现象。到了近代技术时期，一部分人掌握了技术并成为人们口中的工匠，人的主体性地位得到了一定程度上的彰显，技术开始以改造自然为基本目标，但总体来看，古代技术时期的和谐状态并没有发生太大变化。但是，到了现代技术时期，这种情形发生了巨大变化。在技术所提供的强大生产力的背景下，人的主体性地位获得进一步地确认，甚至取代了上帝。与此同时，自然在科学与技术的共谋或者说在人的主导下彻底陷入失落，而人自身也没有逃避掉被异化的命运。在后现代技术时期，自然隐没在幕后成为技术体系扩张的背景，人成为技术改造的主要对象，后人类时代或已到来。相应地，技术在现实世界的快速进展，早已引起了人的注意，对技术的反思伴随其整个生命历程，一直到现在。

从技术产生时起，对技术的认识和反思就没有停止过，基本上可以划分为工具论、实体论、批判理论三个阶段，这些观点或多或少可以对应古代技术时期、近代技术时期、现代技术时期。但是，后现代技术表现出不同于之前阶段的新形态，现有理论在很大程度上已经难以对它做出恰当的、有说服力的说明，即便批判论有效地吸收了工具论和实体论的基本内核和有效成分，但其重点放在了在作为工具的技术和作为价值负载的人之间实现统筹的任务上，而对自然之于技术和人的意义的理论释义还有待进一步发掘。不过，以上理论成果仍旧在很大程度上为新的思考方向提供了重要线索，是赛博技术生成本体论分析的极具潜力的理论生长点。以此为背景，运用生成本体论，通过对技术的基本结构和内部时间特性的考察，能够为赛博技术的未来发展提供新思路。

第三章　生成本体论视域下赛博技术的结构分析

对赛博技术的理论批判表明，对技术本质的研究必须在超越实体思维与表征主义解释的前提下进行一种历史视角的考察才能有所推进。生成本体论强调异质性、境域性和历史性，是一种兼顾基本结构和历史演变的阐释方法。它将技术、人和自然的共域存在作为研究对象，摆脱对技术的抽象表达，实现对研究对象的情境性理解，最终提供不同于以往的关于赛博技术的生成论图景，这能为深入理解技术的赛博本性提供了一种合乎时宜的理论选择。

从结构分析的角度来看，与其他关于技术的理论相比，关注对象的诸异质要素的共存或共生是一种解析技术的新思路。具体而言，对赛博技术的结构描述并不刻意地突出某一要素的主导性作用和决定性影响，而是将技术与人、自然以诸异质性要素的身份放在一个统一的场域中进行一种共时性呈现的质性描述，是从自然先在性、人的延伸性和技术间性三方面所进行的局部视角的考察。如此这般，既对技术哲学学科本身的理论发展方向做出了一种尝试性的努力，同时对于认识在现代性和后现代性理论冲突背景下技术发展的基本形态，又是一种可能取得突破性认识的有效进路。

第一节　赛博技术的基础：自然先在性

所谓自然的先在性，是指在人类展开自身存在之时，自然就已存在。在人类的文化传统中，自然同样是一个经久不衰的话题和讨论对象，有其天然的神秘感和旺盛的生命力。人与自然之间的关系复杂而多变，正是自然提供了人类生活与历史之全部内容的多样性空间，而人则以超越性的未来为终极导向，促使自然被动地越出其自身界限。也就是说，自然与人类历史从其发生联系时就以一种纠缠状态延续至今，其间的纽带就是把技术作为工具手段以展开现实世界。

以自然的先在性作为本节的研究主题，主要对自然的概念、规律及对赛博技术的先在性构成意义进行论说。另外，必须认识到，对自然的描述不能是孤立的考察，必须采用一种超越二元论的方法进行分析，因为对自然或人抑或技术做出任何割裂的考察都注定徒劳无功，当纠缠一处时，事物的真正形态就能浮现出来并以存于其间的相互作用来表达自身。

一、自然的概念解释

对自然的认识既离不开人也离不开技术，三者之间存在着错综复杂的关系而又历史地纠缠在一起。在不同的技术发展阶段，作为人与技术关系向前推进的具有基底属性的背景，自然向世界展现出它在不同阶段丰富的概念特征，当然，这种自然的概念受到人与技术张力性发展的潜在影响。

（一）原始的自然

亚里士多德在对物理学的研究中认为自然是一个关于自身的潜能的概念，是自我生长和自觉展开的："自然的意义，一方面是你生长着的东西的生成……另一方面，它内在于事物，生长着的东西最初由之生长。此外，它作为自身内在于每一自然存在物中，最初的运动首先由之开始"①。这就是说，自然的展开是遵循本原的内在逻辑而获得预先准备的生命历程；而技术与之相对，以一种不同于自然生成轨迹的方式（背离自身的道路）成就其全部历史②，它的生成和变化不类似于自然那样是预定潜能的发挥，而是以一种自然之外的具有随机发生特质的人为方式进行。自然与技术看起来截然不同，但它们又在随后的时间里相遇：自然虽然曾一度被认为与人为互相对立同时又保持着那种逻各斯意义上的"原初统一性"，但这种统一性最终为一种技术的方式所颠覆和取代③。在这种描述中，自然是处于流变状态中的自然，流变的原因被古希腊哲学家柏拉图归因于技术，这超越了自然自发流变的意义。也就是说，尽管人作为"万物的尺度"在古希腊哲学传统中更多地体现在认识论层面上，但在后来的发展中，人有了属于自身的实践范畴，对自然的理解需要将自然置于人与技术的关系中进行考察，也应兼顾和重视人的因素。换句话说，自然是在人的作用下，在与技术的相互关系中实现了人参与其中的流变，从技术与自然的关系入手对自然的实践维度可以做出生成论的解释："以自然为摹本，仿照自然、顺应自然、辅助自然的技术活动，可以使自然更多地生产出产品，是培植性技艺……这种技艺是某种质料的潜能现实化的过程"④。

一般而言，在人们对世界的感知中自然的形象的首次转变是随着近代自然科学的

---

① 苗力田. 亚里士多德全集第七卷 [M]. 北京：中国人民大学出版社，1993：114.

② 包国光. 古希腊的"自然"和"技术"——海德格尔对 φυ′σιs 和 τε′χνη 的解释 [J]. 自然辩证法研究，2010，26（04）：35.

③ 宋继杰. 柏拉图《克拉底鲁篇》中的"人为-自然"之辩 [J]. 世界哲学，2014（06）：17.

④ 张晓红. 马克思技术实践思想研究 [D]. 东北大学，2012：21.

确立而发生的。古希腊时期，人们对自然的认识受到实践水平和认识能力的局限，认为自然是神秘的。特别是在泛灵论的广泛影响下，自然被理解为一种人格化的神，自然赋予了人类生存必需的基础条件，技术在自然中的应用被定义为自然本身慷慨的神授。总之，人们对自然的态度处于一种附魅状态。究其原因，自然本身确实如古希腊哲学家赫拉克利特所言是流变的。正是这种流变使得在实际行动中对自然规律的把握有了认识上的困难。这可以理解，因为自然确实如人眼所见般多姿多彩，但这只是表面上可见的部分，实际上更为吸引人的是被隐藏的那部分。换言之，人们对自然的所有想象和崇拜实际上来源于被隐藏在可见部分背后的不可见领域。为了表达对自然的这种好奇，赫拉克利特曾说出了一句极富生命力的箴言："自然爱隐藏。"这句箴言从此一直到近代之前，都统治着哲学家和艺术家对自然各种形式和内容的阐释。毋庸置疑，从发生学的角度看，哲学的来源之一就是对自然无尽的好奇，这种好奇支撑了相当长一段时期内的形而上学思辨，直到近代科学的出现。

（二）技术的自然

在近代科学的所有成就当中最为显著的是，数学学科的确立和实验科学的兴起。数学是一门关于精确性的学科，最开始可能仅仅用来丈量土地，但其最伟大的应用是钟表的制造，钟表把时间从古老的计时方法中拯救出来，获得了一种精确到分秒的自我更新，但其意义并不仅限于此，关键是钟表使空间的时间化成为可能，这为地球的洲际联结提供了一种整齐划一的标准。与之相比，实验科学同样具有革命性的巨大力量。其中最为重要的是，实验科学以精密仪器和设备为基本手段，将自然搬上了实验台。换言之，对自然的奥秘的追问已经从形而上的思辨转为形而下的实验探索，这种转变让培根喊出了"控制自然"的口号，从此，实验成了解蔽可见自然背后的隐秘领域的新途径。

在康德对自然的思索中，世界被划分为包括现象界和物自体两个相互隔绝的部分。在康德的认识能力的话语体系中，现象界被认为是可以获得知识的领域，而物自体是不可知的，是道德和美自由发挥的场域。以此类比自然的话，可见部分就是如现象界可知的，而被隐藏的部分则属于物自体的范围而无从知晓。但是，实验科学的兴起则为两者间似乎不可弥合的裂缝架起了沟通的桥梁，即实验手段使对自然所隐藏的那部分的知识成为可能。如此，培根所言的控制自然的目标便在实践层面上具有了这种可行性。

根据培根的说法，在人类中心主义的支配下自然注定会沦落为被改造的对象①，被控制成了自然的一种难以逃脱的宿命。要理解这一点，就必须对机械自然观的基本观点有一个概观。在对自然的机械式的理解和描述中形成了主客对立的基本形态，矛盾是这种对立的底色。在这一矛盾结构中，自然失去了神性光环而沦为客体，而人成为主体并获得了主体性地位，主体将自然作为求索的对象和奴役的客体，因为"要在一个所与物体上产生和添入一种或多种新的性质，这是人类权利的工作和目标"②。必须指明，这种情况实际上指示着一种变化，即原本作为整体的自然中被嵌入了一个异质的他者，自然本身的完整性被破坏，并且那自身赋予的神性光环开始黯然而最终滑向由机械图式制定的陷阱。其结果就是，自我生长和自我完善的自然开始转化为质量、能量和信息，自然被彻底切割成了片段式的存在。这显然与自然在有机论视野中的角色和地位拉开了巨大差距，并被数学的量化标准表征出来，真实的自然被刻画成线性轮廓从而失去了它的本真意义。具体地说，自然经历了这样一种身份转换，即由古希腊时期的诗性自然转变为近代科学基础上的量化自然或机械自然，这是两种不同的自然，揭示着人与自然关系的微妙变化，也暗示了技术把自然作为对象并解剖的不可逆性。

（三）"直观的自然"和"发现的自然"

自然作为不同时期迥然遭遇的结果在胡塞尔那里被表述为两种自然区分，促成近代科学背景下自然的隐秘含义进一步明晰化。在胡塞尔看来，世界所给定的存在预先地是"直观的自然"。这种自然给人的直观感受是素朴且自明的，这主要是指在人所存在的世界中，可以跳过任何多余的假设而直接面向自然和接触自然，即自然属于一种物理学中的先验地在场的对象，其自明的程度使人不会产生任何怀疑论的论调。实际上，这种直观的自然就是通常所言的第一自然，即一种处于原始状态或维持原样的自然。这里，原始状态保证了自然的直观可能性，它包括两层的隐秘含义：其一，直观的自然向世界提供了一个整体性的场域，在这个场域中，能够根据具象化地存在着的对象为自然所隐藏的那部分通常意义上的普遍性规律的显现指明方向。换言之，任何我们能直接观察到的自然实际上都有其多样性外在显现之下所由以生成的根据，这类似于亚里士多德所说的形式因及其规定性，为事物外化或者自然的自我涌现提供了一个可能性场域。其二，在前述内容的基础上，自然实际上为世界划定了时间和空间的

---

① Mohammad Bidhendi, etc. The Role and Stance of Francis Bacon in Initiating Environmental Crisis Occurrences [J]. Review of European Studies, 2014, 6 (4)：42-48.

② （英）弗朗西斯·培根. 新工具 [M]. 许宝骙，译. 北京：商务印书馆，1984：117.

规定性特征。其原因在于，自然的自我涌现体现着一个过程，即在时间的流逝中规定自身；同时，自然向世界绽放自己的直接后果就是填充了本来虚无的空间，它与时间一道构造性地形成自然的直观存在及其潜在性场域。正是以上缘故为技术化的自然提供了可能性，这种自然也就是胡塞尔对现代科学现象学反思的对象，可以将之称谓为"发现的自然"。这第二种自然与"控制自然"的指向存在着某种相似之处，即自然被卷入一种变化之中，通过数学的公理化方法将本来为具体事象的自然的全部意义消解在形式的流变之中，然而，这种流变却常常被当作洞察自然秘密的最好方式。于是，"现在只有那些对于技术本身是不可缺少的思想方式和自明性在起作用……那种有时完全沉醉于纯粹技术思想之中的技术化过程也是必然的"①。由此可以看出，胡塞尔的两种自然区分与培根的控制自然的观念存在着一定的相通之处，这主要体现在这样一个事实，即自然本身出现了一种分化，即第一自然和第二自然或者原始自然和人化自然的区分，而其根源在于技术作为他者介入作为整体的自然之中并将自然带入到祛魅化的历史过程，也就是说技术成了自然无可更改的命运，自然除了自身的原初属性之外隐含地包括技术要素和人的要素，换言之，对自然的认识必须将其置于一个共存场域中才能达成，这也是本研究对自然理解的出发点。

二、自然先在性的蕴含

在对赛博技术的结构分析中必须认识到，自然是一种先在性的存在。亚里士多德认为，自然是确定的且自明的，"因为明摆着有许多这类的事物实际存在着"②。换言之，自然的存在是先在的而不是后来发生的，正是这种先在性确认了自然自身的存在。在澄清这种先在性之前，需要把自然作为一种客观性的物质存在进行确认。

毋庸置疑，自然是客观性的物质存在，为人类社会提供生存的必要物质条件。具体点说，作为人活动的前提条件和基础背景，自然为技术创造了潜能的所有可能性条件，界定了技术展开自身的可能性边界。根据科学考据，地球形成于 46 亿年前，而猿人化石的出现最早可以追溯到 300 万年前，这就是说在人类历史有记载之前，地球就已在宇宙中形成。对地球的全部表述都聚焦于"自然"这个概念，自然科学就是以自然为研究对象的学科，而物质概念的产生就出于对自然的研究，物质是对自然最好的概括。换言之，物质性是自然天然具有的性质，无论是第一自然或是第二自然，都是物质性的存在。第一自然和第二自然都属于广义上的自然，而狭义上的自然专指第二

---

① （德）埃德蒙德·胡塞尔. 欧洲科学的危机与超越论的现象学 ［M］. 王炳文，译. 北京：商务印书馆. 2001：64，65.
② （古希腊）亚里士多德. 物理学 ［M］. 张竹明，译. 北京：商务印书馆，1982：44.

自然，也就是人化自然，指经过人的实践活动改造过的自然，但这种自然来源于第一自然，即第一自然和第二自然是统一的，这种统一性来源于自然的物质性保证。在马克思对自然的考察中，自然相对于人类世界先在地存在。在实践唯物主义的视野范围内，自然的先在性是相对于人类世界获得定位和解释的，其中一个很明显的区别就是，在人类世界的规定性中时空概念构成了人的实践活动的二维延伸，而自然就不需要或者说它本身就具有这种先天的规定性。

因此，从人类世界提供的观察视角来看，自然的先在性是一种客观性存在，不管是否承认，它就在那里。它的一个坚实基础来源于自然性质的确定基于对物质概念的理解，这也是实践唯物主义的要义所在。在此基础上，对自然的先在性特质的阐明具备了可行性条件，即对自然的物质先在性和规律先在性的说明具有了论述的可靠基础，接下来对其进行详细论述。

（一）自然的物质先在性

在自然的物质客观性得以确证的前提下，就可以指出这样一个事实：自然是技术产生和发展的初始条件。自然作为地球生命出现的原始环境和前提条件，没有自然就不可能有生命的存在，更不可能有技术活动的实践场所和无限可能，换句话说，自然之于技术的关系类似于土壤之于种子的关系，来自自然的物质的基础性作用是技术产生和发展不可忽略的重要因素。任何技术活动如果从本源上进行追溯的话，都能看到自然作为基底的存在。

从技术的产生来看，最初并没有现代意义上的技术，无论是在材料方面还是构造方面，都与之相去甚远。人猿揖别时，人将手中的石块、树枝当作工具得以谋生，很显然，这种源始意义上的技术只是直接从自然中就地取材而已，基本没有任何的加工过程。就这一点而言，技术来源于自然甚至等同于自然。但到了后来，技术从外在形态上看不再粗糙而显得愈加精致，同时技术的功能更加强大和有效。然而，这种变化仍然没有脱离自然为其提供的物质基础，各种仪器、设备、工具等人工制品都是在对各种自然资源提炼和加工的基础上获得的实体形式。

从技术的发展来看，技术进步的一个潜在方面就是技术实体形式的构成要素的改进，即技术实体所采用的制造材料的变化。要知道，不同的材料对于技术的效能发挥具有不同的支持水平，以航天事业的发展为例，航天器如果要在太空中正常运行，就必须克服不同于大气环境下对材料的要求所造成的困难，因而就必须发展出一种能够适应在太空条件下具有耐受性的材料作为航天器的基础制造材料，那么，就只有在地球范围内寻找符合要求的材料，且不论加工工艺，这种材料一定出于自然的馈赠，这就是说任何技术的实际应用都离不开自然。在进行技术设计时，自然的物质限制往往隐含在整个设计过程之中。德国技术哲学家弗里德里希·拉普在对技术基本构成的研究中发现,技术活动有潜在的限定范围,超出了这个合理的范围,技术目的也就无法实现。[①]

(二) 自然的规律先在性

除自然的物质先在性之外,自然的规律先在性同样重要。从自然与外部世界特别是技术世界的关系来看,自然的规律先在性规定了技术活动的合规律性特征。其实,将秩序理解为自然规律可以更好地理解其先在性的含义。显然,自然规律的客观性指明了它不可能以人的意志为转移,人的技术活动必须遵循自然规律的限度和制约。一般而言,技术的产生意味着一种合乎人的目的的工具形态的出现,它不再是直接对自然的利用,而是经过了一个自然加工的过程,因此,一项技术是人的目的与自然规律的结合,而自然潜在的规律在其中具有决定性的导向作用。究其原因,人工制品的运行原理及其操作流程与其相应的物质材料息息相关,正是物质材料所体现的自然原理为相应的技术操作提供了灵感。这种灵感的具体内容及其实现就是自然规律在技术中的恰当彰显,只有符合自然规律的设计才能实现其技术形式,反之,这项技术注定会遭遇失败,因为任何违反自然原理的设计都难以在以自然为生存背景的世界中获得合理性。也就是说,要想使技术从潜能变为现实,就必须尊重自然规律,遵循其内在的因果链条的规则限制,因为这是技术获得其实际形式的必要前提,而这一点正是由自然规律的基础地位决定的,用法国哲学家亨利·柏格森的话进行概括就是"一切都已给定"。

如果从自然本身的生长来看,秩序先在性的存在实际上更为突出。柏格森认为,物理世界中一切现象的发生都遵循能量守恒定律,在多样性的涌现背后并不会产生任何新东西,因为所有能观察到的现象都是某一潜能的现实化展现,不会超出预先给定的范围。也就是说,自然在某一确定性的支配下延续自身,任何现象的多样性绽放都对应着与其相适应的那些确定性。如果把这种已给定的、并按固定轨迹伸延的确定性归结为自然的某种性质,那就可以合理地将其推断为自然的秩序。正是秩序的存在规定了其基本的生长路径,这印证了自然在亚里士多德那里作为一种向内生长并回归自身的朴素理解。

然而,对物理世界的那种有秩序的道路认识在柏格森的生命哲学中却发生了超出意料之中的思想转向。他论述到,生命那种原生的冲动不同于物质的既定道路,它没

---

① (德) 弗里德里希·拉普. 技术哲学导论 [M]. 刘武, 译. 沈阳: 辽宁科学技术出版社, 1986: 36.

有任何规定，没有方向，也没有计划，更没有秩序潜在的束缚，生命的真义在于它是意识的绵延，从而避免了因果律的任何切分并自成整体。到这里为止，并没有任何不妥，但接下来发生的不得不引起相应的沉思。柏格森试图将物理世界的运动置于生命冲动的图式之下以获致有机论的解释，认为生命的绵延造就了自然及其规律。基于现代科学的研究结论，这种看法如果不是在强行弥合其间存在的二元对立，那么至少可以被认为混淆了生命的原始冲动与自然规律之间的因果关联。更明确地说，就是这种将自然规律置于从属于生命冲动的地位实际上颠倒了两者之间真正的因果关系，真实的情况是，正是由于自然规律的先在性规定才有了生命得以冲动的根基，那种似乎无目的的生长实则早已内在于存在的世界，生命的多样性呈现不过是规律的随机性表达。

　　另外，还需认识到，自然规律的先在性潜在地决定着客观知识的形成。实际上，对规律的先在性的理解也可以在犹太裔英国思想家卡尔·波普尔对宇宙发展的层次划分理论中发现些许端倪。波普尔将世界按照一定的标准划分为三个层次，分别是物质世界、精神世界和客观知识世界。其中，物质世界指世界的物质存在状态，包括自然界中的任何生物和非生物；精神世界指人的精神活动，包括情感起伏、意识变化等；客观知识世界指人类精神过程的产物，包括宗教、政治制度等一切人类文明。波普尔指出，三个世界虽然是按照进化论的方法自下而上依次出现的，但不能否认其间存在的相互作用和相互影响，其中，物质世界发展到一定程度就突现了精神世界，人的大脑就是一个经典且有说服力的例子；进一步地，精神世界作为主观意识活动会产生诸多产品，也就是客观知识世界的产生，这里科学知识最具有代表性。正是由于三个世界的这种关系才保证了三个世界的独立性。因为在波普尔看来，三个世界一旦存在就成为客观实在而具有一定的自主性。但有一点需要指出，波普尔肯定了物质世界是最先存在的，即它具有自然所言说的先在性特征，毕竟物质世界在很大程度上可以理解为自然世界。正是由于这一点，物质世界也叫作世界1。不难看出，这种划分对于说明知识的产生过程极具见解。然而，在自然的先在性主题的统摄之下，须对物质世界的基础性地位进行重点论述，尽管波普尔已经承认了这一点。这里要抛出的观点是，精神世界和客观知识世界并不具有波普尔所言说的实在性，而是从属于物质世界，因为物质世界的本体论地位是不可撼动的，这可以通过唯物史观进行解释。依据唯物史观的基本观点，物质与意识的关系问题作为哲学的核心问题，必须坚定立场，即物质是第一性的、物质决定意识。

　　此外，波普尔对三个世界的划分本身也存在难以明晰的矛盾。从对其间的相互关系的表述中可以体会出，三个世界既具差异性又有相通之处，譬如说，客观知识世界在某种程度上是存在于物质世界之中的，因为客观知识虽被赋予了某种自主性特质，但它是通过精神世界作用于或反作用于物质世界的，而根据对精神世界与物质世界的唯物论解释，客观知识世界并不具有那种存在的自主性而与物质世界存在交叉，也就是说，对三个世界的划分陷入了逻辑矛盾的泥潭之中。要化解这一矛盾，就必须否认精神世界和客观知识世界的独立性，进而承认它们之于物质世界的从属地位，即肯定物质世界的先在性。在这里，客观知识世界是人类精神活动的产品，那么，可以逻辑地认为它是对物质世界即自然的规律或秩序的总结性认识。因此，就可以认定波普尔对三个世界的划分实际上是承认了自然的规律先在性，因为规律是自然隐藏的秘密，而客观知识是对它的明晰化表达。换言之，波普尔三个世界学说的修正性认识，在很大程度上论证了自然的规律先在性在客观知识形成中的决定性作用。

三、自然先在性的本体论意义

通常而言，自然都被认为是一种自在存在而构成人类活动的生存背景，相对于人及其技术改造活动是一种对象性存在，这里隐含着人与自然之间的二元对立。这种对立在更广泛的意义上可以表述为人类要素与非人类要素之间的对立，由于这种观念自西方文明发源时起就已出现，造成了它们之间难以弥合的裂痕，也就是说，二元论有深厚的历史传统，以至于在人的思想中形成了根深蒂固的观念。但是，在赛博技术的理论框架内，自然作为一个先在的构成性要素与人之间建立了基础性的联系，从根本上说，这从根本上摆脱了人与自然的二元限制，使自然置于一种关系框架中得到认识。

（一）自然先在性的二元假设

随着近代哲学的认识论转向，二元对立的思想被体系化地表达了出来。一个最基本也最典型的问题就是心身二元论的确立，针对这个问题的不同回答形成了近代哲学关于认识形成的两个相反的立场，即经验论和唯理论，但其深层意义是相通的，都是在物与人之间设置了一道无法逾越的屏障。但是，基于生成本体论可知，这道屏障实际上割裂了万物之间最基本的联系，或者说这种看法有意或无意地造成了某种认识论的缺憾。

实际上，这种二元对立观点的局限并非没有受到质疑，康德就是试图弥合两种立场的先行者，但他最终在现象界与物自体之间划出了一道分界线，于是，第一次尝试就此戛然而止。立足于自然来看，这种二元论使得自然在人类目的的指导之下仅仅成为被技术奴役的对象。造成这种现象的原因在于，主客二分的观念使人类主体性地位日益凸显而自然客体在此条件下逐渐隐匿。实际上，在技术活动中，诸如人类主体或自然客体的划分含有太多的主观性成分，因为在实践活动中，自然与技术、人一样，都是参与到具体情境之中的活动要素，在这个意义上，它们之间并不存在本质意义上的差别，毋宁说此三者共同构成了技术活动的基本形态，并随着实践活动的机遇性推进而获得新的身份，因为它们在互相作用中历史地彼此塑造了自身。

（二）自然的关系存在论解释

从现实经验的视角看，在实践场域中并不存在任何一个中心化的概念贯穿始终。这可以用拉图尔的行动者网络理论加以说明，即自然作为行动者在行动中是作为建构要素之一而在行动者网络中获得位置的。拉图尔认为，科学知识的生成必须从境域性中去理解，只有在境域中才能真正把握科学建构的动态过程，才能捕捉到科学发展真实的一面。他进一步认为，在对科学的境域性理解中，科学实际上是存在于一个对称性的结构当中，这个结构是由人类要素和非人类要素之间的相互嵌合及其共同作用得以维持的。其中，人类要素或者非人类要素都不单独地对科学最终的生成起决定作用，科学事实的最终呈现是两者相互影响和相互作用的产物，它不等同于或者说不能通过还原的方法而归于人或者自然，当然，这种经过相互作用而产生的科学也不是什么居间者那样的存在，它并不与产生它的诸要素处在同一个层次上，而是它们共同的产物。其间的生成机制可以用"转译"进行解释，所谓"转译"就是通过定义问题、利益联结、招募、动员四个步骤扩大行动者的网络，进而使诸要素共同构成科学事实生成的基础。也就是说，在这个过程中，诸如自然、仪器、设备、科学家、工程师、经济公司等人类要素和非人类要素只是在转译机制中的被处理的普通对象而已，诸要素只是作为庞大网络得以建构的行动者而彼此不存在质的差别，即这里不存在主体和客体之间的区分，从而摆脱了基于人类中心主义对科学做出解释的实在论立场。

1. 自然作为实践要素。自然作为非人类要素出现在科学事实的对称性建构过程中并发挥作用。一方面，它既不是主体也不是客体，但已然作为行动者之一生成性地嵌入到科学事实的网络之中；另一方面，必须认识到，自然在嵌入到行动者网络时其内涵已发生了微妙的变化，自然本来作为自在存在而向内生长，但当其作为行动者嵌入到科学事实所建构的网络中时它就被赋予了一种新的角色，即作为在行动者网络中被认识的自然与作为先在性存在的自然是不同的，作为先在性的自然使其自身成为行动者网络中的自然，既依赖于自然本身的属性特征，也依赖于其自身作为动力因的驱动。这表明，在拉图尔的叙述中自然是被建构过的自然，其本体论地位在对称性的结构中被搁置，即在对科学的关系型的理解中，自然被转译成诸要素之一而失去了作为先在性存在的自然所具有的纯粹性。反言之，作为先在性的自然在通常意义上被阐释为一种技术活动的对象性存在，而在拉图尔的对称性结构中自然作为非人类要素与人类要素消解了对主体或客体的区分，亦即自然在行动者网络中获得了一种对称性身份，它对科学的生成只是作为决定性要素之一而不起完全的决定作用。也就是说，拉图尔将对自然的追问置于一种辩证的新本体论中去理解，对自然之为自然的合理解释已经提高到超越人类中心主义层次的高度才能获得。

2. 自然作为能动力量。作为先在性存在的自然具有本体论意义上的能动作用，而非简单地作为技术对象而存在。对此的认识至少包括两方面的内容，即积极方面和消极方面，可以从不同角度对自然作为行动者的能动性做出说明，同时，也可以借此对自然做一个较为全面的总结。从积极的方面看，必须认识到，自然的地位在其进入到异质性网络中就已发生了变化，从一种被动的对象性存在转变为主动的构成要素，即自然作为物之要素存在于赛博技术这个行动者网络中并因此而具有了能动性。一般而言，当单独地看待自然时，它仅仅是被知觉到的单纯的对象，通过技术活动可以将之改造成为我的存在。然而，这种为我的存在实际上是在人与技术之间互动的过程中发生的，从自然被改造的那一刻起，它就凭借自身内在的规律性隐秘地对技术目的起着规训作用，技术活动只有在不违背自然物质及其规律的前提下才能顺利进行。此外，作为技术主体的人同样具有自然属性，不会因为社会性的形成而抹杀掉那种与生俱来的自然特质。德国哲学家弗里德里希·恩格斯说，人是通过劳动从自然中获得其社会性存在的，这肯定了人的自然起源。

3. 自然作为实践背景。在人之何以成为人的历史逻辑中，自然首先地作为物资基础的供应者为人的社会性发展开辟道路。这等于说，自然是人之存在的根据，它规定了人的技术活动的限度范围，任何改造活动都不可能超越这一界限，这是自然之能动性的又一体现。从消极方面看，技术作为实现人的目的和重构世界的工具性存在使其力量延展到目之所及的任何角落，自然亦概莫能外。技术的目标或者说最终呈现的效果必然是以熵减为基本原则的，在此前提下，技术在不同时间和不同空间实现了局部的秩序化或控制了秩序的存在。在时间上，钟表的发明满足了计时的精确性要求，这促生了任何对时间有特殊要求的关于改造自然的计时标准的产生，比如家禽养殖通过调节照明时间来控制家禽的生物钟，以最大限度地提高经济效益，但这个过程显然干预了或者说破坏了禽类的自然生长，因此，在提高产量的同时也相应地降低了禽类及其制品的品质，这在某种程度上背离了技术控制的初衷。在空间上，最显著的例子就是现代性理论中对"脱域"的刻写。在全球化来临之际，伴随着原料供应与产品输送的双向要求，在诸如飞机、轮船等现代运输方式的支持下，对资源的调送实现了快捷、高效的技术要求。但是，在实现了对接需求与供给的双向流通的情况下，无意中加快了全球资源的耗竭速度及由此造成的环境污染、气候变化、动植物栖居地破坏等一系列不良的连锁反应。这种在空间与时间上出现的自然的反噬实际上是对技术无节制的实践活动的反抗，即自然本来的秩序在反噬中演变为一种能动性的反抗力量。由自然在积极方面和消极方面能动性表现形式的差异可以看到，自然实际上体现为能动性与受动性的统一，但归根结底它在进入到行动者网络中时受其先在性的物质基底与内在秩序的支配，即其具体的外在化形式根据具体情况的变化而不同，也就是说，自然的能动性呈现境域性的变化特征。

换言之，自然作为一种异质性能动力量的现实状况对人类的技术活动有巨大的反作用效能，潜在地确定了人与自然之间关系发展的方向。在赛博技术所形成的自然、技术和人三者互相作用的生境中，必须恰当地处理好自然在其中所遭遇到的各种状况，将其能动性与受动性控制在相对合理的范围。在第四次科技革命浪潮的推动下，技术以大数据、人工智能等为核心迅速形成新的技术体系，为人类生存提供了新的技术条件，特别是未来城市概念的兴起，在以人为本的核心理念的倡导下，可以预见人将彻底地成为"技术人"，无论是针对人自身的身体层次、心灵层次的改造和干涉，还是其周围的生存环境，都以技术的全覆盖为基本样态。当人们就此以技术为主要生存条件时，自然就处于一种隐匿不见的状态，也就是说，这使人与自然之间的亲密关系被抛于荒芜之中。然而，在人类传续的基因记忆中天然地有对自然的亲近感，背离自然就意味着失去自然属性，这样就对人的概念产生难以想象的冲击，人在自然基础上所形成的生存习惯、道德观念和社会共识都不得不予以重新考量，以适应技术环境下人的生存现状。据此而言，技术的这种固有的本体论意义的突破自然限制的力量，就可以作为人向前延续的驱动力去理解，因为它在自然的基础上创造了一个美国技术哲学家刘易斯·芒福德所言说的"第四王国"的技术世界。

如是说，技术对人的生存影响便成为针对人来说最显著的方面，但自然的隐匿并不因此而与人产生割裂，而是以一种新的方式（以技术为居间者）作为两者勾连的通道。就这个意义来说，自然的退场并不是事实上的退场，只不过是换了一种方式而已：自然由此生发出一种空间上的疏离，但它并没有隐藏自己的秘密，仍以最原初的规律的形式、以一种隐秘的方式对人、对技术及它们共处于其中的赛博技术的生境产生作用。"历史过程中产生的和平、自由和幸福理想仍然提供了以此来衡量现存社会的标准。这些理想不仅仅是主观的，而且来源于自然本身。它们通过形成新的、表达尚未实现的人类潜能的需要，从而推动历史过程向前发展。"①

---

① （美）安德鲁·芬伯格. 可选择的现代性［M］. 陆俊，严耕，等，译. 北京：中国社会科学出版社，2003：22.

第二节　赛博技术的方式：人之延伸性

"不存在人为边界的定义，相反，人类的智慧、身体和其他物种和环境相互联系而存在。"① 人与技术或者自然相比较最突出的特点就是人会思考，人在意识的支配之下进行有目的的实践活动。尽管人的行为是自觉的而区别于动物自发的生物性冲动，但这种区别并不是根本性的。反而，正是由于这自觉的有目的的指向引出了或者揭示了人是一种延伸性的存在，其行为的出发点旨在发展自身以达到完善自身的目的。

"人的本质是永远处在制作之中的。"② 技术的发展与人的需求相适应，人能够影响技术发展的未来轨迹，人作为自然界的食物链顶端存在，在技术赋能的条件下，以技术为自身的存在方式而逐渐克服严酷的自然条件，在对自然的持续逼索中延伸出其主体性地位。但是，技术作为一种与自然对抗的手段在以技术体系的形式得到快速扩张后，在某种意义上反而成为人的一种制约，成为一种反身性的存在而与人的原初生存需求形成一种悖离。也就是说，人的生存需求的延伸与技术体系的扩张的内在矛盾形成了一种张力，在这种张力中对人生存的未来方向的思考开始进入人的视野。接下来，从人的延伸性起源、层次及其复归对其中的发展逻辑展开详细论述。

一、人的延伸性起源

与自然的先在性相对应，人的延伸性以一种能动力量的形式参与到技术实践中，它所彰显的是人作为异质性要素的构成性作用。从人的本质切入，对人的延伸性起源如何在自然和技术之间发生尝试做出解释。

人是什么？或者说人的本质是什么？对这个关于人类终极命题的回答对于理解在技术-人-自然的赛博状态中人的延伸性是一个很好的切入点。事实上，对人的本质性认识曾是主流观点。法国思想家让·雅克·卢梭就曾经从先验人类学的视角有过相关论述：他尝试通过自然和文化的关系问题还原出人的本质性规定。之所以说是先验的方法，是因为对本质的追问在卢梭看来是不能用事实来阐释的，任何对事实的探讨实际上都是在寻求一种先于文化的本质。以这样的方式对人的本质的回答受到了法国哲学家贝尔纳·斯蒂格勒的诘难，但在此之前，还是先将卢梭对人的本质的回答予以

---

① Anah-Jayne Markland. "Always Becoming": Posthuman Subjectivity in Young Adult Fiction [J]. Jeunesse: Young People, Texts, Cultures, 2020 (12): 208.

② （德）恩斯特·卡西尔. 人论：人类文化哲学导引 [M]. 甘阳，译. 上海：上海译文出版社，2013：8.

阐述。

（一）人类的纯粹本质：从不变性到不确实性

人类具有一个先验不变的本质，人本身是完整而纯粹的。在卢梭看来，在关于世界的认识中，最为混乱和亟待厘清的就是关于人的知识，"在人类所有的知识中，我认为最有用却又最不完善的就是关于'人'的知识"①。人作为一种存在，处于一种被遮蔽的状态，人的起源在时间的流变中渐趋沉沦，起源被加诸其上的"文化、实际性、技术"等外在于自身的东西掩盖在历史的尘埃中，而人的本性隐藏于自然的起源处。这造成的情况是，我们对人的认识远离了人的本然存在，由于其中掺杂着太多的不属于人的本性的文化因素在里面，因此我们关于人的知识是不纯粹的，这既是对真实性的背离，也是理性受到干扰而暴露出来的缺陷。为了厘清人最初的本质性规定，就需要透过时间和历史把造成沉沦的诸社会和文化要素剥离出去，还原出关于人的本源性定义。

原始性和人为性之间的差异为分析人的本质被遮蔽的原因提供了很好的切入点。人在沉沦的过程中产生个体间的差异，而且这种差异在实践的变化过程中不断被深化，最终成为刻在命运里不可更改的印迹。然而，自然本身并不是差异产生的基础，相反，它是平等的。也就是说，在卢梭的基本论点中，原始性的人与人之间的差异并不存在，真正存在的只是存在于人之外的社会和历史的差异，社会和历史在人的沉沦中实际上履行的是事实得以展开并嵌入人的发展之中的角色。从根本上而言，人之本质的原始性的完整性在非原始性的社会和历史的变化中被破坏，而在变化中失去自身的纯粹性存在。由此可以看到，人的本质在卢梭的哲学概念中是原始性地保持完整，这就需要在沉沦发生之后的变化中经过层层分析回溯到人的本性，重新寻回人的起源处的平等，在那里，人的本质才能祛除掉在时间中附着其上的人为性的差异。不过，存在的疑难是，原始性的存在和变化着的东西之间的界限该如何界定，及两者之间的关系是互补的抑或对立的还犹未可知。其间最重要的是，人之原始性的本质该在何处与沉沦之后的社会和文化因素相区别而显示出自身仍是一个极其复杂的问题，因为在悠久的思想史里并没有为此提供一个可供参考并具有相当说服力的客观性标准。

关于这个难以言说清楚的界限，卢梭在现实性的意义上也承认了人之本质的"不确实性"。以人所处的现实境况来看，人的本质或许在过去和未来都不是一个可确定的对象，即使在当下的此刻，也不能将之明确无误地表述出来。但是，即便由于人的本

---

① （法）让·雅克·卢梭. 论人类不平等的起源和基础［M］. 高修娟，译. 南京：译林出版社，2015：13.

质自带的不确实性而不能对之做现实性的把握，也在哲学意义上需要一个概念可以把它虚构出来。其意义在于，它对于衡量在现实中的人、甚至在语言的范围内对原始性和人为性的区分也是有必要的。为此，卢梭提出，在本质与事实的混乱中可以通过对自然的聆听找到柏拉图式的"灵魂的回忆"，因为人的本质即起源处是自然的，是自然赋予了万物之平等，包括人。众所周知，柏拉图式的回忆带有强烈的先验性质，回忆的对象和目标是先于世界存在的理念。然而，必须知道，回忆所采取的方式是对自然的聆听，而自然是现存于世的，也就是说，卢梭采用了以一种后验的方式去寻找一种先验的追求，但先验的人之本质与现在对它的聆听之间是间接关系，中间隔着种种社会和文化的东西所造成的形变。这种先验与后验相连接的现实可能性是值得商榷的："尽管最初的原则或'自然之声'和我们直接对话，我们却无法本能地唤起对它的回忆，直接的东西并非直接地在我们手下，我们只能对它做后验的领会"①。因此，我们对于人的本质的不确实性的认识几乎是注定的：在其纯粹性的前提下，对人之本性的追问就必然会与人的理性产生冲突，因为理性作为一种认识人的工具，它越具有文化厚度，那么它对自然的掩盖就越彻底，对人的本质性规定的澄清要求放弃理性在其间所起的作用，只有将对自然的干扰清除出去，即把社会和文化等一切事实从人的先验本质中进行剥离，才能实现对起源处的以明晰性为指导的"虚构"。然而，现实情况却是，在对自然的认识过程中，理性遮蔽了自然同时又重构了自然，其结果是，人的本性中混合了自然的先在基质，同时又掺杂着诸多机遇性嵌入其中的社会和文化因素。进一步地，这证明了卢梭对人的本质的规定注定是一种脱离事实的想象，因为在这种规定中，无法破除掺杂其间的遗忘自然的诸多非自然因素的影响，因而对人的本质的回答必然是强制性的妥协。然而，这向我们揭示出一个问题，即产生这种情况的原因在于，人总是以自我为中心的固有观念使自身陷入一种人类中心主义的窠臼，但实际情况并非如此。

（二）人的技术维度：此在之手与手下之物

由以上分析可见，把人的纯粹本质作为理解人自身的基点存在着难以厘清的矛盾，那么，对这种矛盾产生的基本原理的探讨可以是一条超越矛盾本身的路径，即通过对人与其自身外事物的关系的说明能够解释清楚人实际所处的境况或者人与非人之间的关系。

---

① （法）贝尔纳·斯蒂格勒. 技术与时间：1. 爱比米修斯的过失 [M]. 裴程，译. 南京：译林出版社，2019：117.

实际上，在人的纯粹本质的假设前提下，人与非人的关系经过手的功能的变迁发生了变化。① 最初，原始人与周围的环境都是自在的，原始人与所处的实践和空间在一般意义上来说并无根本上的区别，原始人在生存驱动下由于感到饿或者渴而从手边拾取自然直接馈赠的果实满足自身的需要。此时，人的手的角色仅限于对自然的直接性获取，而不是对自然的加工或制造。正由此故，人与人之间在本质上还不产生差异，起源之于每一个人来说都是平等的。从另一个维度讲，手的这种功能性缺失反而是一种优势，它可以把任何想要之物都化为己有，从而体现出一种人的本性的无和有的辩证法。差异就是在手的功能的非自然化处开始产生，人通过将自身外化到对象世界中，用外在于自身的东西替代本来应该由人自身力量发挥作用的领域，从而进入到一个技术的世界而远离了起源处的纯粹性。可以说，此在之手在原初意义上与自然是直接相关的，而在随后生存挑战的岁月中它开始选择依附于外在的非人世界，在这种情况下，人与非人之间的差异就是人与其自身的差异，差异成为人的本质陷于事实中的基本表达。

与之对应，具有创造特性的手下之物在这种变化中成为人的"第二起源"。对人的纯粹本质的信念实际反映出这样一个事实：人与自然及其他一切现成之物都处于一种和谐的关系当中。以加勒比人为例，在最初的存在阶段，他们几乎都是赤身裸体地生存在自然世界中，手中只有弓箭那样的武器。弓箭作为一种证据，表明当时人已经具有了自身之外的东西作为依附物，这是一种区别于自然中现成之物的制造，通过它与人自身纯粹的自在存在产生对人之本性的偏离。究其原因，在人的自然生存领域内，存在在起源处本来应同自然中其他的动物和植物一样，跟随自然规律流转而产生、生长和衰亡的模式。在这种存在模式中，用卢梭的话来说，人几乎体会不到死亡的降临，自然的生灭变化是无意识的。可是，手下之物不仅包括自然中本来存在的东西，还包括像弓箭那样的非自然的制造之物，它的产生具有偶然性，但其背后的作用机制使我们在用语言表述它时必须保持慎重的态度，即这种制造之物是出于对人的生存的保全，是对人自身生存能力的补充。在爱比米修斯的神话中，对这种人自身的生存缺陷进行过说明，爱比米修斯在为自然万物分配技能时，给不同种族的繁衍生息提供一种必要的保护手段，而人却被其遗忘，人便不能与其他动物一样拥有一项保全自己的技能，这样，从起源处人就被解释为是一种需要借助外部力量才能生存的存在②。针对这种先天性不足，如弓箭那样的技术便有如天命般地出现在人的实际生存中而使

　① （法）贝尔纳·斯蒂格勒. 技术与时间：1. 爱比米修斯的过失［M］. 裴程，译. 南京：译林出版社，2019：122，123.
　② 刘小枫. 柏拉图四书［M］. 北京：三联书店，2015：68.

人成为代具性的存在。正是技术的进入，使卢梭所虚构的人的纯粹本质受到破坏和变得不完整。尤为重要的是，技术启发了人对时间的感知，或者说对死亡的感知，技术作为一种非自然的方式对人的自然衰亡产生干扰，具体表现为人的自然存在的节奏被技术改写了的行进的命运："自然状态和起源之后产生的是偶然事件，它就像人类的第二起源，使人类远离原始性的东西，这就是各种药方、代具、毒品的起源——简言之，第二起源"。

也就是说，尽管卢梭认为人性是恒常不变的本质性存在，但事实上对外在于人的技术的第二起源的解释却揭示出两者之间不可分割的关系，人的虚构的纯粹本质与它共同组成人得以存续的条件。这等于说，人与技术之间存在着相互渗透的共存状态，这要求我们重新认识人的本质及人与技术的关系。

（三）人与技术的相互规定

"人类的历史其实就是人类以技术为载体外延的历史。"[1] 在斯蒂格勒对技术的分析中，他对人的本质进行了否定性解读，认为人与技术之间构成的是共生结构，并没有什么确定的关于人的本质规定。在这种意义上，可以把第二起源理解为一种代具性存在，构成一种不同于人本身的对人类生存有所助益的另类起源，斯蒂格勒对爱比米修斯神话的说明就印证了这种观点，在此不再赘述。总之，他的代具性思想成为理解人与技术之间关系的突破口。

代具性借助爱比米修斯对技能分配的故事得以表达，即人没有能够靠自己延续生命的先天能力，而后天的技术可以弥补这种生存手段的先天缺失。这不难理解，法国人类学家安德烈·勒鲁瓦·古兰将技术理解为人自身的外化，即通过技术延伸自己的生存领地。反过来说，这种外化实际上相对于人来说就是对人类生存能力的适应性增强，也就是说，人自身生存能力的欠缺在一定程度上构成对技术的原初性需要，这种欠缺在本体论的意义上被斯蒂格勒概括为缺陷存在，正是缘于此故，人具有了积极意义上的生存扩张性，指明了人对技术依赖产生的合理性和现实性。其造成的直接影响就是，人超越了自身的自在存在，达成一种依赖外部技术力量的技术性生存模式。这在本体论上否定了卢梭对人的纯粹本质的虚构性信念：卢梭认为人的存在在起源处就是天然具有一种完整性，人自身是完满的存在而不需要任何来自外物的侵扰。但是，斯蒂格勒对技术的代具性理解将这种理论上的假定推向覆灭，指出人的缺陷存在的基本事实现实地要求人必须向外寻求生存的保障，技术由此而生，比如加勒比人制造的弓箭就是在这种背景下产生的生存工具。换言之，技术在这里具有了一种本体论

---

① 顾世春. 斯蒂格勒人的代具性思想研究 [J]. 创新，2017：56.

颠覆的现实性意义，它宣告人在起源处并不具有完整性，人不能独自存在。在这个意义上，技术就成为一种除人自身之外的新起源，技术与人类的身体一道延伸着人的存在，技术与人共同构成人在世界中生存的存在论结构，人的延伸性起源就此具有了技术意蕴。

人作为一种代具性存在，在真正意义上获得了人的起源处的完整性，也因此进入到时间性的生存论时空中，换句话说，就是人与技术在彼此塑造中共同进化。在技术与人所构成的存在论结构中，人获得了存续下去即生存的现实可能性。然而，生存的对立面就是死亡，生就意味着死，生与死的较量在人与技术所形成的延续中被摆置到现实面前。换句话说，原本那种虚构出来的人之本性的完整性没有被识破，即人的完满性还处于一种潜能状态，即还没有用技术进行代具性补足，那么，人就不会感知到死亡，因而也就不会陷入时间性的生存状态中。但是，在人与技术的生存论结构中，技术却将人之本性的作为潜能的完满性带到现实，于是人就在自身完满性实现的过程中感知到了未来的死亡，亦即处于一种向死而生的时间中。总之，技术将人从时间之外带入到时间之内，自然的平衡变为非自然的死亡，死亡的超前性开始作为一种动力而成为驱动人类不断完善自身、不断用技术强化自身的条件。斯蒂格勒把这种人与技术之间的互动凝聚为"延异"的概念，即延迟和差异：延迟指人在技术的代具性补足中延续自身生命的长度；差异指人的外化的技术性生存使其与原初的自己区别开来，从而趋向卢梭所虚构的完整性。

通过"延异"的生存模式的时间性流动，技术和人在延续自身的过程中重构了自身。斯蒂格勒对技术分析的三卷本著作都是以"技术与时间"为标题，显然地，时间是理解他对技术进行分析的一个主要维度。但在此之前必须对斯蒂格勒对技术的定位进行一个更加详细的对比性说明，用对称性原则进行概括这种认识是一个可行的选择，即在斯蒂格勒的技术与人的"延异"的发展结构中，技术获得了与人同等的能动性力量。按照传统的对技术的工具论理解，技术仅仅作为一种满足人的目的的工具参与到现实性的实践活动中，技术是一种被动性的工具手段，自身不具有任何内在的构造性潜能，在这个意义上，恰如德国技术哲学家恩斯特·卡普所言，技术仅仅是人类器官的延长，是人类器官在现实活动中的投影。而在斯蒂格勒对人的后种系生成的阐释框架中，技术的工具性身份发生了根本性的转变，人的中心化地位卷入到一种去中心化范式的认识趋势中，即其背后的认识论背景从人类中心主义转换到后人类中心主义的立场。如前所述，技术作为一种代具是对人类先天缺陷的补足，没有技术就不会有人的生存意识的觉醒；当然，没有人的先天性的对外物的依赖冲动，技术也不会在补足人类存在条件的现实活动中迎接它的使命。概而言之，技术与人已经成为一个共生共存的整体性生成结构，人离不开技术，技术也不具有离开人独自存在的可能。重要的是，生成本体论给技术分析所提供的对称性原则的理论内涵不止于赋予技术以人一般的认识角色，还有更深层次的不同：对人的去中心化的形象重塑中，人实际上被降格为人–技生存结构中的一个构成元素，而技术从工具性的存在被提升为与人等同的一个构成元素，技术同样拥有人在该结构中所具有的原初性冲动，技术不再简单地扮演工具的角色，而是平等地参与到人与技术的关系建构中。总之，人与技术之间使用与被使用的关系经过去中心化的理论重塑后为人与技术的互相重构提供了前提性条件，为理解技术之于人的时间性影响创造了理论空间。换言之，这"触及了人类的极限，通过触及那个极限，揭示了一种不能还原为以人类为中心的存在方式或思维方式……有生命和无生命的存在者会努力地相互渗透在彼此之中"①。

这么说的原因在于，技术对作为缺陷存在的人的代具性补足使人与其他生命区别开来，其区别的判断理由就是人因此体验到了时间。在技术还未降临人间时，"延异"由于技术的后天性缺位而无法使自在存在的人在时间和空间的双重维度上发生延迟和差异，从而也不能促使人以一种新的表现形式与先前的自身存在相区分。也就是说，在技术还未与人构成基本的人–技结构时，人同其他动物一样，作为一般的生命形式在自然衰亡之后面对的就是生命延续的断裂，或者说，它是以死亡为生命延续之基本形式的中断式延伸，纯粹的自在生命——不管是人或者动物——都在没有技术干预的生命周期内遵循自然规律地在固有的生命范围内生灭变化。但是，当技术作为一种技艺之火点亮人间时，人获得了一种在自身存在之外的生命延续的形式，那就是技术。技术对人的生存和延续产生了难以背离的支撑效能，从而造就人在其存在的基础之上得到一种迥异于动物的生命延续方式。而人与动物的唯一区别就是技术对生命延续的自然方式的超越，动物以其肉身的存续与否定义生命的轨迹，与之相对，人则以技术重塑其在世存在的形式和生命延续的方式，其间的差异集中表达为人的生命以生命之外的技术方式具有了后生成的特征，即人的自然生命死亡并不与技术对生命的延续相冲突。生物遗传与技术延续之间的差异化体现在："决定群体记忆的是机体内在的遗传功能，而在种族差异化中，决定群体记忆的是外在的因素"②。因为"前者是纯粹的动物性；后者是非遗传的程序，种族记忆存在于个体之外，独立于遗传变异而进化，因此是时间性的"③。

---

①　Lewis Tyson E., Owen James. Posthuman Phenomenologies: Performance Philosophy, Non - Human Animals, and the Landscape [J]. Qualitative Inquiry, 2019, 26 (2): 5, 6.

②　（法）贝尔纳·斯蒂格勒. 技术与时间：1. 爱比米修斯的过失 [M]. 裴程，译. 南京：译林出版社，2019：167.

③　舒红跃. 人在"谁"与"什么"的延异中被发明——解读贝尔纳·斯蒂格勒的技术观 [J]. 哲学研究，2011（03）：99.

从生命个体的角度来说，动物和人在自然生命丧失之后会有新的个体产生，但个体的全部历史都以自身的独特经历为来源。与之不同，技术对生命的延续以一种不同于个体独特的生命历史的方式被不同个体共同拥有，即技术不仅与过去的个体相结合，还与当下及未来的个体相结合，那么，属于过去的个体的历史就会延展到当下或未来的个体的历史之中。换言之，人作为此间的此在以技术为桥梁与过去的人建立了历史性的联系，人由此感受到了时间的存在，也即感受到了死亡的即将来临。斯蒂格勒把这种技术带给人的时间性的感知凝练为"死亡的超前性"的解释，相对于技术对过去生命的保存而言，对未来死亡的感知意味着对自然生命的背弃和超脱，人于是在过去、现在和未来的时间联想中经由技术在自然生命和后天经验之间建立了联系，人与技术之间的后天性断裂亦由此得到弥合。在这个意义上可以说，技术史同时也是人类史。①

毋庸置疑，在人的世代赓续中，技术的嵌入使人的本性随之发生变化，可以说，"那种尝试给人的规定性做定型描述的企图都是愚蠢的，人的历史在未来而不是现在"②。那么，这种变化体现在人身上有哪些具体表现？针对这个问题，接下来就从后人类主义的视角进行分析。

二、人的延伸性层次

人是以技术为中介延伸自身的存在，但人以何种方式利用技术建构自身存在还需进一步说明。从人的延伸性层次入手，即遵循对人之身心的传统区分，从身体维度和心灵维度与技术关联的具体特征对人的延伸性层次分而论之，以勾勒出人之延伸性的具体图景。

（一）身体维度的延伸性

技术人类学表明，对技术的考察离不开对人类身体的关注，身体被看作是技术产生的起源和发展的现实场所。斯蒂格勒通过"后种系生成"的概念对人与技术的关系的神话角度的说明，事实上已经成为理解两者之间的张力性共存的基本状况的经典论述，这在前文有所提及，在此不再赘述。其实，不仅仅是斯蒂格勒将技术的发明看作是人的缺陷引起的，德国技术哲学家阿诺德·盖伦同样持有类似的观点。他认为，人的身体具有原始的生理性缺陷，这种缺陷在逻辑上导致人类生存对未来的不确定性忧

---

① （法）贝尔纳·斯蒂格勒. 技术与时间：1. 爱比米修斯的过失［M］. 裴程，译. 南京：译林出版社，2019：145.

② Erich Fromm. The Revolution of Hope: Toward a Humanized Technology［M］. New York: Harper and Row Publishers, 1968：59.

虑，这为技术的存在与发展提供了可操作的现实性空间；在此基础上，盖伦提出了针对身体的不同改造计划，及与之相应的或强化或替代的技术手段。① 由此不难看出，人类身体的先天条件对技术的发明提出了适应性要求，在一定程度上引导着技术的前进方向。换句话说，技术的发展首先以与身体的功能融合为起点而展开，人对技术的发明和使用在起始处就是物质性的身体对技术的生物性需要，因而身体层次的技术与人的关系是理解人对技术发展的延伸性体现的重要一环。

诚如哈拉维所言，赛博格预示着人与机器、身体与他者之间的界限趋于消失，现实中的存在正日益变成有机与无机的混合体。② 根据哈拉维对赛博格的描述，技术之于人的身体已不仅仅作为人类器官的投影或者人所使用的工具而存在，实际上已经转变为人类身体的一部分，与人类其他器官并无二致。也就是说，技术已经渗透到人类的物质性身体，成为人类身体得以持存不可或缺的重要组成部分。从根本上说，这打破了人类的生物性遗传垄断，至少在人类有限的生命历程中冲破了人类身体对人的现实存在的先天限制，人的存在已经发展到必须与技术相互依赖的阶段。

对赛博格的理论释义伴随的是对人与技术的混合本体论的更新。对于具体的人来说，"它制造了机器，它以机器来划分自己的成员，它甚至用机器来建造自己的身体"③，总之表现为技术对人类身体的嵌入与构成性融入。这大致可分为三种混合方式：

第一种是身体与技术的体内混合。比如，心脏支架对人类心脏功能的修复就是鲜活的技术侵入型实证资料。现实生活中心脏功能失全的现象越来越引起重视，与之相适应的技术工程随之日益成熟，采用心脏搭桥手术将人的纯生物性身体替代为生物与技术的混合体的技术性身体，从而实现支架对已病理性弱化的心脏功能的强化，支架成为人类器官的替代品并存在于人类身体中。

第二种是技术对身体的直接改造。2012 年极具可操作性的基因编辑方法的诞生为此提供了新的技术手段。比如，2018 年引起广泛关注的基因编辑婴儿事件，通过对婴儿体内 CCR5 基因的修改而达到对 HIV 病毒免疫的功效。在这里对基因编辑婴儿的伦理风险暂且不谈，因为新技术应用所需达成的行业规范和伦理规约需要较长一段时间的相关利益人的共同商定，目前并没有形成成熟的结论在这里可以用来进行补充说明。这里的重点是，基因编辑对人类身体的改造具有显著的离身性特征，因为没有任何如

① （德）阿诺德·盖伦. 技术时代的人类心灵：工业社会的社会心理问题 ［M］. 何兆武，何冰，译. 上海：上海科技教育出版社，2008：1-3.

② （美）唐娜·哈拉维. 类人猿、赛博格和女人：自然的重塑 ［M］. 陈静，译. 开封：河南大学出版社，2016：320-322.

③ （法）布鲁诺·拉图尔. 我们从未现代过——对称性人类学论集 ［M］. 刘鹏，安涅思，译. 苏州：苏州大学出版社，2010：157.

支架那般的技术物品留在体内，只是经过技术操作对生物性身体的发展产生长期影响。

第三种则是技术对身体的体外增强。比如，人工耳蜗对耳聪症患者的救助。不同于支架在身体内部的嵌入亦区别于留有技术纹迹的基因编辑，人工耳蜗作为一种电子装置，通过体外的声音处理装置将声音编码为一定频率的电信号，并将其传导进体内的植入电极恢复听觉神经功能。换言之，实现人类器官恢复正常功能的技术装置也有体外这一形式，技术对身体的功能延伸具有空间扩张的特征。

由此不难看出，在生物科学和信息技术的加持下，针对身体的技术发明与身体的联系方式呈现多维并行的特点；同时，人类与他者（指一切非人的技术人工物）之间的嵌合日益紧密，这种突破人与物边界的现象引起了人们认知上的巨大转变及反思。

实际上，对身体给予关注的真正转变发生在 19 世纪，在德国哲学家弗里德里希·威廉·尼采喊出"上帝死了"的宣告之前，我们对存在的观察总是以一个固定的视角进行，而自此之后身体成为一个新的理解世界的立足点，身体借助获得了前所未有的地位。其中，具有本体论反思价值的是具身性理论的发展。法国存在主义学者梅洛·庞蒂深受胡塞尔对"生活世界"概念分析的影响，认为身体对世界的感知并非原始世界存在的图像，而是经过身体感知后的世界；据此他构造出"身体-主体"的理解范式，极具创见地提出这样一种见解以改变主体与客体之间机械式的反映论成见：身体和主体在理解世界的过程中其实都是作为实体参与到认识生成的过程中的，身体本身作为被经验着的对象去存在，同时又是意识发生的主体，身体与主体并无本质上的差异。通过这种方式，他把胡塞尔的"生活世界"的现象学概念重新解读为具有经验性质的"知觉世界"。他告诉我们的是，我们对世界的镜像理解实际上是不可能的，真正存在着的是与身体的知觉相联系的原初现象世界，没有知觉，更为准确地说，没有身体就不存在经验到那个朴素的现象世界的可能。其实，在理解技术的特殊语境里，庞蒂给我们留下的最有启发意义的理论遗产就是他向我们提供了这样一种思路，技术作为在经验世界中存在着的"物"，对它的理解必然是具身性的，脱离了对技术的具身性的理解就很可能陷入到抽象的理解陷阱中，借用尼采的话来说就是对技术的理解必须"以身体为准绳"。加入可以模仿庞蒂的话，我们也可以类似地构造出"身体-技术"的理解图式，在这种关系式的构型中，更有利于理解身体之于技术发展的延伸性体现。因此，身体与技术的关系应该如何认识的问题就有必要进入到我们接下来的考察范围中。其实，这个问题更准确的表达方式是，在技术促成的人的延伸性理解中我们能够发掘出哪些理论资源，即基于身体视角的理性认知应做出什么样的理论反应。可以说，身体作为人与技术交互与嵌合的界面而存在，从局部视角进行分析可知，身体带来的影响主要体现在三个方面：

1. 边界的模糊化。技术对身体的改造使得身体成为一个边界开放的场所。身体不再有那种在身心二分的框架中所标示的确定明晰的范围，它开始在身体的延伸性可能和技术发展的现实化能力之间变动不居，这至少包含两个层次上的认识：一是边界的破裂；二是边界的变动不居。当前，技术特别是诸如基因工程等生物技术的发展，使相对于身体的"他者"跨越人与非人的边界并不断地重写身体的存在样态及周围环境，最终打破了碳基生命之生物属性的确定性和唯一性。随之发生的是，身体具身性地处于一个技术环境中，技术对它的影响既可以存在于身外，也可以嵌入体内，具体的方式由境域性决定，比如可穿戴设备抑或植入电极等，但有一点必须确定，即技术与人之间已经构成一种耦合关系，在变动不居的场中演化出不同的嵌合样态。边界的破裂及其变动不居的存在样态对人本身的影响是颠覆性的，或者说它导致的直接后果是，人的存在和延续不再必然地遵循英国生物学家查尔斯·罗伯特·达尔文所声称的"物竞天择、适者生存"的传统生物遗传路径，而是开辟了新的技术创生的道路。换言之，技术之于身体的再构造采取了那种突破生物限制的可更改和重组的技术方式，从而使融合了硅基与碳基两种异质要素的新生命形式的降生。面对如此现状，身体不再可能作为一个有着固定界限的概念去理解，假若还存在这种理论上的坚持，那么，它一定是脱离人与技术的实际状况的过时理解，必须通过合乎新动向的扭转才能化解这种基于人的现实的技术性延伸所造成的认识上的滞后。必须承认，边界的破裂使建立在生物性身体前提下的关于人的理论的种种认识受到冲击，其概念的内涵与外延都应随边界的消失得到重写，身体技术化和技术有机化的现实性变更则是重写的基石，对于人来说，其人类中心主义的地位首先跟随新的观察视角进入到不同的理论视野中。

2. 去中心化的转变。在惯常的理解中，人是认识的主体，也是世界中万物存在的主宰，在从智人到智神的进化过程中也一向如此。但是，后来的情况发生了变化，而且这种变化是与人类身体纯粹性的失守深刻相关的，这可以从人与技术之间的"对称性"进行解释。尽管身体作为人与技术相互作用和相互塑造的界面，理应受到理论的重视，但身体在人与技术所构成的关系型结构中是对称性的存在，它属于人的一极，技术则是另一极，它们作为异质性要素融入到两者之间错综复杂的整体性视野中。也就是说，身体的延伸性超出了自身的构造局限进而扩大了它的外延范围，必须把技术考虑进对身体的思考当中；由于两者以突破各自边界的方式建立起相互依赖的关系，对技术的重视程度在本体论意义上就需赋予和身体同等的地位，毕竟，它们构成的结构是对称性的。在此之后，我们看到的身体是技术化的身体，身体本身不再由纯粹的碳基组成，但也不是全由硅基取而代之，身体及所处的周围环境实际上是一个由无边界的人与技术组成的杂合体，具有显著的耦合性质和系统性功能。基于对耦合性质的理解，它们都超脱了各自的固有内涵，人和技术都在身体这个交互界面上重塑了自身，人与技术成为一体化的存在并以整体性的形式反映着它的存在。比如，日常生活中大家用来喝水的杯子，当人产生渴的感觉时，就会拿起水杯补充水分，这时水杯就会与身体发生具身性的关联，由此延伸了身体存在的实际空间，同时水杯成为人类器官一样的存在；只有在这种关联中，才能理解水杯解渴的功能，才能领会它之于人的生存意义。因此，我们对身体的认识时常包含着对与它发生关联的技术的认识，更准确地说，我们对身体或者技术的认识必须走出人类中心主义的局限，基于两者对称性的存在结构去理解这种变化。

3. 共生的常态化。技术化的身体作为人在世界之中生存的一种状态，揭示的是身体的技术化生存的共生本质，技术与身体的这种共生关系按照斯蒂格勒后种系生成的概念去理解的话，它就是常态化的而不是那种暂时性地产生依赖性的相互关系。20世纪西方哲学中的"生活世界"概念可以为理解这种共生的常态化发展提供恰当的解析视域。在胡塞尔对生活世界的现象学分析路径中，他指出生活世界具有原初的丰富性，是包含了一切存在物的现实性领域，是自然科学所代表的数学化世界之前世界，进而是处于科学世界对立面的杂多世界。与自然科学对世界的纯化处理，即把任何属人的实践和文化的特征排除出去，从而得到的一个完全物化的、缺失意义的科学世界不同，生活世界不仅可以作为科学世界的基础，因为它的外延包含着整个科学世界，还包含事先扩展到科学世界之外但与科学实践紧密相关的其他领域。在这些领域中，人的主体存在当然包括人的身体在内的实践和文化要素，它们应当被合乎逻辑地考虑进来。因为在胡塞尔看来，科学世界必须基于生活世界才能获得恰切的理解，才能照顾到人的意义世界。也就是说，只有把纯化的科学重新置入人的要素才能还原出科学研究的本来面目，才能弥合科技与人文之间的裂痕。进一步地，我们可以说，脱离了人的科学世界是无意义的，即人不能作为一个无关的东西被纯化处理，人与科学世界是共生的。

这种思想对于解释身体和技术的关系同样适用，因为身体是属人的，而技术同科学一道都属于对世界认识和改造的范畴，它们都隶属于生活世界，故而身体与技术是共生的，对技术的理解若离开身体就会陷入抽象主义的泥潭。此外，还必须认识到，这种共生是一种常态，遵从历时性发展的逻辑。在马克思那里，"生活世界"同样是对处于逻辑构造之前的原始存在状态的描述，它现实地存在于理性之前，是人类实践活动发生的真正场所①。同时，在历史唯物论的指引下，生活世界作为实践的场所不应仅仅被理解为具体的感性活动，还应看到这种活动的历时性变化，即以辩证实践的方式螺旋上升。在《劳动在从猿到人转变中的作用》一文中，恩格斯对"手"的分析

---

① 中共中央马克思恩格斯列宁斯大林著作编译局. 马克思恩格斯选集第一卷［M］. 北京：人民出版社，2012：153.

极大地支持了这一观点。他指出，"手"在劳动中不仅作为一种具身性的工具性器官，反过来，它也是劳动的产物，是工具成全了它的功能实现。也就是说，恩格斯已经看到了在实践场域中并不存在那种人决定一切的现实性，真实的实践场景中往往包含着人与物之间的相互作用，其双向构造的动态过程暗示了人手和工具在劳动中的相互依存、相互塑造的实际现象。换句话说，人手作为人类身体的一部分，实际上代表的是身体与技术之间的共生本质。进一步而言，共生的前提条件在于人的身体是开放的，具有与技术相互耦合的潜能。只有认识到身体的开放性特征，才能理解它与技术之间的共生和演变。

总之，以局部视角作为观察基点可以发现，身体与技术之间都是在具体实践活动中的参与要素。它们之间的相互作用使其边界逐渐消失，随之发生的是人类中心主义的坍塌，并最终表现为身体与技术的历时性变化的共生现象。概而言之，人的延伸性在技术的催化作用下表达为无边界性、去中心化和共生的常态化发展。实际上，这种特征在精神层次上也有类似的表现。

（二）心灵维度的延伸性

对技术的具身性领域的探究不仅仅局限于身体延伸性的理解，在此基础上，人的精神发展也受到技术的具身性实践的深刻影响；毕竟，技术"集中在对身体力量的延伸和身体的使用时间（寿命）的延长及对身体感受的虚拟上"[①]。基于这一认识，如若把人在身体层次上的延伸性的体现称为"身体赛博格"，那么，在心灵层次上的人之延伸性就可称为"心智赛博格"。技术领域的实际进展证明这并非无所凭借，随着人工智能、情感计算等技术对人类大脑的渗透，心灵就不能再作为技术之外的"飞地"去对待，"人造技术开始作用于脑，它通过脑-机连接、神经调节、神经增强、神经替代等方式全面而深入地影响、增强甚至修改人的心智能力"[②]。那么，根据后人类主义方法论向我们提供的对称性原则，接下来对大脑是如何与技术发生相互作用的隐含逻辑进行反思是必要的任务。

1. 心灵的技术化。在《生命3.0》一书中，美国未来学家迈克斯·泰格马克以全景式的视角对人类未来的生命图式进行了大胆想象，他将人类生命的演化史概括为三个阶段：生命1.0、生命2.0和生命3.0。在生命1.0即生物阶段，人类生命的世代传续主要依靠生物性遗传，人类生命的硬件和软件都不能通过生命自身以外的其他方式

---

① 王坤宇. 后人类时代的媒介——身体［J］. 河南大学学报（社会科学版），2020，60（03）：50.

② 李恒威，王昊晟. 后人类社会图景与人工智能［J］. 华东师范大学学报（哲学社会科学版），2020，52（05）：82.

得到改造和优化，只能遵循达尔文进化论的预定轨迹向前发展；到了生命2.0阶段即文化阶段，人类生命的软件能够通过语言和技能的学习改变其原来的文化属性，本质上与生命1.0阶段并无大的区别，因为该阶段人类生命依然在自我进化的轨道上；而在生命3.0即科技阶段，人类生命进入了以科技为手段的设计时代，人类的生命存在形式划时代地获得了超出生物遗传的新技术存在形式，技术与生命进入嵌合阶段。实际上，这种嵌合除了前面所述的身体层次外，更多的是指人类心智与技术之间的相互渗透，这里首先对心智的技术化进行分析。

在身体成为技术改造的目标之后，人类大脑也成为技术研究的对象。以2016年Google公司开发的机器人AlphaGo为例予以说明：它战胜人类顶尖棋手依赖的是强大的技术支持，包括以大数据为基础的搜索算法、深度学习和神经网络等以人类生物大脑为模仿对象的技术集群。据此可以推论，AlphaGo与人类棋手对决并且获胜向我们传达了一个具有颠覆性的事实，即技术可以在某一细分领域内打败人类最聪明的大脑，这不得不引起对人类主体地位的反思。但更为重要的是，技术之所以能够打败人类棋手，是因为它以人类为学习对象并超越了该对象的结果，人类大脑为智能机器人打败人类提供了必备的条件。因此，AlphaGo是心智技术化的产物，技术延伸了心智的存在领域，使其在大脑之外存在，或者说它是一个类大脑的技术人工物。

2. 心灵的技术化。必须明确的是，心灵技术化只是技术对大脑进行模仿和外化的一个构成性环节，技术与大脑实际上构成一个逻辑闭环，即这是一个心灵技术化和技术心智化交替进行的实践场所。对于这一点，可以借助美国思想家欧文·拉兹洛对认识发生的解释进行说明。他认为，认识的发生绝对不是主体反映客体或者客体决定主体认识那样简单，认识结果实际上是由主客体的交互作用共同决定的，其结构包括E（信息源）→P（输入）→C（控制-编码）→R（输出）。其中，信息源E作为客体提供各种潜在的认知资源，经过输入P的筛选和过滤进入主体C的认知框架之中进行加工编码，然后经由输出R，主体认知和客体信息相互建构并回复到信息源E。但是，循环圈的重复并不会带来E（信息源）和R（输出）之间的完全同一，因为前者作为认识客体与作为认识主体的后者之间存在着不可逾越的鸿沟，尽管在无数重复的过程中两者可以无限地接近，但也仅止于此。换句话说，两者之间是现象界与物自体之间的断裂，它决定了透视的主体和客体不可能彻底消除彼此之间的差异。不过，趋同的目标给这些环节反复地累积认识资源提供了不竭的动力，以这样一种方式，人类经验渐渐形成一个关于知觉、意志、情感、幻想等诸多要素组成的整体化系统，诸要素在共同系统中发生联系并互相建构从而产生感觉特性。到目前为止，可以发现这种理论的核心价值在于：它认识到感觉是主体与客体之间建立在相互塑造意义上的关联存在，从而摆脱了单向的非此即彼的决定论模式。显然，拉兹洛注意到认识是参与要素相互塑造的基本事实。类似地,这开拓了我们对心智技术化的理解空间,即心智技术化合并技术心智化同样是一个双向塑造的过程:AlphaGo 在对弈时,实际上发生了一个不可见但可逻辑地推演出的"黑箱";其间经历了技术与大脑往复的行为-反馈过程。进一步而言,技术不能仅仅作为既成的技术人工物得到静态的、单向的理解,技术对大脑做出行为的反馈实则是心智与技术相互作用的呈现,即心智技术化隐秘地发生着。

从更为一般的意义上来说,AlphaGo 所体现出的技术与心灵之间的相互塑造实际上是技术在心智的范围内与大脑的信息流交互,其所彰显的是技术与心智相混合的虚拟本体论。美国后人类主义学者凯瑟琳·海勒认为人的一切都将通过数据化的方式进入到虚拟的信息世界中,人的存在随之变成虚拟信息与物质实在的混合体。① 具体而言,人类的生存方式将发生巨大变化,属于人自身的语言、表情和行为等极具个体化色彩的表现形式将被编码为音视频、图像等形式,人与人之间的交流也将以数字化的形式进行。这就是说,技术对人的嵌入和改造不仅仅停留在身体层面上,人的内心世界也受到技术的切实影响,人变成虚拟与现实共存的共生体。

很显然,在后人类的理论视野中,在现实性的实践领域中,我们发现,无论是技术的或自然的,还是作为人工物的杂合体,将会在未来的时间里共同拥有相同的生存场域并在其中延续下去。在那里,技术赋予人以超越生物特性的新存在形态,以人-技嵌合结构展示对人类命运的思考和谋划;反过来说,技术的发明使人的延伸性体现为"失去自身",因为技术侵入了人的本体存在或者说人的自身存在被外化到体外以技术的方式得以延续,人失去了纯粹的生物性存在,从而进入到人类存在的新阶段,这一新阶段被描述为后人类未来。但这里出现了一个问题,即"忒休斯之船"的疑难使对人的命运的认知陷入了困窘。展开来说就是,后人类还属于人的范畴吗? 技术是否还能仅仅作为技术本身去理解? 如果不对这些问题做出回答,那么,我们对人的延伸性的认识就没有达到自觉的程度,人的命运只是被不合时宜地裹挟到技术的自主化发展位置领域中。我们必须对人类与后人类的关系有一个清晰的认识,而根据科学论中主体与客体共存共生的方法论启示,我们不妨假设人类与后人类并非是前后相继的两个界限分明的不同阶段,而是在技术所延伸的人的生存想象的相互作用过程中,以技术为纽带,共存于彼此的相互关系中。问题的关键在于,我们如何保证后人类是人类发展的理想进化样态呢? 笔者认为,我们可以从技术给人带来的生存挑战和伦理危机着手,来分析人与技术的和谐共生还需要什么样的条件。对此的回答是,必须把自然的维度考虑到人与技术的关系视域中,自然的回归对调节技术发展和支持人类美好未来

① (美)凯瑟琳·海勒. 我们何以成为后人类:文学、信息科学和控制论中的虚拟身体 [M]. 刘宇清,译. 北京:北京大学出版社,2017:5,6.

是一条基于人的生存根基的可行性道路。

三、人的延伸性回归

在生成本体论所提供的分析图式中，人经由了一次去中心化的嬗变，其地位从世界的主宰被降格为技术实践中的参与要素之一，人并不决定技术发展而只是影响技术发展。换言之，人在发明技术的过程中由于不能对技术进行彻底的有效控制，很可能造成技术所产生的实际影响超出人能预见的范围，也就是说，技术既可能造福于人，也可能给人带来负面效应。事实上，技术发展到如今已经产生诸多伦理问题，像隐私泄露、意义缺失等，在此不一一枚举。出于对人类自身福祉的考量，在人与技术相互构造的理论范围内，下面从人的视角对技术的发展进行讨论，逐一对技术困境的自然归因、基本逻辑及复归路径展开论述。

（一）技术危机的自然归因

技术的发展在帮助人理解自然及人自身的过程中起着非常重要的正向作用，但随之出现的是技术的迅速扩张所带来的生存威胁。回顾相关的思想发展史，从卡普到埃吕尔，从芒福德到海德格尔，无不体现着技术的文明与反叛的双重特征。在笔者看来，基于赛博技术之人–技术–自然的概念框架可以做出一个关于其致因的大胆理论猜测：诸如赛博格、后人类等后现代主义思想流派的扩张所反映出来的对人与技术之间相互关联的探讨，当然是建立在技术实际的发展状况之上的理论映现，显然，在这种现实与理论的互相印证中自然的维度被长久地隐匿于更具有传统的人之能动性的实践活动背后。这造成的问题是，在原本应发挥平衡作用的自然被忽略的前提下，人与技术的共存便失去了稳定性基础，比如三角形的支架，缺少任何一条边的支撑就会造成整个结构的失稳和倒塌，类似地，只有保持人、技术和自然之间处于一种积极的反馈循环中，才能化解技术造成的种种威胁。总而言之，技术在促进人类文明发展的同时，导致人进入以综合功能脱离自然的趋势，为缓解这种趋势，对自然之于技术危机的深层意义进行剖析为是当前的紧迫选择。

在人–技术–自然的赛博存在样态中，自然一直处于一种缺位状态。意大利女性主义学者罗西·布拉伊多蒂认为，后人类是一个异质共存的自洽性主体，其中包含着身体、他者和其他诸多不可名状的要素，它们共同构成后人类主体的基本机构同时又不断地重塑着后人类；后人类突破了人类中心主义所秉承的中心化、同质化、个体性等特定属性，而取而代之为去中心的、弥合差异的，整体性的和关系的新的外在呈现和特质表达。① 由此可以看到，从人类到后人类的概念转变十分切合时代地揭示了这样一个基本事实：我们对于人即我们自身的认识必须转换范式，不能再用那种人类至上的霸权主义思维去衡量现实中其他存在物，人的概念仅仅只能限定在纯粹概念的范围内，因为人与具有差异性存在的造物处于同一个共存的场域中，若其中的丰富性和延展性局限于人的概念，就难以得到充分的解释。进一步地，基于这一转变，在人与技术的异质性互构的现实实践的视野中，必须承认还有其他的异质性要素实际参与两者的建构活动。认识到了这一点，就不难理解技术的危机在本体论层面上可能的致因。而在人–技术–自然的赛博性质的解释框架内，自然作为一个先在性要素在真实的实践中几乎一直处于缺位状态，更难提对它在这种结构中所履行的极其重要而不可忽略的角色功能。

实际上，技术的发展与自然的缺位是同一过程的不同方面，在无所顾及的情况下，技术进步的巨大惯性极易遮蔽自然。一种经典的技术哲学观点认为，技术具有独特的发展规律，其结果便是决定甚至支配人的发展和社会的演化。技术自主论是这种观点的主要论域，埃吕尔在《技术社会》中对之进行了论述。在此基础上，有学者分析了技术发展的三个层次——自创生的逻辑与规则、技术的社会化和人的技术化生存，并对三者进行了全面的批判性探讨。② 经过对这三个层次的深入研究，该学者进一步认为，这种论调一方面揭示了人在实际情境中对选择何种技术并无实质性的决定权，因为技术系统有其存在的既定基础，不可能脱离实际的发展阶段进行选择，况且技术发展的自主性特征导致技术更多地塑造社会对象及人的存在方式；另一方面，也要认识到，技术自主论是一种单向的决定论，它只看到了技术之于社会、之于人的塑造功能，缺乏对社会和人的反身性影响的充分认识，更在技术之所以能够自主进步所依赖的推动力方面的认识处于空白状态，这主要体现在推动技术发展的经济维度和人的生存维度，真实存在的现状实则指向技术与人、社会的双向渗透与谋划。另外，值得肯定的是，埃吕尔看到了人的技术化生存的负面影响，这种影响在技术与人的相互作用的现实性表现中显露无疑，"技术作为一种思想和行为方式代替了其他方式，往往会带来奇异的或可笑的结果"③。这几乎是在揭示这样一个事实：技术即便是自主发展的，但它并非仅仅以一种价值无涉的中性工具的身份在场，它本身是有价值负载

---

① （意）罗西·布拉伊多蒂. 后人类［M］. 宋根成，译. 开封：河南大学出版社，2016：71，72.

② 梅其君. 技术何以自主——技术自主论之批判［J］. 东岳论丛，2009，30（05）：181–184.

③ 李志红. 关于技术自主论思想的探讨——访兰登·温纳教授［J］. 哲学动态，2011（07）：97.

的，技术与价值的关系问题被带到理论的观察视野之中。英国经验论者大卫·休谟对事实与价值的关系问题的讨论为此提供了极具参考性的理论生长点。①在这里需要提及的是，价值概念在这种关系的反思中获得了一种新的规定性，从而具有那种与传统客观性格格不入的相反性质。由此可以看出，在休谟的论述中，价值是与事实相对立的存在，而事实彰显的是对自然及其规律的尊重，价值则是对这种规律的改写和重塑，体现的是一种超出自然本身蕴含的力量和造物，是对自然的违背。在承认这一点的基础上，技术与自然之间的关系也就显现出来，技术作为一种征服自然和改造自然的手段显然是在创造价值，技术越发达，价值就越丰富；但不能忽略的是，技术在作为丰富价值概念的实际操作中直接地呈现在我们面前，更为隐蔽的是其背后人的愿望，"一切技术创造出来的东西都带有人的印迹，这取决于特定时期人的目的和价值取向"②。因此，价值是技术与人的目的的合谋，而这最终都投射到隐秘的自然身上。

针对这个问题，从转变论说的角度即从结果的视角来看，技术特别是现代技术所造成的技术与人之间的异化关系成为经典的批判话题，但在自然观照方面显得薄弱。根据上面的分析，技术、人和自然之间存在着统一而复杂的相互关系，不妨就将之作为切入点来为技术危机进行归因。一种理想的状态是，三者之间达成一种平衡，这样对于人来说，技术就能作为一种造福于人的手段来看待。但实际的情况是，这种平衡在技术的疯狂扩张中，即技术的自主性发展的无节制的前提下被打破了，人在享受技术带来的便利时也难以避免地遭到了来自技术的反噬。在几乎所有的技术理论中，都对人与技术的这种不正常的现状进行了不同角度的反思和批判，包括工程学、现象学、心理学、传播学等不同学科的观照。在笔者看来，它们的相通之处就是偏重于对技术与人之间的复杂纠葛进行不同层面的剖析，但在赛博技术的视野中，这种观照在自然的维度上显得薄弱了些。

从理论层面上说，作为西方思想源流的古希腊哲学首先对自然充满了"好奇"，对世界的本原发出了或水或气或火的无穷想象，直到古希腊哲学家苏格拉底将哲学"从天上拉回人间"，自此人作为万物的尺度得到重视，但自然作为人存在的背景和基础从理论上得到了回应；从现实层面上说，从人类学的视野来看，人出于自然，人属于自然的一部分，人与自然的物质与规律保持着天然的一致性。达尔文曾向我们描绘过人类祖先在自然中生存的状况，"它们浑身长毛，有胡须和尖耸的耳朵，成群地生活在树上"。恩格斯利用"劳动"的概念在人与动物之间做出区分，但承认两者都与自然紧密

---

① 杨小华. 技术价值论：作为技术哲学范式的兴衰——围绕技术与价值问题进行的分析 [J]. 自然辩证法研究，2007（01）：41.

② Friedrich R. Analytical Philosophy of Technology [M]. Dordrecht：Boston Studies in the Philosophy of Science. D，Reidel Publishing Company，1981：141.

相关。"正如我们已经指出的，动物通过它们的活动同样也改变外部自然界，虽然在程度上不如人。我们也看到：动物对环境的这些改变又反过来作用于改变环境的动物，使它们发生变化。因为在自然界中任何事物都不是孤立发生的。每个事物都作用于别的事物，反之亦然，而且在大多数场合下，正是忘记这种多方面的运动和相互作用，才妨碍我们的自然科学家看清最简单的事物……人离开动物越远，他们对自然界的影响就越带有经过事先思考的、有计划的、以事先知道的一定目标为取向的行为的特征"。① 从这段话中可以知道，恩格斯已经发现了人与自然之间特征鲜明的相互影响。劳动是这种影响产生的场所，技术则是劳动行进的手段，正是技术使自然界中的人转变为技术世界中的人，此种变化在人、技术和自然之间建立了真实的联系，或者说事实本来就是这样。需要注意，在随后的片段中，恩格斯继续指出，"我们决不像征服者统治异族人那样支配自然界，决不像站在自然界之外的人似的去支配自然界——相反，我们连同我们的肉、血和头脑都是属于自然界和存在于自然界之中的；我们对自然界的整个支配作用，就在于我们比其他一切生物强，能够认识和正确运用自然规律……认识到自身和自然界的一体性，那种关于精神和物质、人类和自然、灵魂和肉体之间的、对立的、荒谬的、反自然的观点，也就越不可能成立了，这种观点自古典古代衰落以后出现在欧洲并在基督教中得到最高度的发展"②。显然，恩格斯向我们强调了人与自然之间的耦合性和整体性存在的基本事实，尽管人乐意利用自然规律，但这并不能作为站在自然之上的条件。同时，他也向我们表达了这样一种极具前瞻性和现实性的忧虑：那种反自然的观点对人的生存和发展是有害的，既不利于人的发展，又损害了自然。但不幸的是，恩格斯的这种忧虑在技术危机的思考中现实地已经发生了，不仅自然被置于技术的逼索之下，更切身的是人自身也陷于技术的控制之中。

究其原因，人与自然之间的和谐状态被技术带进了不稳定状态中，所产生的对平衡状态的冲击波使人与自然无一幸免。但是，人作为反思的主体甚至没有意识到由于技术的迅速发展所造成的自然的缺位带来的影响的严重性，但人的现实遭遇已经将这种无奈表露无遗。幸运的是，"现代人已经认识到，他们对于自然和文化世界的其他部分犯下了无法挽回的罪行，他们的力量和野心也空前膨胀，并且已经到了违反其自我本性的地步"③。笔者相信，这种认识对于改变技术与人的现状是正确的并且能起到一

① （德）弗里德里希·恩格斯. 自然辩证法［M］. 中共中央马克思恩格斯列宁斯大林著作编译局，译. 北京：人民出版社，2015：311，312.
② （德）弗里德里希·恩格斯. 自然辩证法［M］. 中共中央马克思恩格斯列宁斯大林著作编译局，译. 北京：人民出版社，2015：313，314.
③ （法）布鲁诺·拉图尔. 我们从未现代过——对称性人类学论集［M］. 刘鹏，安涅思，译. 苏州：苏州大学出版社，2010：142.

定的正向作用，那么，如何将自然在技术与人相互作用的过程中找寻回来呢？厘清其中的逻辑对于将人、技术和自然拉回到正常的轨道上来说是必要的。

（二）自然迷失的基本逻辑

如前所述，在人-技术-自然的整体性观照下，技术与人之间的纠合所导致的人的存在危机（同样也是技术的危机），实则是在自然维度缺失的现实条件下造成的直接后果。在技术大发展的语境中，自然仿佛保持着亿万年前的原始性的纯粹状态，而表现得与人的生存近乎无关。在恩格斯那里，这种情况也有一定的表现："传统的自然辩证法教材是讲自然观的，但是过多引证最新科技进展来刻画，科普味道很重，一般不讲诗人、人文学者和普通人的自然观"①。显然，自然与人之间的联系处于一种割裂状态，目前的任务就是要恢复它们之间的联系，重新展示出由技术掩盖的自然的人文面向。在此之前需要追问的是，原本属于自然的位置和角色在人与技术的相互作用中被遗失在何处，只有厘清了这一疑问，才能为自然与技术、人之间寻求一种恰切的耦合关系，而不是简单粗暴地将自然拉回到人-技术-自然的整体性结构中。

对技术追问有一种流行的解读方法就是在人与技术之间反复挖掘，从根本上说，这是分析角度的局限而不是事实就是如此这般的表现，但这种思想反映在实践中在一定程度上侵占了自然的居所，阻断了人与自然之间的天然联系。显现技术与人之间的复杂关系的一个典型场域就是技术人工物所展示出的技术的二重性，即技术的结构和功能及其相互关系。在这里关注的焦点是，技术二重性所揭示的技术的功能意向与人的使用之间的耦合成全了技术的上手实践。正是技术的功能所提供的使用潜能为人在经验世界中的实际操作贡献了可选择性，或者说技术的功能意向性和人的实践意向性之间找到了合为一处的锚点，这就是技术的"具身性实践"。在此基础上，技术结构代表着自然的合规律性，因为它来源于第一自然，具有显著的先天特质；而技术功能则象征着技术合乎人的目的，是根据人的需要做出的相应改变，具有明显的后天养成特征。那么，先天与后天之间迥然不同的性质是如何统一起来的呢？有学者在做类似分析后指出，技术还具有第三重性，即技术的过程性，其存在的理由为："自然结构和社会功能并不能相互决定，在两者之间还必须有一个联系的环节，一个动态的、起连接作用的环节"②。由此可见，在技术的具体活动过程中，技术建立在自然规律性和人的目的性之上的二重性得到了有效的统合，从静态到动态的转变中自然和人的原初关系被改变了。而这也正是笔者想要表达的。展开来说，在这一过程中首先改变的就

---

①　刘华杰. 回到恩格斯：焦点从科技回到大自然［J］. 自然辩证法研究，2020，36（01）：14.
②　阴训法，陈凡. 论"技术人工物"的三重性［J］. 自然辩证法研究，2004（07）：29.

是技术与自然之间的关系：技术对自然规律的利用和对自然形态的改造表明技术来源于自然又与自然相区别，技术经历了一个去自然化的过程从而使人工物获得了一种非自然的特性，这是其一，技术的去自然化。另外，由于人从本质上说是技术化生存的人。[①] 因由此故，技术的去自然化必然会波及到人与自然之间的关系。众所周知，技术的发展是渐进的，它跟随人的需求又或者引导人的需求而不断地在既有的基础上无休止地扩张，就像科学那样有无尽的前沿，技术越发展，人的技术化程度就越高。其结果是，人与技术越来越紧密，原本人与自然之间的亲密关系被技术关系取代。这是其二，人的去自然化。

这两个方面的变化共同促成了自然在技术和人面前的退隐，确切地说是技术对人的生存领地的无限扩张造成人与自然之间的活动空间不断减少，这种此消彼长的变化使人–技术–自然之间理想的和谐状态遭到破坏。其实，已有学者指出"技术和人之间的互利共生关系会发展成寄生关系……所谓'寄生'，就是指一方对某一方有破坏性、掠夺性"[②]，并在此基础上进一步认为人经过技术的侵蚀之后，成了寄生在技术世界中的存在。但笔者还想指出的是，技术之所以有能力对人发生掠夺，是因为技术自身阻断了从自然中汲取能量的通道，正是由于技术离自然愈来愈远，人才迷失在缺乏自然的技术世界中。

更为一般地说，这实际上是技术人工物在本体论上的自然缺位造成的来源于内在性的必然结果。在赛博技术观构造的技术视野中，技术、人和自然是在相互关联中反映着真实的实践世界，当自然缺失时，本体论意义上的完整性和稳定性就遭到了来自技术对人产生的寄生关系的冲击。由于人天然地具有生存冲动，笔者就以人的活动为切入点以寻回自然。

（三）自然的回归

按照前面的论述，技术与人之间的异化关系是自然从赛博技术所指向的人、技术和自然三者的理想状态中不断退却的主要缘由。这就是说，要想恢复自然在赛博技术世界中的地位，或者使人重新获得生存的意义，就需要将原本属于自然的场域腾空，而自然被挤占的空间目前是技术化的领地；从局部视角看，一个摆在面前的选择是，重新引导或者规划人的技术活动，从而为自然复归创造条件。只要人的活动能从技术世界中跳脱出来，就具备了自然复归的空间。

从作为行动者的角度看，对人的活动的重新界定可作为引导自然复归的有效途径。

---

① （法）亨利·柏格森. 创造进化论 [M]. 姜志辉，译. 北京：商务印书馆，2004：116.
② 胡翌霖. 进化中的人与技术 [J]. 书城，2019（08）：21.

在阿伦特看来，积极生活作为人的境况之存在方式的一种表现形式，与人的三种活动相关，它们分别是劳动、工作和行动。对此三者的系列论述都与技术存在着深刻联系，或者说，从劳动到工作再到行动是对技术反思的、前后相继的连续性呈现。

在阿伦特的视野中，劳动是积极生活场域中最为低级的人的活动。劳动与人的生存息息相关，人只要想在世界上存续下去，就必须遵守生命自身的必然性要求，这种必然性要求主要表现为对物质和能量的永无止境的本源性需要，直到生命机体死亡的那一刻才能结束。因此，人只要活着就必须劳动，从而获得生存所必要的物质基础。在认识到劳动对于生命存在的基础性意义的前提下，可以对劳动的特点做进一步的分析。一方面，劳动是指向物质、指向自然的人的活动：只有自然才能为生命的存续提供源源不断的物质能量，因此，从根本上说人通过劳动在技术与自然之间进行以生存为目的的交换。另一方面，生命本身并不会由一次劳动而获得存在所需的全部资料，因为劳动所创造的产物是消耗性的，所以劳动并非一劳永逸，而是周而复始的重复性活动，类似于小说中刻画的荒谬英雄人物西西弗将石头推上山巅而次日仍将继续徒劳。换言之，劳动是一项艰辛困苦而又无所终止的不稳定性活动，因而需要另外开辟出一条能够创造出具有稳定性特征的居所的积极生活形式，由是之故，这就从劳动进入了工作的阶段。

与劳动相比，工作首先与自然相区分而成为一种建造人工性的生命居所。工作最大的特征就是，与处于生命存续的、指向自然的劳动的暂时性和重复性不同，工作最终的目的是获致一个具有稳定性的客观世界。这也是为了克服劳动的局限，更是为了人类更好地在世生存。所谓工作，就是制造出那种可以摆脱劳动成果缺乏持存性的人工物品的活动。这样人就能跳脱出自然满足生理性需求的短暂性限制，而进入到一个具有稳定性和持存性的人工世界。要实现如此这般的持存性世界，实际上就是选择了一种技术物化的手段将自然界变为人工界，工作的基本内涵亦大致基于此而表现出来：一方面，工作所要制作出来的物品具有耐用的基本特征，因而它相对于生命从自然中获取能量的重复性来说具有相对的持存性，只要一件物品被制作出来，人就能对它进行重复使用。因此，这种人工制品为人的生存创造了一个稳定的技术世界或者说人工世界。另一方面，工作遵循那种被规定好了的程式化操作，即按照目的-手段的工具化思维进行制作活动，尽管采取这种方式易于管理和高效操作，但作为制作的主体的人本身也将在这种单一性的制作活动中失去人自由创造的天赋和潜能，恰如韦伯所说的"单向度的人"。显然，这种局面已经违背了人选择工作时的初衷，因为工作既为人创造了一个稳定的人工世界，又使人失去了继续存在的意义诉求。然而，工作却为对技术活动的进一步优化提供了某种契机。

劳动和工作虽然从自然中获得一切，却在技术的工具化模式中使人摆置为单向度的存在。在阿伦特看来，唯有行动能够摆脱技术的中介作用，也是最为高级的积极生活。如果说劳动可以帮助人解决生理层次上的生存必然性难题，工作可以继而为人的存在创造一个具有稳定性的人工世界，那么，行动所彰显出来的意义则不同于此前两者（使人陷入重复性劳动之中，甚至陷入人本身被工具化处理所带来的负面情绪之中），因为它尝试着将人从技术的阴影下重新带回到人自身的世界，即不通过技术作为中介而与众多他者进行交流。一方面，在阿伦特对行动的文本呈现中，行动首要的意指在于对人"复数性"的强调，人绝不仅仅是存在于技术世界中的一维性生物，而是由众多个体构成的复数世界，甚至可以说"复数性"就是人之为人的条件。与之相关，人凭借言语和行动嵌入人类世界的社会网络中，人之所以存在是因为存在着其他众多的他者在场，人与他者之间直接地发生联系，既证明了他者的存在，又彰显了自己。于是，人的行动在人与人的交往中开辟了新的世界，它与技术世界的单一形成强烈对比，充满着各种可能性并随着人行动渐次展开。另一方面，人的行动也显露出不确定性和历史性：人毕竟是处在一定的社会网络之中开展具体行动内容的，人仅仅能作为一个参与到实践中的单个行动者而和他者共同缔造整个网络，因而人的行动是在和他者的相互作用中向前推进而不对他者产生单向的决定论的意志，社会网络中存在着错综复杂的各种利益和冲突必然影响人的行动的确定性呈现；在不确定性的世界中，人的行动就在复杂的网络中不断地相互影响，其程度也不断向纵深发展，每一次新的行动都以先前行动的结果作为起点，也就是说，行动具有不可逆的历史性特征。不确定性和历史性共同构成了人之行动的开放性，尽管这种缺乏控制的开放性可能使人处于一定的风险之中，但人以此逻辑能够在行动中不断展开自己的存在。

由此可以看到，阿伦特对积极生活之劳动、工作和行动的论述实际上反映了对技术态度的转变：劳动和工作以技术为中介在人与自然之间建立联系，但实际上束缚了人的存在。于是，阿伦特通过行动打破了技术对人的活动的束缚。但是，尽管行动摆脱了技术世界的单一性，其落脚点却仅仅体现为人与人之间的直接交往。显然，阿伦特忽略了人与自然也应直接地建立联系：尽管技术从自然中为人提供生命所需的能量和安定的人工居所，但若以人与人之间的交往并不能切实地抹杀掉自然之于人的意义，这并不是否认技术，而是要在技术创造的条件之上，开创人与自然之间的新联系，毕竟人是自然的一部分，离开了自然人，人也就失去了存在的历史性基础。但些许的瑕疵当然不能掩盖掉阿伦特的理论为人从技术中获得解放的重要贡献。不能否认的是，阿伦特为人与自然之间关系的修复创造了必要的空间，因为她把人从技术的单一世界中释放出来，使人的行动具有了与自然直接互动的理论潜力。

于是，可能存在这样的疑问，既然阿伦特提供的进路可以直接解决克服掉因技术所造成的人之生命个体的标准化及人之生存世界的技术物化的双重问题，那么，又何必要求自然的复归呢？在笔者看来，阿伦特的理论贡献对实际问题的解决提供了极具启发性的思路；但从更深层次上来说，阿伦特将反思的目光局限在技术与人之间，而忽略了承载它们的更为丰富的生活世界，而生活世界对人的生存的重要支撑作用是更为根本的，生活世界是在技术远未发展到如今地步之前就已存在的，人的血液里已经深深烙下了生活世界的印迹。因此，局限于技术与人之间的狭小天地里是一种脱离了生活世界的本质主义性质的抽象理解。与此不同，自然不仅意味着人生存的物质基础及规律，更重要的是自然代表着一种对技术与人之间关系的异质性突破，看到了人类生存更为根本的东西。总之，阿伦特用"行动"的概念为人与技术之间的良性关系开辟了道路，在技术与人的表面呈现的范围内达到了预期的效果；只有抓住并利用好"行动"所创造出的机会，将自然拉回到赛博技术的世界里，以使行动在自然的干预之下换发新的生机，而不是重新退化到劳动或者工作的窠臼之中。

第三节　赛博技术的本质：技术间性

技术作为一种复杂的社会文化现象，不单与人的现实生活有着错综复杂的联系，在技术背后又有充满理性特征的自然力量的参与，故而关于技术的确切理解可以从社会学、人类学、历史学、哲学等不同学科角度做出区分。但总的来说，技术基本包括狭义和广义两种定义。从广义上来讲，技术是在探索自然、塑造社会甚至改造人类自身的实践活动中使用的所有技能和手段的总和，包括一切能够实现目的的途径和方式；从狭义上讲，技术就是关于人与自然关系的以技术人工物为代表的具体工具及其工程方法，比如转基因技术、大数据技术等。从赛博技术的视角看，虽然对技术的广义或者狭义的区分有所不同，但它们仍有一定的共通之处，即技术不是孤立存在的实体，它与其他诸如人、自然等异质性要素共同构成一种共域存在，即对它的认识应从一定的关系框架中才能达致，否则，就会重新跌入抽象性质的表征主义描述。"我们首先可以把技术看作一种'间性存在'。所谓间性存在是指事物之间的相通、互动和交互关系。"[①] 为了说明技术的这种特殊存在形式，从三个方面进行展开论述，即尝试从关系性、价值性和境域性勾勒出技术间性为何、何故及如何的整体性存在及其之于赛博技术之技术-人-自然结构形成的构成意义。

---

　　① 李三虎. 技术哲学：从实体理论走向间性理论［J］. 长沙理工大学学报（社会科学版），2017，32（01）：12.

一、技术间性的关系存在

在赛博技术的理解框架中，对自然、人或者技术的理解都不是作为实体获得解释，而是将之作为一种非孤立的对象进而观照其与众多他者（异质性要素）的互相纠缠中重新书写关于它的定义。基于这种认识范式的转换，技术间性就进入到我们考察的视野中，笔者认为，技术间性既然不是一种实体论表达，那么它就应该将自身指向一种间性的理解，即它是一种关系性的存在。这种关系性的存在就是它本身。实际上，笔者认为哈拉维的赛博格思想很好地阐释了对技术间性的理解，尽管她是从女性主义学者的视角进行阐述的，但从侧面却深刻地将技术间性从本体论层面上予以建构。以技术间性为着眼点，接下来对赛博格思想进行梳理和分析。

哈拉维赛博格思想的提出具有深厚的女性主义理论背景。哈拉维认为，在对人的惯常理解中，存在着这样一种具有路径依赖性的思想传统，它呈现为对男性主体的偏好特质，因而忽略了对女性应有的关注，这或许是由于男权社会所产生的巨大影响再加之历史上的思想家大多为男性的缘故。所谓女性就是相对于男权社会中的男性而言的，具有生育、感性等独特的自我气质，女性从属于男性进而成为一个被贬抑的、弱化的存在符号。另外，男性与女性的区分实际上包含着对人的二元论理解，这成为后来女性主义进行理论批判的靶子，因为这种对立性质的认知在某种程度上不仅造成对女性形象的一定扭曲，还在现实实践的层面上使女性被驱赶到弱势地位的处境。哈拉维对此提出了深刻批判，认为这种二元划分本质上是将女性作为一个他者来对待，是将女性置放于一种被审视的对象性地位。为此，哈拉维尝试重塑女性形象，努力实现一种从对象到非对象的转变。这种转变最终实现的目标是打破诸如男性和女性、宗教和自然、理性和感性等一系列的对立，因为这些对立本质上在一开始并不存在，而是在后天的潜移默化之中逐渐形成的结果。这种认识在后现代的语境中不难理解，但它仍然是对一贯的二元论思维的一次具有理论变革意义的反叛和颠覆。具体而言，它促使二元对立之间存在的截然而出的界限慢慢淡出我们的观察视界，产生这一效果的概念就是赛博格，它揭示出技术之于边界消失的本体论贡献，进而使各种对立的主体和他者存在于一种通过技术所创造出的境域之中，真正存在的是诸要素间赖以建立关联的关系，技术间性成为二元论破裂而又得以重建的黏合剂，赛博格的理论内涵深刻地体现了这一点。

赛博格概念对人本身而言是一种新的本体论，而对技术来说，它是一种对技术之抽象本质的否定，即技术的本质就是无本质，是技术间性。在前面已经提过，赛博格最初产生于航空航天领域，指运用科技手段增强人体适应外太空的能力。它真正作为一个理论性概念是哈拉维以后现代的女性主义诉求在"赛博格宣言"中的首次提

出，它具有颠覆性的理论贡献，尤其对人的存在形态给出了一个具有无限空间的理论
场域。进一步而言，赛博格是一种混合本体论，其中对赛博格生存方式的理解包含着
技术的维度，反过来说，技术总是在与人、与他者、与异质的存在发生关系时才真正
获得其真实的存在，才体现出其作为技术在现实世界中的存在价值。哈拉维在三组混
合体中对技术作为关系性存在做出了详细论述，其中隐藏着对技术的深刻反思，在她
所塑造的语境中，赛博格是一个控制论的有机体，是机器和生物的结合体，是虚拟与
现实相交互的产物①，以界限的消失阐明技术何以为间性存在。

1. 人与生物合成的生物赛博格。在赛博格的现实化空间中，存在着数不胜数的赛
博格形象，生物赛博格作为这种形象的现实呈现是基因改造技术对生命的重新构造。
致癌鼠②是对技术的间性表达的一个具体案例。致癌鼠是经过基因改造后，将人类的癌
细胞转移到实验鼠身上，从而使其一降生就先天地携带癌细胞。显然，致癌鼠是实验
鼠与癌细胞相混合的杂合性存在，但中间绝对不能忽视的就是基因改造技术的中介作
用，没有它就没有致癌鼠存在的可能。实际上，基因改造所体现出的技术间性在杂合
体中拥有多重身份：一是作为攻克癌症的试验品的致癌鼠赖以产生的机器身份；二是
作为基因改造的手段，攻克疑难杂症的医学身份；三是作为跨国资本追逐利润的商业
身份；四是促进美国政府、大学和研究机构结成行动者网络的社会身份……总之，技
术在致癌鼠经过基因编码后的杂合体存在中打破了截然存在的边界，它所创造出的关
系使异质性要素都具有了间性，而不仅仅局限于技术本身。

2. 人与机器结合的机械赛博格。人与非人的机器的合成打破了人的生物性边
界，也打破了机器相对于人的外部存在状态。机器对人的嵌入的最早历史可追溯到20
世纪末，英国学者凯文·沃里克把一个硅材质的脉冲器植入自己的手臂神经中，并通
过电极与互联网建立连接，最终实现对各种设备的"意念"控制。此外，大家熟知的
英国物理学家斯蒂芬·威廉·霍金，他的轮椅集成了眼球追踪、脑电波识别等技术利
用这些技术可以实现写作、甚至即时语音通话等功能，可以说，该轮椅实际上已经在
成为霍金的技术形象，成为霍金身体的重要组成部分。以上例子表明，人与机器已经
在彼此嵌入的过程中成为一个统一体，它既不是机器本身，也不是人自身，而是人与
机器的混合体。也就是说，人与机器都在这种混合体中失去了其作为实体的意义，而
重新在混合所生成的关系体中获得存在的场域；脱离了这种基于混合的关系，机器和
人就会丧失其之于对方的意义，因为它们处在一个共同的技术代码的世界，对它们的

① Donna Haraway. Simians, Cyborgs, and Women: The Reinvention of Nature [M]. Lindon Routledge, 1991: 14.
② （英）乔治·迈尔逊. 哈拉维与基因改良食品 [M]. 李建会，苏湛，译. 北京：北京大学出版社，2005: 54—56.

区分只能在理论的意义上才能实现。因此，机械赛博格是机器从人的内在维度重构了人自身，它模糊了人作为生物性存在的边界，使其作为个体的完整性遭到质疑，但在技术间性的关系性构造中获得了新生。

3. 现实与非现实交织的虚拟赛博格。哈拉维是一位对时代具有敏锐洞察力的后现代主义学者，在其发表赛博格宣言的时代，她深刻地察知了网络之于人类社会所带来的变化。她认识到，人与人之间联系的方式事实上已经超越了地理环境的限制，而是以一种在线的网络方式建立彼此之间的联系和交流。在此基础上，网络创造出迥异于现实空间的虚拟空间将诸多个体编织到一个既相互冲突又彼此依靠的极具张力的网络中，以时间和空间的脱域超越了传统的地理和政治的关联，在虚拟的维度上推动着世界的一体化进程。换言之，这就是哈拉维所说的虚拟与现实边界的消融，而技术作为实现的载体重新建立了有别于物理世界的网络世界，但它与物理世界又存在着不可抹除的现实性联结，技术的间性存在也就体现于此。在这里，互联网就是技术间性的现实表征，互联网是具体的存在，但其所构造的人与人之间的联系却又是现实性的，这种现实性能够被感知并构成现实世界的一部分，即虚拟与现实在互联网中彼此融合。技术间性虽然具有无形的特征，但它是赛博格赖以实现的技术手段。因此，虚拟赛博格可被认为是以太般的非实物存在[①]。

由此可以看出，赛博格在理论建构的想象空间中打破了技术单独作为一种存在的幻象，在消弭诸异质性间之界限的过程中逐渐赋予技术以存在的具象关系，对技术的认知必须在关系中进行。进一步地，当技术进入到赛博格世界时，技术间性可以被认为是代表着二元论坍塌的具有后现代特性的对杂合体的体认。

二、技术间性的价值关联

技术间性作为一种关系性存在，在赛博格的语境中，技术与人、动物等他者的关联是对这一点的最好说明。进一步地，既然这种关系可以与人，也可以与物，甚至是虚拟的存在建立联系而生成，那么，这就表明技术间性是一种具有开放性特征的场所。问题在于，促成技术间性实现的潜在动力就成了接下来进行分析的重点。生成本体论在诉说共生的过程中，尤其注重对价值有涉的观照，遵循这样的启示，从价值角度对技术间性何以实现进行分析，主要以人与机器的历史性结合为例予以彰显技术的价值关联。

技术的词源学蕴含与人的有目的的活动紧密相关。技术一词在英文中对应的是technology，它以古希腊语 techne 为词根发展而来。古希腊语中的 techne 一般包含三种

---

① 刘介民，刘小晨. 哈拉维赛博格理论研究 [M]. 广州：暨南大学出版社，2012：304.

含义：一是指工艺、技巧、方法等；二是指手工制品、手工器物；三是指职业、行业。因此，从词源学来讲，技术具有丰富的含义，但基本上可以把它概括为一种属人的实践活动及其制品。然而，技术一词的词源学意义直到 17 世纪时才以 technology 的形式体现出来，但仅仅指工艺一类的技术水准；技术获得它的完整意义是在 20 世纪随着资本市场的扩展而最终实现的，包括诸如机器、设备等技术实体及其操作方法。在中国，技术一词最早记载于西汉时期，而其义却与西方不同，独指医术；但是，如果以今天的眼光来看，技术在古代社会已经有广泛的实际运用而并不局限于字面意义，比如造纸术、炼丹术、水车、犁等。由此不难看出，技术是属人的实践活动，与人的生活需求和存在目的产生着复杂的联系，内在地蕴含着人的价值诉求。因此，可以认为技术是人的一种具有价值内核的实践活动。

生物技术作为指向人类生存的改造手段，其发展历史是在在技术关联的逻辑下逐渐展开并形成以人为最终价值取向的技术体系。新生物学的出现为生物技术的革新提供了新的动力。众所周知，以细胞工程和基因工程为核心的生物技术至今为止经历了三次革命。第一次生物技术革命发生在 1953 年，DNA 双螺旋结构作为 20 世纪自然科学的四大理论模型的重要发现之一开启了现代生物技术的新篇章，进入分子生物学的研究阶段；20 世纪 70 年代，基因重组、基因测序和基因化学合成等生物技术已渐趋成熟，为后来的"人类基因组计划"提供了必要的技术条件，克隆羊"多莉"的降生宣告了第二次生物学革命的正式来临；第三次生物学革命目前正在发生，它来源于生物技术在分子层面与诸如物理学、工程学等其他学科的互相融合，此阶段生物技术表现出强大的技术生成性影响。由此可以看出，三次生物技术革命表现出研究范式的连续转换，从分析生物学研究范式过渡到系统生物学的研究范式。第一次生物技术革命呈现为生物学转向对微观层次的关注；第二次生物技术革命更加深入，基于 DNA 理论的基因技术日渐成熟；第三次则把视角从微观层次拉回到整体认识上，呈现为生物技术与其他新科技手段的多重融合。①

三次生物技术革命连续性递进过程显示出生物技术从单一到与其他学科融合的基本趋势，表现为从理论到实践的实际转变，是价值驱动下的技术间性构造。先进材料和纳米技术则为这一价值诉求提供了可行性方案，因为可以有机合成世界上本来不存在但可以应用于人类的新型材料。比如，利用纳米技术将胶原蛋白同时辅以明胶通过处理变成制作人体器官的物质来源，而且纳米粒子也可用于修复脊髓损伤。与此相关，3D 生物打印技术能利用先进材料和纳米技术模拟活体器官进行增材制造。目前 3D

---

① 王子明，孟建伟. 从整体论、还原论到新的整体论——论生物学方法论的革命［J］. 自然辩证法研究，2015（01）：97.

打印技术并未被普遍使用，但是这种技术已经出现至少 30 年，直到与新型材料和纳米技术相结合才获得创新性运用，比如通过"悬浮水凝胶自由形式可逆嵌入"（FRESH）技术、人工肺技术模拟肺组织原理和复刻人类心脏组织结构，制造出了与生物器官相媲美的新材料的活体器官，使人体仿生逐步变为现实。新型材料在生物打印即活体组织打印的过程中，一方面使人类组织器官的再生和仿生成为现实，使世界更趋于完满；另一方面，先进材料和纳米技术的应用存在某种不确定性，这种不确定性既来自于技术本身的精微带来的操作上的困难，又来自于对打印器官与人类身体潜在的匹配疑难。这种顾虑有它的存在必要性，只有对存在的不确定性有一个客观的认识，才能用生物技术更好地造福人类。正是基于这种价值诉求，技术发展才获得继续进步的动力和群聚性创新的实际效果。针对这种不确定性的存在，信息技术提供了一种实际的解决路径，将机器与人类身体的融合实现在线化。信息技术在 21 世纪取得了新的进展，在数据处理、存储和传输等方面实现了全面的技术升级。就数据存储而言，摩尔定律是最好的明证，因为它说明了信息技术进步的速度之快。不过，目前摩尔定律已经达到了它的物理极限，此后存储技术已经将重点转移到对封装方式的更新及探索次世代存储器。存储技术与计算技术紧密相关，大数据、云计算、神经网络处理、量子计算、光学和网格计算、深度学习加速器等计算技术使数据处理技术同步得到提高，正在推广商用的 5G 技术在中国、美国、日本和德国等主要研发国家引起了巨大关注。信息技术对数据的存储、处理对生物技术的不确定性而言是一种完善，它推动了生物技术的进化和升级，数据成为连接生物技术和信息技术的纽带，例如数字药丸和身体附着的植入式设备。大数据技术对生物打印的信息监测，实际地预测和控制了纳米技术的应用所带来的潜在风险。另外，数据在克服了不确定风险后，为智能制造提供了必需的数据平台，使生物技术获得了智能技术的加持。

　　智能技术通过传感器对数据进行收集处理，最终实现了技术与生物技术相结合的共生形态。例如，英国 DeepMind 公司宣布研发了结合生物技术的人工智能程序 AlphaFold，利用 AI 技术在海量数据中进行深度学习，从而成功预测并导出蛋白质的三维结构，堪称生物界的"AlphaGo"。2019 年，埃隆·马斯克宣称已成功在老鼠身上进行脑机连接实验，并预计最早在 2020 年可实现用于人类的脑机连接系统，这种脑机连接系统就是脑机接口的一种理论实践。其实早在 2012 年，英国临床医学组织 BrainGate 就在人类大脑的运动皮层植入一枚微电极阵列，由此瘫痪病人可通过意识操纵机械手臂，这是脑机接口的早期实践成果。由此可以发现，这些新兴技术仰赖数字系统，基于数字互操作性稳定扩展，附着于包括人类自身在内的不同实体，以出人意料的颠覆性方式相结合。① 生物技术革命为新生物学的物化创造了条件，而信息技术成为生物技术与其他新兴技术联系的数据通道。在信息技术的支持下，AI 技术与生物技术的合流使技术与人类自身日益融合，这种融合带来的自然结果就是人与机器的共生。

在服务于人的价值取向的激励下，在技术与人日益成为一体化存在的同时，技术自身逐渐形成集群效应。信息交互使生物技术、新型材料技术和智能制造形成一个有机的技术系统，可以说是各种技术互联的"血液"，这种互联方式主要得益于各种技术之间的协调一致，新型材料夯实了物质基础，智能制造提供了技术途径，信息技术打通了数据通道。技术特别是生物技术和信息技术最终使身体和心灵失去原初的双重自然化，自然的人类文明转变为技术的"类人文明"②，人类自身的命运与技术的发展日益结合在一起。

三、技术间性的要素重塑

作为技术之具象化存在的人工造物是技术间性的无形特性的有形化表达。从局部视角对技术间性的发展空间进行分类归纳可以发现，诸如技术与人的异质性共生在赛博格的理论范围内具有多元呈现的可能。仍以赛博格为分析的立足点，对参与建构赛博格的异质性要素的身份重塑进行说明，以揭示技术间性之构成性路径的内在机制。

在哈拉维之前，西方思想家诸如亚里士多德、笛卡尔等对人的思考都持二元论思维，身体有其截然划分的界限存在。法国后现代理论家让·鲍德里亚以一种后现代的身份重新塑造了新的文化场景，对诸如精神分析、符号学等传统的思想阵地及其思想产生了巨大的解构性威胁。③ 哈拉维更是如此，她站在后现代主义的批判立场上直接对二元论提出质疑，特别是她提出赛博格这个概念，为人们重新理解和把握技术与人、自然等诸多他者的混合型存在提供了新的观察视角。在这种对人与技术之间关系的观念变迁的过程中，至少可以发现两种途径实现这种变化：

1. 从单一主体到多元主体。赛博格是一个人与机器、自然与文化、男性与女性等诸多异质要素构成的杂合体，因此它与主体性的中心主义有别，呈现为赋予局部不同要素以同等权利的多元主体。逻辑地看，由于赛博格的这一混合特性，在其所构造的生存场域内，存在的只是具有不同特质的诸异质性要素。而在此之前，进入大众视野的只有主体的存在，主体处于统摄一切其他存在物的优先地位。那么，赛博格的实现

———————————

　　① （德）克劳斯·施瓦布，（澳）尼古拉斯·戴维斯. 第四次工业革命——行动路线图：打造创新型社会［M］. 世界经济论坛北京代表处，译. 北京：中信出版社，2018：18.

　　② 孙周兴. 技术统治与类人文明［J］. 开放时代，2018（06）：24.

　　③ Douglas Kellner. Jean Baudrillard：From Marxism to Postmodenism and Beyond［M］. California：Standford University Press，1990：1–3.

首先导致了主体性的消解，在此基础上，多元主体才能共存于赛博格这个杂合体当中，于是，技术间性才能在异质的伴生物种中彰显其存在。

主体性的消解跟随主客体重构而同步完成。哈拉维认为，主体与客体的关系绝对不是表征主义所信奉的反映论所能体察的，它们之间真正的关系不是主体对客体的完整的镜像反映，而是主客体相互作用而涌现出来的结果。这一观点借用物理学中的"衍射"概念可以得到形象化的描述，在生成的语境中，所谓"衍射"就是反映主体和反映客体不是决定于被决定的关系，而是指两者之间的交互作用。当承认了这一点，就可以说，主体与客体在这种相互作用中各自的身份都得到了重塑，主体不再成其为主体，而客体也不再成其为客体，主体与客体都消失在主客体互融互构的涌现性中。也就是说，赛博格作为主体与客体身份重塑的场所，是主体与客体在发生联系之后的最终呈现，而主体与客体都成为赛博格的背景，成为不在场的存在，因为它们的存在不可能发生在赛博格之中，它们相对于赛博格来说已经成为过去式，是过去的存在，是不真实的存在。总之，主体与客体在相互作用的实际操作之后获得了混合性的存在方式，在其身份重塑之后，主体性的悠长历史就此达到终点。

在主体性的历史之后，身份不再断裂，取而代之的是异质共存的多元主体登上舞台。原本存在的"心智与身体、动物和人类、有机体和机器、公众和私人"等的身份断裂在赛博格中重新被整合，诸异质存在被作为一个整体来认识，技术间性成为见证多元主体的存在。例如，"女性男人"的出现，它超越了一直以来对男性和女性的固有认知。男性是资本主义社会中占据统治地位的白人男性炮制出来的一个具有政治意义的技术，通过男性与女性的区分，将女性固定在家庭、社会等重要生活场域中的从属地位，从而成为男性的附庸。而哈拉维以赛博格的异质共存对此做出反抗。从根本上来说，"女性男人"的出现是超越性别的第三种存在，它既不是男性、也不是女性，而是男性与女性在同一身体中的共生，其政治意义在于打击了男性与女性在区分后的政治权力的差异。在更为一般的意义上讲，异质要素在某一场域中的界限不再分明，出现你中有我、我中有你的情况，这才是对真实存在状况的忠实表达。

可以说，主体性的消解并不是指主体的彻底覆灭，而是在主客体重构的过程中获得新生，其间的界限被打破，真正存在的不是某一主体或者客体，而是多元主体的共存。其意义在于，多元主体为理解世界提供了不同的局部视角，人类中心主义的局限性在认识论的联合中被修复。总之，从单一主体到多元主体的转变是赛博格的一大特征，也是技术间性赖以发挥作用的一般性通道。

2. 从离身性到具身性。"赛博格是文本、机器、身体和比喻——都是在实践中根据交际被理论化和使用的。"① 作为异质共存的隐喻形象是后人类诸多可能中的一个典型代表，无论是在现实生活中还是在理论的省思中都引起了广泛的关注和重视。它的一个显著特征就是具身性秩序，即技术与人构成相互依存的生存结构，技术的存在离不开人的存在，而这也是技术间性获得解释的结构基础。与之相对，存在这样一种相反的观点，即认为技术仅仅作为技术去存在，与人的存在并无大的相关性，甚至可能代替人的存在。显然，这是一种把技术作为一种可以单独存在的实体看待的，它与人的关系是对立性质的，故而与赛博格所指向的杂合体式的关联存在巨大差异。但是，这是一种拥有广泛受众的观点，技术的工具论观点就是其最直接的拥泵。这两种观点从表面上看是互相排斥的，而且理论的历史显示是从离身性到具身性的转变，即离身性在前，由于受到具身性的反思而从逻辑上被超越。就其本质来说，离身性到具身性的转变是关系性存在对二元论的对立性实践的理论解决。

其中的问题在于，在具身性实践是对人与机器关系的真实表述的情况下，对离身性该如何认识？实际上，离身性和具身性构成技术实践的一体两面，因为当技术的具身性实践不符合人–技结构的一体化表达时，就意味着人与技术丧失了作为赛博格所要求的良性秩序，即人与技术的关系转化为异化存在。哈拉维曾指出，20世纪末机器的发展与人的生存状态形成了鲜明对比，因为工业文明促进了机械技术的大踏步前进，与此同时，人的存在却显示出失落的趋向。用韦伯的话说，就是人在机械技术齐一化谋划的境况下成为单向度的存在；换言之，技术在满足工业生产的情况下由于不能满足人的其他多样化的需求，因而机器之于人总表现为对立性人工造物，对它的思考也总是在二元对立的理论预设下进行。例如，脑机接口作为一种人工智能的前沿技术，为大众创造了新的人类未来想象。它向我们展示的是人类主体性存在进入持存与否的张力性场所，本质上仍属于人机交互的既有范畴，因为脑机接口发挥作用的内在机制主要体现为机器对人脑信号的捕捉和处理、人脑对机器指令的反馈及人脑和机器之间的交互作用。但是，也存在另外一种可能，即被用来对普通民众进行控制性的统一管理。于是，离身性就代表着对技术的悲观态度，而具身性则意味着技术与人的和谐相处。

关键在于，通过一定的方式将离身性的对立实践转化为于人有益的具身性秩序。那么，就必须抛却技术是单独存在的实体的看法，毕竟没有二元论就不存在奴役与被奴役的潜在风险。另外，还需注意的是，人与机器都是具身性秩序赖以形成的异质要素，既相互依赖又相互制约，而这正是技术间性所要实现的目标，为人与机器提供一

---

① （美）唐娜·哈拉维. 赛博格和女人——自然的重塑 [M]. 陈静，译. 郑州：河南大学出版社，2016：449.

种平等的关系性场域。

本章小结

从生成本体论的分析视角看，赛博技术作为当代技术发展的新形态，表现为自然、人和技术三者耦合突现的共生结构。其中，自然的先在性呈现为物质性基底和客观规律对技术实践的先天谋划；人的延伸性主要表现为人类活动的能动性，即其生存活动对技术发展的需求性驱动；技术则以间性存在的方式与人或者自然范围内的诸异质要素建立关系。基于此可认为，自然作为先在性要素率先进入到这个结构当中；人倚重劳动与猿相揖别并从自然中凸显出来；在这个过程中技术几乎与人是同步出现的，或者说正是技术使人从自然中脱颖而出，最终形成了赛博技术的基本形态或者说是技术、人、自然三者行动中的共时性呈现结构。

在这一结构中，技术、人、自然作为赛博技术的基本要素互相作用并在很大程度上重塑了自身的形象。其中，先在的自然可以认为是赛博技术的基础，它内在地规定了技术发展的方向；人的延伸性可认为是赛博技术的表现方式，从根本上说，正是人的生存需求推动了技术进步，技术存在表现为人的生存方式的改变；技术间性可认为是赛博技术的本质，技术以非本质主义的间性存在为技术自身提供了在世存在的生存论结构。

必须认识到，对赛博技术进行结构分析的意义就在于，认识到技术表现于外的功能性效应实则是技术、人、自然三者在实践过程中的境域性生成，它们也由此在彼此塑造的过程中重新定义了自身。

第四章　生成本体论视域下赛博技术的演化逻辑

赛博技术在具体实践中实现了技术与人、自然的视界融合，勾勒出当代技术发展诸参与要素相互关联的结构特征。这表明，技术发展的外在表现形式是诸异质性要素的涌现成就，而不是由某一要素的主导性结果。生成本体论启示我们，不仅要注意到研究对象的现时性结构特征，还应注意到"技术是人类实践活动，是个动态的过程"[①]。因此，不能忽略对其生成逻辑的理论关注，本章分别从内涵逻辑、社会逻辑和后果逻辑展开论述。

第一节　赛博技术的源始性动力：内涵逻辑

在具体的实践语境中，赛博技术有其自身境域性发展的历史过程，而这根本上是由本体论层次上的源始性动力决定的。在生成本体论的观照下，赛博技术内在地蕴含一种超越了本质规定的辩证实践的新本体论，这为它自身的生成演化提供了一种内生性驱动力量。具体地可从三个方面理解：第一，赛博技术的现实实践超越了本质限定的范围，可以说正是异质性互构的关系实践赋予了其特质表达的概念范畴；第二，它的具体实践与特定的历史情境紧密相关，这决定了它是一个不可逆的历史过程，并拥有着开放性的未来面向；第三，赛博技术的历史生成决定了其发展必定是建立在一定的历史基础之上的，这表明赛博技术的历史实践具有"两面神"特征，即其实践不是无序的，而是辩证实践的有序性谋划。基于此，从赛博技术的演化特质、演化时序和演化的先决条件做出分析。

一、特质表达：异质性互构的关系实践

赛博技术的历史揭示了它是一种非本质主义的技术观，在人-技术-自然的实践结构中不存在可以主导具体实践的某一特定要素，真实存在的是诸异质性构成要素互相作用、互相制约、互相塑造的集体参与。而赛博技术的本质即技术间性预示着技术在

---

① 王树松. 论技术合理性 [D]. 东北大学，2005：52.

与其他存在物的关系中才获得其存在，即对技术的理解绝不能局限于技术本身，应以"多重视角增加关于知识的客观性"①，即增加关于赛博技术的共生性理解的客观性知识，否则，就会错失对其特质表达的捕捉和理解。接下来借助美国哲学家唐·伊德对人与技术之间的关系的现象学分析来刻画赛博技术演化的特质所指，从体现关系、解释学关系、他异关系和背景关系相互联系而又存在差异的描述中，"采取了一个范围广泛的却初步的工具现象学以显示各种人-技关系"②，而其中彰显出赛博技术在不同的域境中的特质表达。

（一）赛博技术的"体现存在"

体现关系是对人与技术之间的关联性存在的最基本、最普遍的表达，即技术的具身性存在，因而也称作具身关系。具体地说，人与技术以彼此互构的方式形成一种共生状态，人与技术处在相互关系之中，共同经验外部世界。此时，这种关系被表达为（人-技术）→世界。而所谓"体现"就是通过人与技术融为一体的途径来感知世界和理解世界，这当中蕴含了一种指向外部世界的意向性，可粗略地理解为技术对人的感觉能力的增强或者延伸。不过，与其说人对世界的感知能力来源于技术，毋宁说这种感知能力来自于人与技术共同作用的结果。

一方面，体现关系存在于人与技术的融合状态中，两者之间截然划分的界限被模糊化处理。在不存在界限的情况下，技术成为人类身体的一部分，而不是外在于技术而存在，实际地延展了人类包括眼、耳、鼻、舌等的感觉能力，技术与人类身体共同构成一个整体。换言之，技术与人的这种共生形态的存在既不能将其理解为人，也不不能将其看作是技术，而是超越人与技术各自存在的一个统一体。作为一个经验的主体，它们整体地与外部世界发生关系，形成关于外部世界的知识。伊德曾用眼镜对此做出举例说明，眼镜作为技术的一种具象化存在，它大大地延伸了人类的视觉能力，从而使人类眼睛与作为工具的眼镜融为一体；通过眼镜，人能看到自身视觉能力达不到的范围，提高了人类对观察对象的辨别水平，眼镜也就可以理解为眼睛的功能延伸。由此可以认为，技术作为一种工具与人类器官构成一个异质性的共生主体去经验世界，不同的人类器官和变化着的外部世界反向体现出技术不同的延伸能力，这正是技术特质表达的共生基础。

另一方面，在承认共生的前提下，对技术在这种关系中的存在方式可做进一步的

---

① Nietzsche F. On the Genealogy of Morals ［M］. Vintage Books，1989：119.

② （美）唐·伊德. 技术哲学引论 ［M］. 骆月明，欧阳光明，译. 上海：上海大学出版社，2017：118.

理解，技术是隐藏在身体之后的似乎不在场的存在。体现关系所揭示的共生不是外在于人类身体的，而是在经验世界的实际过程中与人类身体内在地融为一体并表现为一种不在场的呈现方式。在这种关系中，人与技术作为一个整体与外部世界构成经验者与被经验者的相互关联，但在通常的表述中，我们常将其表述为是人在经验世界，而不是技术在经验世界。其原因在于，技术在两者的共生结构中被赋予了一种"透明性"，即一种似乎不在场的呈现方式。不同于卡普的"器官投影说"对技术外在的存在方式的观点，即把技术作为一种对象性的工具去使用，而在体现关系中是意识不到工具的存在的，人的注意力都凝视在经验对象即世界上。事实上，人对世界的反映是以技术作为中介才得以顺利进行的，技术实际地与世界发生关系并体现为人类器官的感觉。也就是说，对世界认识的形成实则是技术与人共同完成的结果，技术的功能实现离不开世界，更离不开人。

基于以上认识，"具身关系是对技术的使用，在某种环境世界里，这种关系能够提高（和非中立性地改变）我们的身体感知体验"[①]。体现关系首先表现为人与技术的异质性共生主体，然后才是对外部世界的经验形成。但应注意，人与技术的共生是内在的，技术在共生结构中处于隐匿状态，是不被注意到的。但在经验对象世界时，认识结果是人与技术作为整体而实现的。也就是说，赛博技术不具有一般性本质，而是人、技术和世界共同作用的特质表达。

（二）赛博技术的"解释学存在"

解释学关系是指在人在经验世界时，以技术作为中介达到对世界的释义和文本表达，此时，技术是作为人类语言的延伸参与到世界的建构之中。在伊德看来，人对世界的经验不是直接发生的，在大多数情况下通过技术才得以完成，技术作为中介能够实现对世界的书写。由于世界中发生的事情包罗万象且极为复杂，但人对世界的感受能力又具有一定的有限性，不能为认识复杂的世界万物提供相应的条件支持，故而那种仅仅依靠人类自己来认识周遭世界无外乎是一种缺少中介的诗化想象。确切地说，在解释学关系中，技术与世界结成一个统一体，整体地与人构成意向关系，呈现为人→（技术-世界）的基本结构。其中，技术首先对世界形成了文本重构，尔后才作为一个经验对象接受来自人的意向性检视，由此，技术对世界的释义也构成了人对世界的经验内容。

技术在人与世界之间的中介作用是以对世界的技术化处理得到的文本呈现。在解

---

①　（美）唐·伊德. 技术哲学引论［M］. 骆月明，欧阳光明，译. 上海：上海大学出版社，2017：119.

释学关系中，世界作为等待人来经验的对象，并不直接形成一个认识结果呈现在人类面前，而是经过技术的重新塑造以一种异质同构的形式才能进入人的视野。也就是说，技术成为人经验世界的一个必经环节，人是认识的意向主体，技术与世界构成被认识的意向客体。要想使作为意向主体的人顺利地经验到技术与世界构成的意向客体，关键在于技术对世界的同构性呈现。现实中有很多例子可以对此进行说明。例如，汽车的仪表盘以数字显示的方式直接将驾驶距离呈现为文本，其本质是对汽车行驶里程的文本释义，人通过对数字的感知了解距离的远近。人并没有直接去丈量汽车的行驶距离，而是仪表盘代替人工达到了对驾驶距离的感知和呈现，仪表盘对驾驶距离形成一种解释学关系，是对距离的同构性表达。

问题在于，技术作为中介是否能完全获得作为意向主体的人的信任？或者说它是否是对世界的毫无矫饰的客观反映？从技术对世界形成的解释学关系出发可以知道，最终显现在作为意向主体的人面前的是技术与世界构成的统一体，而不单单是原始的、纯粹的世界。技术作为沟通人对世界的意向关系的中介实则发挥着一种透镜的作用，即人借助技术而形成对意向客体的认识。换言之，人经验到的世界是技术与世界合谋的结果，而不是世界抑或作为中介的技术。真实存在的经验对象是早已超越了技术或者世界的范畴，由两者构成的异质性意向客体。因此，人的经验结果从本质上来说也是异质性的，与体现关系所彰显的技术与人融为一体不同，解释学关系揭示的是技术与世界融为一体。这即是说，技术存在于一种关系之中，而不是作为实体毫无变化，技术与世界作为一个共生的统一体构成人的认识形成的必要条件。进一步地，技术可认为具有以共生而获得自身存在的特性，或者说技术是共生的场所，当不同的世界对象进入这种关系时，就形成技术的特质表达。

（三）赛博技术的"他异存在"

在体现关系和解释学关系中，技术要么与人构成一个统一体要么与世界融为一体，但在他异关系中，技术与人或者世界发生一定程度上的分离，成为一个准他者的存在。具体而言，他异关系指技术成为人所要直接经验的意向对象，技术相对于人来说获得了作为准他者的身份，继而等待与人发生意向性行为。在这种关系中，技术与人在现实的实践情境中都作为实践要素发生使用和被使用的关联，伊德对技术进行了"人格化"的处理，但技术在受到"人格化"处理之后获得了一部分"人性"，从而成为与人相区分的准他者，于是人直接地与作为准他者的技术产生意向联系。此时，原本是人的经验对象的世界退居到技术之后，成为显现在人的视野中的经过技术重新表征的人工自然而不是天然自然。故而人、技术和世界的他异结构呈现为人→技术-（世界）。

技术成为准他者的存在有一个关系性前提，即技术与人总是处于一定的关系之中，只有在与人的相互关系中技术才能获得作为准他者的应有之义。因为如果缺少了人的意向行为，那么，技术作为准他者就没有行动的理由，就不能显示出它是具有一定自主性的准他者的存在。目前新兴科技领域中的自动驾驶就是可以解释他异关系的一个恰切的例子。自动驾驶汽车顾名思义可以自主地、独立地完成驾驶任务，当乘坐其中时，人不必规划行驶路线，不必进行转向、刹车、开门等操作，总之不需要进行任何驾驶行为就能到达目的地。在这种情境中，人只要坐在汽车内直接与汽车沟通好目的地即可，而不用顾及包括路况、行人、天气等具体行驶环境。自动驾驶既具有一定程度上的自动驾驶功能又能按照程序规定完成驾驶任务，因而是一个准他者，而不是一个完全的他者，能够对世界进行处理又能满足人的意向要求，故而人不用直接面向世界，通过技术就能实现自己的意向行为。也就是说，技术作为准他者的存在内在地包含着人的位置，即人与技术的异质构成才是准他者的所有意指。

从他异关系的实践结果来看，人将其自身存在部分地转移到外在于自己的准他者即技术中，或者说技术代替了人的部分功能，这表明两者彼此构成对方的生存条件。具体地说，技术作为准他者获得了一部分"人性"，是人类功能对技术外化的结果。技术悲观主义者担心，技术在为人的生存提供便利时，亦将人类存在的实际边界逐步缩小，即技术代替人的手拿东西、代替人的脚走路、代替人的眼睛看东西……如此推论下去，人类的所有功能可能完全被技术替代，即技术可能获得完全意义上的"人性"，这就意味着人将与世界一般退居到技术之后。然而，在他异关系中，若人被技术完全取代，则技术作为准他者就会失去其成立的基础，因为准他者是相对于人而言的，人不存在，技术将随之不存在。概而言之，在他异关系中，人将技术作为直接的经验对象，而此时世界隐居其后，同时技术以准他者的身份与人形成他异结构，即技术以准他者的身份存在而不能脱离人而独自存在，它并不具有一般性的抽象本质而在与人的关系中完成特质表达。

（四）赛博技术的"背景存在"

背景关系指技术在人类的生活世界中以背景的形式获得存在，技术已经成为人的一种无意识的生存方式，人与世界再次形成直接的意向关系。不同于前三者，技术要么是人的经验手段，要么成为人的经验对象，要么是对世界的释义，无不以直接的方式与人或者世界建立联系，而在背景关系中，它从前台退到幕后，成为人经验世界的背景。在这里，所谓背景就是指技术完全化为人的生存环境，并且由于人的习以为常而逸离在人的视野之外从而不被人注意。比如路灯，它排列在道路两旁，在黑夜里为行人和车辆提供光亮以指引道路，但人在匆匆赶路时并不会注意到它的存在，尽管它已经充斥着城市空间。显然，路灯已经成为人行走其间的背景，与人类活动构成一种隐性的关联，不能否认它的存在，却未进入人的意识之中。

可以说，背景关系强调的是技术的隐没，即转变为人类生活的背景条件，构成人类生活新的场景。笔者认为，这是技术快速发展的必然结果，人切身地存在于一个技术的世界里，现实生活中这种场景比比皆是。以图书馆为例，馆内的设施诸如桌椅及其编号、书架、自助借书机、茶水台等构成学生在其中学习的主要活动场景，然而学生的注意力并不在此，不会特意地去观察它们，只是将之作为学习活动的辅助条件和场所，时间带来的习以为常将图书馆的设施化为单纯的技术背景。

也就是说，技术成为一种背景有一个过程，或者现阶段并不是所有的技术都构成人的生存背景。其节点在于，在特定的生活场景中，技术与人的关系性质是否发生了相应的变化：当技术作为一种工具发挥中介作用时，它与人构成一个整体或者与世界构成一个整体，换言之，技术在使用过程中处于"上手"状态，直接进入到人的视野中；而当技术已经从人的视野中撤离出来时，它就不会再引起人的注意，此时，就作为背景而进入到一种真实的不在场状态中。总之，对技术与人的关系性质的判断关键在于确定技术是否还受到人的注意，不同的判断结果将导向两种完全不同的技术世界，一种是呈现在眼前的对象技术，而另一种则是背景技术。实际上，在日常生活中存在更多的是背景技术，如地下通道、楼梯、应急照明灯、天花板、空调等都存在于目之所及的场地却又不为人所看见。

还需澄清的是，不被人看见不等于它们就不存在，毕竟它们切实地构成人所生存的技术背景，与人实际地发生联系。换言之，技术的真正实现在于进入到满足功能设计的使用状态，当人进入到背景技术所构造的场所中时，技术才能在具体和抽象的双重维度上真正获得其作为背景的特殊位置和意义。笔者想要表达的是，在背景关系中，技术即便作为背景去存在，也并未阻断与人的关系及与世界的关系，技术始终都与异质的人或者世界存在关联。

概言之，赛博技术的演化是境域性的特质表达。技术没有一以贯之的本质，而是以与异质对象的相互关系确认自身的存在。伊德对四种关系的说明对于理解技术与人、世界发生联系的不同方式提供了极具解释力的现象学思路。技术不是一个独立的存在，更不具有抽象的一般性本质。相反，技术总是与人发生关联，同时与世界也存在不可否认的内在一致性，用伊德的话说，这其实是对一个基本的和直接的环境结构的反映，是一种技术上的结构化①，因为技术总是与人发生关联，同时与世界也存在不可

---

① （美）唐·伊德. 技术哲学引论 [M]. 骆月明，欧阳光明，译. 上海：上海大学出版社，2017：120.

否认的内在一致性。相反，技术与人、世界的各异的关系存在表明技术在现实世界中的应用场景是灵活的，它是特质的存在。这不仅来源于技术与人和世界的异质共生，更来源于技术自身的巨大潜力："所有的技术都显示出模棱两可、多稳态的可能性。在结构和历史上，技术不能简化为设计功能……它的用途、功能和效果不能也常常不会减少到设计意图"①。

二、时间性生成：境域性的耦合突现

技术在现实世界的真实实践是异质地发生的，是人、技术和自然在行动中的共舞，这是技术非本质主义的特质表达。生成本体论揭示了参与行动的诸异质要素共舞的内在蕴含，即具有其内部时间而表现为不可逆性、不确定性和开放性等特点。具体地说，只有当异质的参与要素真正参与到行动中去，才能确定即将发生的具体实践，而这种实践建立在先前的不可逆的实践基础上，以开放的姿态塑造境域性的耦合突现。就赛博技术而言，其演化同样建立在一定的行动语境中，有其历史演化的内部时间特性，即具体表现为赛博技术是一个不可逆的、不确定的、开放的生成过程。接下来对此做详细分析。

（一）不可逆性的历史过程

在现代性的理论背景下，技术被作为一种普适性的工具广泛应用于现实领域的各个方面，随之出现的是巨量物质财富的增加和人类生活方式的改变。技术充斥着生活世界的方方面面，短时间内发生的颠覆性变化使人们认识到技术的效益能量，也使人类前进的前途似乎被局限在技术规定的单一环境中，技术治理和专家治国使技术风险日益暴露出来。于是，理论家们开始对技术与人、自然及社会的关系进行反思，思考技术在人类生活中的角色扮演，提出了技术政治论、技术自主论、技术价值论、第四王国理论等不同的技术观点。但在芬伯格看来，以上不同的理论表达基本可划分为技术工具论和技术实体论，这在前文已有涉及，在此不再赘述。虽然它们各有合理之处，但归根结底属于本质主义的技术观点，芬伯格则通过对它们的批判揭示出技术具有历史性特征，并非具有不变的本质而贯穿始终。

技术现实地与人的存在和发展存在着不可割舍的联系，技术的命运与人类的命运息息相关。随着技术的进步，技术带来的负面影响日渐突出，尤其是它可能取代人类成为世界新的主宰。面对这种情况，基本形成两种截然相反的倾向：一是抛弃技术，回到技术产生之前的世界；二是拥抱技术，使技术保持现有态势。毫无疑问，前

---

① Ihde D. Bodies in Technology [M]. Minneapolis：University of Minnesota Press，2001：106.

者是基于技术对人类生存造成的实际伤害做出的反应，而后者则更着眼于技术对生活世界的改造和升级。毋庸置疑，这两种不同的态度都是基于事实的判断，分歧点主要集中在如何处理技术与人之间的冲突。但问题在于，人真地可以抛弃技术回到过去吗？这个问题实际上是在问，技术的发展是否属于可逆的过程。对这个问题的不同回答在更深层次上体现着不同的技术观。

海德格尔主张，面对技术对人类生存和自然存在造成的破坏，人应退回到没有技术的自然世界，以实现"诗意地栖居"。在海德格尔对现代技术的批判中，技术被定位为一种座架，是对人的促逼和强使。它造成的结果是，使人沉沦并进入到一个图像世界里。但是，图像世界是与人相分离的，是异己的存在者，人被剥夺了原本存在的生活之多种可能性。为了使人从技术的奴役中被拯救出来，海德格尔提出了一个可以"诗意地栖居"的世界，即诗般的建筑让我们安居，"诗，作为对安居之度本真的测度，是建筑的原始形式。诗首先让人的安居进入它的本质"①。身处其中，人以其本真存在向世界敞开自身，此时人与生活世界融为一体，是天地神人共在一处的具有四重性的终有死者，在真实的体验中生发出无限的生存可能性。其间存在的区别是，技术的奴役消失了，人的生存意义得以重新寻回。这正是海德格尔对现代技术进行批判之后抛弃技术而想要实现的理想世界。

不过，在芬伯格看来，人未必能回到过去而实现与自然的诗意栖居，相反，人只能"前进到自然"。这是两种不同的与自然相处的方式：海德格尔主张抛弃技术，退回到自然；而芬伯格主张在技术的前进过程中与自然建立联系。芬伯格首先对海德格尔的技术批判进行了深刻反思，认为其实质是将技术看作一种本质存在，继而游离在生活世界之外，与自然、人的相互关系只有在主客二分的语境下才能得到解释。尽管将技术作为一种独立存在能够释放其之于现代性发展的巨大潜力，但技术与人、自然在根本上的对立早已决定了这种技术方式不是永续发展的方式。另外，为了回到过去，对技术的理解也必定是本质主义的，只有本质主义的技术是与异质的人、自然相分离的，这是一种本质主义的自由。但是，抛弃技术就意味着不仅抛弃了技术的负面影响，还抛弃了技术之于人类生存的裨益。为此，芬伯格在抛弃技术和任其发展之间提出了一种调和的方式，即将自然作为技术发展的目标，而不是将两者对立起来。换句话说，自然应成为技术的内在构成，技术与自然达成统一。

实际上，芬伯格通过这种方式达到了对技术本质主义的反叛，使技术与自然、人以共生的方式建立联系。在这种情况下，技术站在了非本质主义的立场，在技术发展

① （德）马丁·海德格尔. 人，诗意地栖居：海德格尔语要 ［M］. 郜元宝，译. 上海：上海远东出版社，2004：95.

的逻辑中融入了自然和人的要素，即技术有其异质的内在规定，这种规定使技术时刻受到来自自然和技术的关系性限制，因而不能对它进行任意地抛弃或者实现其独自发展。也就是说，海德格尔那种回到前技术时期的思路并不能获得来自技术共生状态的支持，即技术与自然和人以内在的统一性共同发展，故而是不可逆的历史过程。

（二）不确定性的历史过程

技术的现实实践总是处于一定的境域之中，因而总是与相应的环境要素依据场所的不同情况建立偶然性的联系，这给技术的最终呈现带来了巨大的不确定性。在芬伯格对技术的批判性考察中，他重点分析了技术与周遭的环境要素的互动情况，认为技术的实践效果不是技术本身单独决定的，而是一种和其他对象相互作用的不确定性表达。芬伯格并非技术本质论的拥趸，但在技术本质主义的社会批判理论中同样在某种程度上显示出对不确定性的关注。

德国存在主义哲学家卡尔·雅斯贝斯把技术看作是一种中立性的工具，而具体的使用情境将技术的善恶性质带到了不确定性的领域中。战争让雅斯贝斯意识到，机器与机器之间的争斗正在代替人与人之间的争斗，不仅如此，技术还对人的日常生活及思想状况产生了巨大影响，人的各项活动日渐受到"技术性的群体秩序"[1]的规范性指引。技术的进步使社会生产力实现了跨越式发展，为人类生活提供了必要的物质基础并成功塑造了人的新生存方式，可以说，技术之于人的当下存在具有基础性的支撑作用。雅斯贝斯肯定了技术对提升人类生存品质的正向作用，但同时指出：技术以如此的方式导致人与其过去的世界产生了断裂，在连续性的历史失忆中迷失了前进的方向，人何以为人的历史规定性被技术吞没，人最终成为自身选择的牺牲品。这直接体现为两点：第一点是个体层面上，人趋同于"群众人"的存在方式。技术规划了人的一切，使人直接的现实生活中不再有任何来自基于个人的设计和制造，技术占有了原本属于人的私人领地，造成了人的精神空虚。第二点是日常生活层面上，人被降格为一种为维持整体而起作用的功能。人被限制在脱离现实生活情境的群体秩序中并以机器的方式履行自己的职责，个体行为完全沦为巨大的生活机器的附属品，其间的冲突日益尖锐。雅斯贝斯认为，造成如此局面的根源不能简单地归于技术，技术本身是一种合乎人目的的具有中立性质的工具，"技术只是手段，其本身并无善恶之分"[2]：技术化的生存环境日益取代周围世界时，人类随之远离原始的自然，例如即时通信对鸿雁

---

① （德）卡尔·雅斯贝斯. 时代的精神状况 [M]. 王德峰，译. 上海：上海译文出版社，2019：14，15.

② （德）卡尔·雅斯贝斯. 历史的起源和目标 [M]. 李夏菲，译. 桂林：漓江出版社，2019：168.

传书的更替；新的技术手段发现新的世界时，人类则亲近自然，例如电子显微镜下对微生物的观察。另外，对技术实际影响的错误估计同样会使对技术的态度产生两极分化：在满足特定目的的需求驱动下，技术在设计之初纯粹出于服务于人的价值选择，在实际的技术实践中也确实如所期待地将人从繁重的劳动中解放出来；但由于对技术限度估计得不足，没有对技术内在的某种强使和促逼的东西予以必要的观照，从而使人在机器的轰鸣声中随着物质利益的极大丰富而逐渐物化，技术于是显现出与人类愿望背道而驰的一面，在扩张的过程中使人类从自己的生存家园中退却出去。

这里人与技术的关系发生了一次反转，技术原本作为人类实现目的的手段却转身使人成为技术机器运行的一个部件。进一步地，雅斯贝斯宣称技术只是一种价值中立的工具手段，是善是恶取决于人类如何制造，如何使用及具体的使用条件。因此，雅斯贝斯认为技术悲观主义者的担忧是没有充分的理由的，技术不会造成人类命运的萎靡不振，更不可能取代人类，"我们人性的意识永远会这么说：这在整体上是不可能的"①。从这一点看，雅斯贝斯把技术作为中性的工具来看待，其实是将技术置于独立性之下的必然结论。但就技术的使用情况而言，雅斯贝斯已然看到了技术评价不单单取决于技术本身的事实，更多地取决于与之耦合的具体条件。在笔者看来，雅斯贝斯实则将技术推向了不确定性的场所，技术的善恶选择实际上受到具体使用条件的制约。

（三）开放性的历史过程

在赛博技术的历史性生成过程中，技术的具体存在方式是可变的，具有发展的多种可能性。在赛博技术的生成论结构中，技术更根本地是一种间性存在，其发展并非是自我决定的，而是与具体情境中关系的偶然性表达紧密相关。换言之，在赛博技术的构成性理解中，技术不具有必然的前途和命运，而是以一种开放的姿态建构自己同自然及人的关系性存在。

在对发达工业社会反思中，马尔库塞认为，技术合理性已经蔓延到生活的方方面面，人与社会都变成单向度的存在，人类的所有合理性活动均以技术进步作为判别标准和选择导向。由于技术化和机械化的进程不断加速，整个社会随之得到制度上的强化和秩序性的加强，在资本主义的运作方式下人们开始习惯于这种新秩序带来的生活上的安排。但马尔库塞也看到了其中存在的矛盾，技术对现实的广泛渗透使生活于其中的人陷入一种来自技术的限制，或者说，尽管技术在某些方面给人们带来了自由的体验，但自由中内在地蕴含着辩证法的精神，即不自由以技术的方式重新从技术合理

---

① （德）卡尔·雅斯贝斯. 历史的起源和目标［M］. 李夏菲，译. 桂林：漓江出版社，2019：169.

性中生发出来，并通过社会文化体系对人的个体性引致冲突。总之，马尔库塞看到了技术功能与社会功能在实践领域的聚合，技术之于人类的具象生活是一种"两面神"的存在，其中技术规定与社会规定共同构成技术合理性的蕴含。也就是说，技术的发展内在地受到社会现实需要的指引，技术不是脱离了具体社会情境的独立存在，不是本质性的工具手段，而是可改变的。

马尔库塞对技术与其社会情境之间关系的论述受到了芬伯格的重视，后者在批判吸收的前提下进行了更为彻底的分析。芬柏格指出，马尔库塞对技术合理性的见解实际上是在技术实体理论的基础上接合而来的，故而"到最后总是主张科学与技术的中立性、有效性和工具效能"[①]。在此基础上，芬伯格将之称为对技术的误识："有偏见的系统是逐步从去除了情境的要素中建立起来的，这些去除了情境的要素在它们的抽象形式中实际上是中立性的……但实际上这些抽象的技术要素是在负载价值的组合中结合成一体的"[②]。其原因在于，马尔库塞未能明确地解开隐藏其后的技术密码，依然受困于传统的实体论理解的束缚。

芬伯格的技术代码概念对此做出了直接的回答，指出技术发展是可选择的。不过，技术代码概念的确切含义在前文已有所梳理，在此不再赘述。这里主要从两方面对可选择的技术进行阐释：一方面，技术代码包含了不同类型的代码要素，为技术选择建立了基本规则。例如，对技术的效率选择是一种合法性技术代码，但绝不限于效率，还存在其他诸多代码可供选择。另一方面，技术代码在单向度的人所处其中的社会具有本体论意义。在这样的社会中，技术功能和社会功能构成一个整体，即技术与社会及出于其中的人是作为一个整体性的组织而得以存在和发展的，故而技术与社会及其个体组成部分是以调和的方式决定整体的方向的，关键在于如何实现技术规定与社会规定的结合方式。这即是说，芬伯格以一种超越技术实体论的方式将技术纳入到整体性的理解中，并在本体论上予以确认，这在侧面说明了"目标发生改变，技术设计也会改变，所取得的进展看起来也是不同的"[③]。换言之，技术不是以实体的形式线性发展的，而是在整体性的调和中实施开放性的历史过程。

三、有序性谋划：过程性的路径依赖

在对技术的历史维向的考察中，技术脱离了对自身的本质主义的理解，从而将自

① （美）安德鲁·芬伯格. 技术批判理论［M］. 韩连庆，曹观法，译. 北京：北京大学出版社，2005：88.

② （美）安德鲁·芬伯格. 技术批判理论［M］. 韩连庆，曹观法，译. 北京：北京大学出版社，2005：99.

③ 曾点，高璐. 技术哲学在STS中的遗产——与芬伯格对谈［J］. 自然辩证法通讯，2020，42（03）：115.

己置于一种变化的情境中。虽然这种变化着的情境给技术的具体演化带来了不少偶然性的启发，但它内在地为自己规划了一条向前发展的秩序性道路。更明确地说，技术的发展总是在既有的发展成果基础上确定未来的进步方向，即以一种有序性谋划的方式积累起属于自己的历史。有序性谋划所彰显的对技术发展过程的关注，是对异质的行动者如何构建历史的反思，拉图尔的行动者理论对此有很好的解释力。

（一）行动者与广义对称性原则

拉图尔认识到基于主客二分法的行动指向的是一种脱离了真实语境的抽象客观性，他要做的就是对此提出批判。在对实验室生活的田野调查与分析中，拉图尔发现研究者与研究对象不是简单的发现与被发现的关系，而是在具体的研究过程中产生一种彼此相互依赖的纠缠状态，而最终的结果也不是如所宣称的那样是对对象的如实反映。透过理论与事实之间的不一致的表象，拉图尔看到了更深层次的矛盾所在，认为基于传统的主客二分思维方式的框架所进行的任何对象性考察所得出的结果并不具有客观性的效力而只是一种抽象的客观性，它未能对人与物之间的超越主客二分关系的互动性予以必要关注，或者说真实存在的是人与物所构成的关系性存在，这是一种混合体，是异质性要素的联结。在这种背景下，拉图尔首先确立了广义对称性原则，继而提出了在真实的实践过程中的行动者的概念，并对行动者的实际表现进行了基于广义对称性的原则性规定。

真实的实践中，存在的不是主体，也不是客体，而是"拟客体"。法国学者米歇尔·塞尔认为，在复杂的世界中，事物的存在并不是以一种清晰的界限彼此得到相互界定，那种以主体与客体为标志的独立性的实体只存在于概念的区分中，真正存在的是介乎两者之间的中间王国，是穿越于时间与空间的阻隔而使不相干的事物联系起来的间性存在。[①] 换言之，在塞尔斯所言说的主客体消融于拟客体的话语体系中，可以认为真正参与到实践活动中的既不是人的要素，也不是物的要素，而是人与物的结合体。例如，在书写行为中，人拿着笔才能在纸上画出字符，参与到字符的建构活动的不只是人的手，还有笔，如果以为字符的呈现仅仅由人或者仅仅取决于笔，那么，就没能真正把握住书写行为的真实性和客观性。可以说，作为处于中间地带的拟客体，兼具主体与客体的不同特质，它比主体有更多的自然性，比客体有独特的社会属性，是自然与社会的混合体，这里更为强调的便是对"物"的不同理解。拟客体意味着在主客二分前提下在对研究对象考察的同时受到来自自然和社会的双重影响，因此不具有反映论视野下的一般本质，而是以两者超越个体对立的混合体作为实践的行动者，即拟

---

①　Michel Serres. The Parasite [M]. Baltimore：the Johns Hopkins University Press，1982：224.

客体是在科学事实建构中实际存在的行动者。

　　但是，拉图尔用拟客体来解释其行动者的概念蕴含，实际上是基于他在与布鲁尔的论争中所建立的广义对称性原则。作为社会建构论的典型代表，布鲁尔从自然与社会两方面提出其科学研究的强纲领方法，主张应以经验研究对科学事实的建构做出解释；然而，他对社会因素的过度强调以致社会成了决定科学建构的决定性资源，这使其从自然一极滑向了社会一极从而走向了自己批判的反面，从本质上说仍与实在论对自然的强调一致，即是一种关于科学事实建构的本质主义论断。拉图尔对布鲁尔强纲领方法的批判与其说是对社会经验解释的拒绝，不如说是反本质主义的根本性变革：他对自然和社会的两极分化做出了居中调和的再解释，认为两者共同构成了参与社会建构的行动者，对它们的解释不应是回溯式的分析，而应是在进行的科学中尝试勾勒出其真实的建构过程。在与布鲁尔论战的背景下，拉图尔提出了广义对称性原则，即赋予了自然和社会在科学事实建构中以平等的身份，即都是作为异质性要素参与进科学事实的建构中，对它们应该付诸对称性的考察，但并未否认自然和社会之间存在的表象的差异。其实，广义对称性原则从根本上颠覆了传统形而上学对主客关系的固有认知，为行动者网络理论提供了认识论上的支持，所谓"广义"在这种层面上也就得到了合理性解释，即对称性的考察不仅局限于自然与社会之间，更广泛存在于一切具有类似关系（比如人与物关系）的反思中。从根本上说，拉图尔想要向我们传达的是这样一种主张：应该摒弃那种对科学事实进行本质主义解释的极端选择，在承认物也具有同人那样的能动性的基础上，应该把它们看作一个整体而发挥作用，即以混合性的拟客体作为科学事实建构中的行动者来看待它们。

（二）网络与义务通道点

　　"拉图尔强调在人类活动和非人类活动的领域中，各种异质力量（多重行动本体）之间不断地生成、消退、转译和变化。"① 正是由于异质力量在实践中的生成与转化，行动者的网络才得以构建；与之相关，新的网络的构建和扩展必然以既成网络为基础，即是说旧的网络对于新的网络的进一步扩张来说是起点般的存在。相应地，接下来从"网络"和"义务通道点"对此展开论述，其中，"时空的折叠"展示了网络构建的动态扩张，而"义务通道点"作为网络中的节点为新旧网络的现实性连接规定了行动者的有序性谋划。

　　行动者网络不是一个固定不变的技术意义上的结构性实体，而是不断变化着的概

---

① 钟晓林，洪晓楠. 拉图尔论"非现代性"的人与自然［J］. 自然辩证法通讯，2019，41（06）：100.

念意义上的网络，具有抽象的意指性质。在人们的固有认知中，网络作为一个有规定边界的既成的存在而得到对待，但拉图尔认为应该摒弃对网络自身的僵化的理解方式，特别是网络与异质的行动者联结起来并被看作一个整体性存在时更是如此。行动者意味着变化和生成，当行动者作为一个前置词被置于网络之前时，它就得到了来自行动者的物之能动性和人之能动性的双重驱动，从而成为一个进行中的网络，一个动态变化着的网络。换言之，网络是一个过程性的东西，具有其自身的"事件"特征。

实际上，拉图尔的这种对网络的动态理解受到怀特海过程哲学的影响。作为过程哲学的代表人物，怀特海开辟出了一条不同于自然科学意义上的那种对实在的理解方式，将实在从固定的概念中解放出来，进而将其带入到流变着的世界中。在怀特海的哲学中，自然不被认为是一种毫无生机的实在，而是处在"事件""转化"和"过程"之中，总之它被解释为一个绝对无外的东西，因为万物通过摄入机制实现了自然的自我更新，它指向未来的一切潜能。从这个意义上可以说，过程缔造了实在经验性质的生命，实在涵盖了人类的一切经验并以超越时间和空间的方式彼此关联。实际上，这是一种与传统形而上学相区分的过程论的形而上学，它看到了实在普遍存在的经验性质，传统中对主体与客体、自然和文化等的二分法在流变的自然构造中被消解。这启发了拉图尔运用对称性人类学对实验室中的科学家、仪器等对科学事实进行建构所起的作用的重新理解，即所谓的自然科学及对自然的客观性认识是不成立的，真实的科学是人类要素和非人类要素的对称性共谋的结果。

更为重要的是，怀特海的过程思想在行动者网络中转化为"时空的折叠"。网络在实际的形成过程中是基于行动者来展开的。首先，行动者是能动性的综合体。行动者不是单一的人或者物以主客体相区分的方式展开自身，而是以一个整体即拟客体的身份在人与物的互构中展开行动，进行能流、物流、信息流的交换和转化。在这里，人的能动性自不待言，而物也被赋予了一种在行动中的能动性，正是这异质的能动性的综合成为网络建造的动力来源。在此基础上，网络的建造实际上是人与物的结合。这揭示的是在人与物之能动性力量的支配下所形成的网络的稳定性联结，这种联结发生在一定时间和空间的特定范围内，因而亦可以将网络视为对时间和空间的动态塑造，这就是行动者网络的伸延所造就的"时空的折叠"，由此，网络的时间向度和空间向度被揭示出来。

问题在于，如何认识或者说把握行动者网络的时空变化呢？对这个问题换个表达方式就是，"时空的折叠"是通过什么实现的呢？拉图尔提出"义务通道点"的概念作为立足点来体察其间的关联。"'义务通道点'就是任何一个学科领域内部必须经过或借助的一些网络的节点，换言之，经过或者借助这个节点是特定学科领域的网络构建和扩展的必尽的义务。"①换言之，这种义务性的节点就成为学科内部绕不过去的必经通道，成为行动者网络的有序性谋划的一个具有决定性意义的证据。例如，在技术哲学中拉普的"器官投影说"就是一个极为经典的义务通道点，凡是研究技术特别是人与技术的关系，就必然会触及这一经典论断。但是，需要指出的是，这种有序性的体现是在抽象的逻辑意义上来言说的，而不是在具体的物质意义上的表达，故而这并不与时间性的生成相冲突，因为两者在概念上保持一致。

（三）传义者与转义者

如上所述，义务通道点逻辑地规定了学科内部的发展秩序，那么在某种程度上通过确定义务通道点来谋划未来的前进方向，这对于理解赛博技术的生成密码极有借鉴意义。接下来从转义者与传义者的区别入手来说明秩序性谋划的关节所在。

对转义者应该在主体与客体的区分语境中去理解。对于现代人来说，他们并不否认拟客体的存在，只是在对它的描述方式中得到了一种实际上的抑制作用：拟客体是作为传义者存在而不是以转义者的身份得到恰切的描述。其间的区别在于，传义者将拟客体中人与物的联系隔离开来，对它们进行纯化处理，即客体的属于客体、主体的属于主体，从而断绝了它们之间的相关性。对此，拉图尔曾直言："一个传义者——虽然是必要的——仅仅是从现代制度的一极向外传送、转移、传输能量。它本身却是空洞的，不具有可信性，多多少少也有些晦涩不清。"②如果将传义者应用到对空气泵的解释的话，就不会有任何关乎根本的变化，因为它不触及任何经验上的实质改变，只存在两种本质主义的选择：或者将之置于充满永恒存在者的自然之缸中，抑或将之置于涌动着世界之动力的社会之缸中。除此之外，没有第三世界的任何存在空间。在这种情况下，"它们仅仅是传送、转移、传输自然和社会这两种唯一真实的存在者所蕴含的力量。可以肯定的是，就算是这种传送工作，它们也做得非常糟糕，它们并不可靠，或者说蠢不可及。"③不过，正是其本身所处的地位内在决定的结果，只是服从于来自现代性所倚重的主客体区分的影响力，它们尽管也以某种方式相互联系，但这并不是出于它们自己的目的，甚至可以说它们只是屈从的"婢女"，如此而已。

与之相对，转义者在出于主体与客体之外的第三世界获得其独特的生命。之所以说它独特，是因为它将主体与客体、人类与非人类的区分抛在身后，反而以万物融合

---

① 邢冬梅. 实践的科学与客观性回归 [M]. 科学出版社，2008：107，108.
② （法）布鲁诺·拉图尔. 我们从未现代过——对称性人类学文集 [M]. 刘鹏，安涅思，译. 苏州：苏州大学出版社，2010：88，89.
③ （法）布鲁诺·拉图尔. 我们从未现代过——对称性人类学文集 [M]. 刘鹏，安涅思，译. 苏州：苏州大学出版社，2010：92.

于边界的杂合体的身份出现在世人面前。"而转义者则是一个具有原创性的事件，它创造了它所转译的东西，同时也创造了实体并在实体之上实现了其转义者的角色。"[1] 显然，转义者不再采取那种传义者对现实中的杂合体的做法，即将之解释为两种纯形式的混合体，并对之进行三个方面的处理：纯化、分离和重新混合。但是，这种方法除了增加了诸多被动的传义者，并没有发挥任何属于自然或者社会的自身能量。而转义者则不如此，它并不对主体或者客体这样的纯形式赋予任何解释，反之以拟客体和转义的实践为中心展开自身，即是说"它们成为了某种行动者，并被赋予了转译其所传输之物的能力，赋予了重新界定之、展现之或背叛之的能力"[2]。换言之，相对于传义者游走在自然或者社会的某一极的纯化处理而言，转义者从第三世界的中间地带出发将原本属于它们的能动性还给由于现代性的划分而失去了自身力量的传义者，于是，本质性的自然或者社会抑或人与物等独立存在的本质的东西都被转译为事件，人和物同时拥有了其存在的历史。

其间的区别显而易见：传义者是经过纯化处理的存在，将人与物进行了主客体意义上的划分；转义者则具有本体论意义上的颠覆性质，它在中间地带把人与物理解为整体性的杂合体。传义者到转义者的衍变路径在于，赋予人与物同等的身份，充分发挥它们各自的能动性力量。换言之，转义者向我们揭示的是义务通道点，是后天性质的制造，而不是预设好了的宿命，即是说转义者无所谓主体与客体在相互隔离之前提下的混合，而依据传义者自身力量的发挥而生成其结果。就赛博技术而言，其有序性谋划并非指的是主体与客体意义上的能为，而是一种生成的有序性，其谋划完全是人类力量与非人类力量作为拟客体的自主性谋划。

第二节　赛博技术的经验性推力：社会逻辑

如果说赛博技术在本体论层面上的源始性动力是一种内生性的驱动机制，那么，这种内生性的驱动机制必然要在外在的经验层面上展开自身。也就是说，对赛博技术的非本质主义立场进行本体论层面上的确认之后，赛博技术就在社会领域中超脱于一般的制约从而获得其经验意义上的生命，并呈现为与异质的他者的关系性成就。根据局部视角的启发，可从技术、资本和权力三个角度展示它是所从来的发展理

① （法）布鲁诺·拉图尔. 我们从未现代过——对称性人类学文集［M］. 刘鹏，安涅思，译. 苏州：苏州大学出版社，2010：89.
② （法）布鲁诺·拉图尔. 我们从未现代过——对称性人类学文集［M］. 刘鹏，安涅思，译. 苏州：苏州大学出版社，2010：93.

路，这里将之概括为赛博技术演化的社会逻辑。

一、技术角度：自然与人类需求相结合的涌现成就

就技术本身来说，其发展受到自然的内在限定及人之需求的共同作用，这投射到技术上就具体地表现为技术进化的内在逻辑。要认识和把握这种技术发展的内在逻辑，阿瑟的技术思想能够为此提供恰切的理论分析。阿瑟认为技术与生物进化具有某种类似性，从系统角度对技术的发生、进化过程及进化机制的复杂性予以阐释，认为技术的发生是社会性需求与自然现象接合的结果，技术域的否定之否定的螺旋上升构成其历史进化的过程性表达，其背后的机制则表现为通过对现存技术的组合产生新技术的方式得以实现。

（一）技术的发生：现象与需求的接合

阿瑟对技术的定义显示出一种递进的层次，以此来展开对技术结构的探讨。技术在单数意义上指单个的技术。在这个意义上，技术被看作是一种实现人的目标的工具手段，这也是大多情况下人们对技术的理解。此时，技术可能是一种具体的装置，比如蒸汽机，也可能是抽象性质的方法或过程，作为新的概念产生并经过优化内部构件得到发展。技术在复数意义上指技术体。所谓技术体就是技术和实践构成的工具箱，比如电子，通常围绕一些现象和元器件得到建构和发展。技术在总体意义上指"机械艺术的集合"，即指装置和工程始建与特定的文化共同构成的总体性技术。这种技术已经超出了技术本身的限定，比如说"技术构成人类生活的存在方式"时，它就成为一种整体意义上的技术。这正如美国作家凯文·凯利所说的技术元素，把技术硬件及与之相关的具有科技属性的智能造物都视为技术，这种广义的技术也是阿瑟重点论述的对象，但阿瑟还是从单个的技术入手来阐明技术的发生。

阿瑟认为，技术作为人类生存的背景，在技术发生学的意义上，技术的产生至少包含两方面的原因：一是来自自然，一是来自人类社会。就自然而言，技术的灵感产生于对现实世界中现象的捕捉和利用，自然是技术产生的内在基石；就人类社会而言，现实生存所激发出的迫切需求构成技术发明的目的。自然的原因和社会的原因构成一个完整的发明链条：人类社会的现实需求为技术发明提出了可供参照的目的，而自然中的现象则为满足需求贡献了灵感，两者相辅相成，共同构成技术进步的双重支撑。相应地技术发明就具有两种模式①：一种是源于目的或者需求；一种源于现象或者

---

① （美）布莱恩·阿瑟. 技术的本质［M］. 曹东溟，王健，译. 杭州：浙江人民出版社，2018：123.

效应。但它们都指向技术赖以产生的原理，只有将原理转化为现实中的部件才可以说技术被成功发明，如此这般，原理就成为技术发明的关键。

需求的产生是原理应用的一大动力。"需求刺激发明活动的信念不断地用来说明大部分的技术活动。"① 阿瑟认为，需求不是来自外部刺激，更不是凭空产生的，而是源于技术自身。因为一项处于应用中的技术，例如一架飞机，它在实际运行过程中总会暴露出一些问题，于是这些问题就成为详尽描述的改进需求。此时，要做的就是寻找一个概念，即如何迎合需求并解决问题的理念，同时将其物化为可资使用的工具手段。而关于原理的来源，同样不是凭空产生的，而是从既有的设备、方法、功能或理论之中"挪用"，从而找到适用于问题解决的原理。

与需求相对，发明链条的另一端是现象，对现象的捕捉和使用是技术发明的又一起源。阿瑟认为，不管是简单的技术还是复杂的技术，它们都与一种或几种现象密切相关。而原理就是为了实现技术发明的目的而对现象进行利用的理念，它普遍存在于人类及其实践世界。在现实实践中，人类捕捉到具有潜在利用价值的现象，然后驯服之，然后将其应用在技术中。在这个意义上，技术就是对现象为着特定目的而进行的再组织活动，现象的组合促成了技术的发生，或者说使技术成其为技术的东西，离不开那种从现象中挖掘出来的原理或者效应，因为现象中包含着技术赖以发生的"基因"，同时在时间的流逝中由于组合方式的不同总是会发生一定的变化。需要注意的是，"所有发明都是目的与完成目的的原理之间的连接，并且所有发明都必须将原理转化成工作原件。"② 也就是说，现象中的基因并不能直接地发展出技术，而要转译为技术的元素，即经过原理的环节才能真正地得到利用。

综上可知，技术的发明是对需求与现象的原理交汇点的实体转换。若对此原理的来源加以区分的话，就会发现其中存在的异质性共生特质：在发明链条的需求一端，它指的是如何实现技术改进的方法或效应；而在发明链条的另一端，它是更为源始的、并与目的相契合的自然界的规律。如此说来，现象对于技术发明是更为根本的存在，而人类需求则为对现象的捕捉和利用提供了一个契机。

（二）技术的进化模式：域定与重新域定的辩证过程

从以上论述可知，技术的发生有两方面的原因：需求（目的）和现象（效应）。正是在对现象簇的共享及它们共同的需求的刺激下，单个的技术开始向整体性的技术

---

① （美）乔治·巴萨拉. 技术发展简史［M］. 周光发，译. 上海：复旦大学出版社，2000：6.
② （美）布莱恩·阿瑟. 技术的本质［M］. 曹东溟，王健，译. 杭州：浙江人民出版社，2018：144.

逐渐演变，进而呈现为一个技术聚集的过程。其结果是，围绕两者共同的核心原理形成技术集群或者叫技术体，阿瑟将其称为域。在这里，域成为一个关键概念，技术的进化可解释为一个域定与重新域定的自我否定过程。

什么是域定和重新域定？阿瑟认为，在工程设计领域，出于构建某个实体装置的目的，就需要选择一些具备构造潜能的组件并确定一个具备目标适用性的域，该过程就是"域定"，其形成有两种途径，或者以核心技术为基础逐渐发展起来，或者以一种崭新的方式从现象簇中生发出来。但是，域定作为一个过程具有历史变动性，会随着具体目标的变化而发生相应的变化，即域定会在既有选择条件下优化选择的组件，把其中的一些废组件从中去掉，同时添加一些新组件，以达到更高的水准和要求。换言之，域定是一个带有内在不稳定性的过程，随之发生的就是"重新域定"。其实，重新域定是对之前域定的局部否定和重新组建，是以一套差异性的内容重新表达目的的再选择。也就是说，重新域定为目的的实现提供了一种更为有效的可选方案，拓展了目的的可实现空间。

在域定到重新域定的转变中，决定技术进步的紧要之处在于这当中发生的那些具体的变化，这主要与技术的两种发展机制有关：内部替换和结构深化。内部替换是指把既定的技术域中已不适应进步要求的落后部件替换为更为合适的部件；而结构深化是指在既定的技术域暂时不存在明显的可替换部件时，寻找性能更为优良的部件或者材料，抑或加入新部件。两者的共同之处在于都是为了达到优化目的，而后者相对于前者更进一步，即后者在实际达到的效果方面更具有精细化的特征。但是，在重新域定的过程中，都是根据实际情况选择更为恰当的方案去优化内部设计，最终实现技术的迭代升级。

两者实施的显著效果就是技术的复杂化呈现。具体而言，内部替换可从两个方面进行努力：一是硬件方面，即通过寻找新的材料、部件替换目标对象；二是软件方面，改进设计方案，优化内部结构。需要注意的是，硬件的与软件的替换即便是局部性的调整，但与之相关的其他组件也需进行适应性改变。如果说内部替换是从内部来解释技术复杂化，那么，结构深化更与来自于外部的改善相关。因为一项技术的良好运行不仅需要内部构件的支持，还需要有应对外部环境变化的能力。于是，技术域为了突破既有局限，就会不断加入次级系统或者次级模块，以优化主集成的性能，提高技术的应激水平，增强其安全性和可靠性。不过，重新域定的过程并非毫无阻碍，因为技术域经过内部和外部的优化操作后，凭借其更为优良的实际表现很可能出现技术的"硬壳化"，即当现实不再需要这种技术域时，它仍会存留，发生一种"迟滞现象"。究其原因，无外乎新原理与旧原理之间跨度太大，以致改变所要求的根本性变革将会受到巨大阻力。这与库恩对科学范式的周期性转换十分相似①，新的技术域作为一种"反常"的存在，也会有其生命的周期性运转，阿瑟将之划分为四个前后相继的时期：诞生、青春期、成熟期和晚年。这种划分的拟人化的表达很可能受到达尔文进化论的影响。

（三）技术的进化机制：组合进化

阿瑟认为，总体意义上的技术由单个的技术组成②，后者有其内在的共享逻辑。从实体方面看，技术以一定的物理设备作为载体呈现出来，这属于技术的"硬件"；从概念方面来看，技术是包括方法或者过程等的操作，这属于技术的"软件"。因此，当我们谈论技术时，实际上是在实体和概念之间轮转，这有益于在"概念层面上对技术进行拉近和推远景深的探究"。于是，可以发现总体的技术有一种解剖学意义上的结构特征，所谓结构即是指它由单个的部件构成。只要发现一个中心概念或者原理，就能发现围绕其建立起来的更多结构，即技术结构包含一个实现目的的主集成及支撑它的次集成。

这意味着，在实体的物理部件呈现中，一项技术包括主要的组合体及围绕它的其他组合体，这就是技术的模块化。那么，模块化的理由该如何理解？一是可以灵活应对未知的变动需要，实现技术的重新配置，比如为了更好的性能而后期再组装的电脑；二是更为有效地适应技术改进需要，简化设计过程，比如电视机从电子管到晶体管再到集成电路的演变，展示的就是器件的模块变化。它们的共同之处在于对技术的功能性分组，为实现不同的组织方式创造条件。

如果说模块化指的是技术的内部形成，那么在模块化的基础上，技术进步实现的是对模块的层级分布处理，是一个递归性的过程。一方面，技术有其层级属性。单一零件是最为基础的部分，依次构成支撑模块、主要模块直到整体的技术，用类似于一个树形结构的形式呈现出来。另一方面，技术具有递归性特征。递归是一个自然科学领域的概念，指的是结构内在地包含自相似的组件，这里自相似应理解为技术构件包含着次一级的技术构件，以嵌合的形式直到最底层的构件，而不是指同层级的技术构件在大小意义上的包含关系。

模块化和递归性构成技术不断进化的表象，从不同角度揭示出技术实际上是一个系统演化过程，在现实世界中具有可重构的巨大潜力。但是，技术更为基础也更为原

① （美）布莱恩·阿瑟. 技术的本质［M］. 曹东溟，王健，译. 杭州：浙江人民出版社，2018：158.
② （美）布莱恩·阿瑟. 技术的本质［M］. 曹东溟，王健，译. 杭州：浙江人民出版社，2018：27.

始的动力来自于组合进化机制。当技术的元素超过一定阈值时，就会产生出爆炸性增长的组合机会，技术也会随之指数级地催生出新技术。这种组合相应地表现为两个不同的过程：

第一、技术进化是一个自创生过程。阿瑟声称，技术域的进化是一个自我创造的过程，是对已有技术的再利用。这即是说，新技术是建基于既有技术基础上的，同时又作为后来者的构成模块而存在。其原因在于，一切旨在实现人的目的的新手段及所有的意在满足人类需求的技术方案都必定从已有的技术资源中汲取营养，对已存在的方法和组件进行重组而达到现实目标。总之，"技术是自我创生的，它从自身生产出新技术。"①

第二，技术进化是一个连续性过程。阿瑟将技术进化与生物进化类比，认为技术进化是一个自我编制的活网络。一方面，技术的进化并没有预先决定好的剧本，而是在不确定性的选择中创造出新技术，表现为一种历史偶然性；另一方面，进化具有不均匀性，在某些时间它是相对静止的，而在另外一些时间它是剧烈变动的。组合进化的机制受到技术机会的影响，因而才显现出偶然的和不均匀的创造过程。但是，技术的自我创造未曾停歇，"它持续地探究未知，持续性地解释新现象，持续性地创造新颖性。它是有机的：新的表层附在旧的表层上，创生和替换相互重叠"②。

阿瑟还补充道，技术的自我创生离不开来自外部环境的能量支持，它从现象中捕获（原理的）能量以形成新的技术并运转它；与之同步，它也将物理形式的能量反馈给环境，即它是与环境交互的。另外，尽管技术进化与生物进化异曲同工，甚至可以说它有自身的生命，但也仅仅"只是珊瑚礁意义上的有机体"，至少在当下，技术的进化还有赖于人的力量的参与，"两者是相互共生、彼此依赖的关系"③。

有学者指出，虽然阿瑟的叙述强调了技术进化过程的复杂性，但他并没有真正致力于具体说明他所呈现的多层系统中的选择或进化单元。④ 这似乎是认为阿瑟从宏观意义上对技术本身之进化过程的把握还存在可完善之处，即对进化过程末端如何进行选择缺少微观机制的研究。但笔者持有不同看法，由于技术进化本身是一个自创生而非他创生的具体实践，不仅受限于技术自身的发展水平，还会受到来自环境、人类需求

---

① （美）布莱恩·阿瑟. 技术的本质 [M]. 曹东溟，王健，译. 杭州：浙江人民出版社，2018：190.

② （美）布莱恩·阿瑟. 技术的本质 [M]. 曹东溟，王健，译. 杭州：浙江人民出版社，2018：209.

③ 赵阵. 探寻技术的本质与进化逻辑——布莱恩·阿瑟技术思想研究 [J]. 自然辩证法研究，2015，31 (10)：49.

④ Arthur W B. The Nature of Technology：What It Is and How It Evolves [J]. Penguin Books，2009，309.

等多重因素的影响，面对这种情况，最多只能保持一种理论上的微观视野，但在实践意义上并不能概括出其一般性的选择机制。故而可认为，这种认识可能存在偏颇之处，但重要的是，阿瑟已经为我们展示出一种生成进化模型，这对于理解技术的内在逻辑无疑切中肯綮。

二、资本角度：价值增值的现实要求

资本为了价值增值而存在，这直接地体现在它与货币的关系中。货币本身不是商品，但可用于商品交换，这也是它流通功能的基本体现。但是，当它用于价值增值的现实生产活动中时，它就变成了资本，即用于价值增值的货币就是资本，此时货币作为资本就会在价值增值的压力下形成自身的发展逻辑。循着这一线索，如果把技术与资本的关系类比于货币与资本的关系，就会发现"技术与资本存在逻辑共契"①。以此对技术的资本逻辑展开论述：资本通过雇佣劳动榨取剩余价值，进而实现价值增值的目的；实际上，劳动作为剩余价值产生的手段，也是马克思展开资本与技术关系的中心概念，围绕此概念，就能理解技术在资本运作下的生成逻辑。不过，在马克思的话语体系下，技术是以机器的形式进入到资本主义的生产方式中的。

（一）雇佣劳动与机器的产生

在马克思的话语体系中，劳动是理解资本与技术关系的核心概念。劳动具有自然属性和资本属性，一方面，它是面向自然的人类生存活动；另一方面，劳动作为生产要素嵌入到资本的增殖逻辑。正是劳动为了满足生存需求而释放的生产力为其资本化提供了条件，其表现为劳动作为一种商品而转变为雇佣劳动被投入到劳动再生产中，于是，劳动实际地成为一种生产资料而构成资本的一部分。资本的本性是追求利润的最大化。为了提高生产效率，劳动分工开始出现，而它作为一种生产组织形式间接地导致了机器的产生。

劳动在不同的语境中具有不同的含义，笔者将其归为两类：一是劳动的自然属性；二是劳动的资本属性。就劳动的自然属性而言，在最初的意义上，劳动是指人为了自身的生存而与自然进行抗争。在《劳动在从猿到人转变过程中的作用》一书中，恩格斯就曾指出，劳动构成人成其为人的本质性规定；而在马克思那里也有类似的描述，即把劳动作为人的类本质来认识，即是说，劳动将人从自然的束缚中拯救出来，并因此而获得了不同于动物的新的规定性。就劳动的资本属性而言，它与资本主

---

① 高剑平，牛伟伟. 技术资本化的路径探析——基于马克思资本逻辑的视角 [J]. 自然辩证法研究，2020，36（06）：40.

义的社会化大生产有着千丝万缕的关系。首先，劳动在资本主义条件下是一种商品，有其自身的价格。劳动原本是人的一项满足生存需求的人类活动，也正是这种需求为劳动的资本化利用提供了契机。这里有一个前提，即劳动与劳动资料相分离，其中，劳动资料并不为工人所占有，而是资本家的私人财产。也就是说，工人要想得到满足其基本生存需要的生活资料就需要为资本家出卖自己的劳动，准确地说，工人出卖自己的劳动力而不是劳动。其次，当劳动力作为一种商品被资本家购买时，资本家根据其价格支付给工人足量的货币也就是工人的工资。这里，工资以货币的形式支付，而货币当用于追逐利润即价值增殖的目的时，其身份就转变为资本。也就是说，工资是资本家投入生产中的预付资本中的一部分。

就是在这一链接中，工人的劳动经历了资本化过程而成为一种雇佣劳动。但是，劳动在一开始是面向自然的，是人的生命活动的基本表现。换言之，劳动并不必然地成为一种商品，也不注定就是雇佣劳动，资本化只是它的一种或然的命运。但是，这种或然的命运一旦与资本联系起来，就不得不遵循资本的增殖逻辑。展开地说，资本的贪婪本性迫使其为了增加利润，会想尽一切办法来压榨工人，将工资控制在刚好能满足工人基本生存的范围内。在这种情况下，工资对于工人和资本家来说具有不同的意义：工人将工资作为生活资料直接消费掉以维持自身的生存，是消耗性的；而在资本家那里，工资就是维持活劳动持续产生价值的一种手段，是生产性的。更明确地说，工资与资本的关系是从属性质的，工资也是一种用于追求利润的资本，雇佣劳动对于资本家来说只是一种生产要素，是被物化到商品中的对象而已。

为了提高商品的市场竞争力，资本积累的动力促使资本家采取劳动分工的生产形式提高生产效率，这间接地促进了机器的产生。手工业生产时期，在劳动分工作为普遍的生产方式的条件下，工人通过不同的工具技能进行协作生产。分工的不同使工人相应地熟练掌握所操作的工具，这导致了劳动工具的专门化发展。"在以这种分工为基础的工场手工业中，由分工所引起的劳动工具的分化、专门化和简化——它们只适合非常简单的操作——是机器发展的工艺的、物质的前提之一，而机器的发展则是使生产方式和生产关系革命化的因素之一。"① 根据技术自身的发展逻辑，当专门化的工具数量达到一定阈值时，不同工具的组合就会为技术的自创生提供众多可能。于是，随着手工业生产在劳动分工方面的日益分化，工具数量的增加就成为机器产生的催化剂，即是说机器是通过对工具进行整合而产生的，工具是机器的前身。在马克思对机器的描述中，机器是作为整体性的存在占据了整个劳动过程的，把人及其生产工具所

---

① （德）卡尔·海因里希·马克思. 机器、自然力和科学的应用［M］. 北京：人民出版社，1978：51.

发挥的功能在机器中重新组织，是对手工业生产的一次优化和提升。这可以从"总体机器"① 的构成得到说明：原动机类似地发挥着人的功能，为机器的正常运行提供动力，而传动机则将这种动力通过履带、轴承、齿轮等传送到工作机上，使之把劳动对象纳入到生产活动中去。

从根本上说，生产组织形式的变化导致了生产手段的变革，即催生了机器的出现。从工具到机器的转变不仅仅对人与自然之间的支配关系产生影响，也不单单是提高了劳动效率，更重要的是，它代表着一种新的生产方式的出现，使雇佣劳动实际地服从资本的调度，因为机器弱化了资本对活劳动的依赖程度。

（二）机器生产的资本增殖

资本实现价值增殖的关键环节在于对剩余价值的无偿占有，而机器在资本主义生产体系中的应用就在于创造剩余价值，遵循资本的价值增殖逻辑。基于劳动剩余价值理论对机器的资本主义应用进行分析就会发现，它扩大了对工人之剩余价值的让渡范围，同时保证自身分配给商品的价值低于相应的其所替代的工人的剩余价值。

从生产过程来看，剩余价值是工人与劳动产品的分离，机器扩大了剩余价值的让渡。前面提过，雇佣劳动以支付工资的形式在资本家与工人之间建立雇佣关系，其原因在于劳动能够创造出剩余价值，这与劳动异化不无联系。异化是一个历史性概念，从词源学上说，它最早出自希腊语 alltresis，后被借鉴到拉丁文中变成 alienatio，通常指让渡、分离。而当它与劳动的概念联系在一起时，就具有了哲学意义上的反思特性，指主体发展出其自身的对立面，并成为异己的对立面而存在。在马克思那里，劳动既是面向自然的对象性活动，也是为某一目标而付出的劳动代价。这构成了劳动的二重性体现：前者为具体劳动，是直接的商品生产活动；后者为抽象劳动，是必要劳动意义上的无差别的耗费。实际上，抽象劳动包含两方面的内容，除占比很少的必要劳动之外，剩下的大部分以剩余劳动的形式被资本家无偿占有。也就是说，资本家所支付的工资只对应着必要劳动的那部分，但它实际地遮蔽了剩余劳动的存在。换言之，工人的全部劳动只是获得了劳动力的那部分工资，而剩余劳动所创造的价值以隐蔽的形式让渡给资本家，即是说工人与其劳动产品之间发生了分离，这是劳动异化的一种具体表现。仅就这一点看，劳动异化实际上是剩余价值的源泉，机器要想创造出剩余价值，异化就是其必然继承的"基因"。具体而言，机器化大生产会进一步扩大对剩余价值的让渡，其方式就是扩大机器的使用范围，加剧工人之间的竞争，从而在必

---

① （德）卡尔·海因里希·马克思. 机器、自然力和科学的应用 [M]. 北京：人民出版社，1978：90.

要劳动与剩余劳动的比较意义上实际地减少了工资支出。[①]

从生产结果来看，商品是剩余价值的集中体现，机器分配给每个商品的价值必然低于其所替代的活劳动的价值分配，这应是资本主义背景下机器使用的底限原则。机器所生产出的产品只有作为商品进入流通领域，资本家只有将之出售才能完成对剩余价值的真正占有。与劳动的二重性相对应，商品也有其二重性，分别是使用价值和价值。"在雇佣劳动制度下，资本家的兴趣并不在于使用价值，而在于价值增殖"[②]，资本家真正关心的是后者，因为只有价值才是实现资本增值的那部分。在这里，商品的价值就与追求利润的目标达成了一致，而机器作为有别于手工业生产的新生产手段，商品的价值是其存在合法性的主要证明。为了满足资本增殖意义上的这种合法性，机器必然遵循一定的生产标准：由于价值的总量是单个商品的价值与商品数量的乘积，因此机器应生产出比单纯的活劳动更多的商品，并且将机器的剩余价值生产分配到每个商品中，从而使其含有的价值量低于社会必要劳动时间所创造的价值量，但以高于个别劳动时间所对应的价值量售出，从而获得更多的市场份额。

机器服从于资本增殖的基本逻辑，在生产的不同环节实现利润最大化的目标。从生产过程看，它延续了异化劳动产生剩余价值的基本策略，并扩大了对工人剩余价值的占有范围；从生产结果看，机器生产条件下商品的价值量包含了技术剩余的部分，但低于其所替代的活劳动的价值。基于以上认识，机器实现剩余价值生产的路径可从工人和机器本身两个不同的路径进行具体探索。

（三）机器实现剩余价值生产的具体路径

机器作为资本主义所特有的生产方式，是工具的延伸，自然仍是机器主要的作用对象，但极大地增加了对自然影响的深度和广度，因而在资本主义生产中释放出巨大的生产力。在此基础上，它成为创造剩余价值的重要手段，主要体现在两个方面：一是对工人的劳动剩余价值的占有获得了新方式；二是机器自身成为生产剩余价值的新工具。

1. 对工人的劳动剩余价值的进一步占有

（1）机器改变了人与人之间的分工协作生产，使工人真正地从属于机器体系进行生产活动，增强了资本对人的控制能力。在劳动强度方面，它以固定资本的形式成为新的生产资料，嵌入到劳动中成为新的生产手段，从而使再生产的连续性增强，加大

---

① （德）卡尔·海因里希·马克思. 雇佣劳动和资本 [M]. 中共中央马克思恩格斯列宁斯大林著作编译局，编译. 北京：人民出版社，2018：44.

② 吴学东. 从马克思的劳动思想看剩余价值论的科学性 [J]. 中南大学学报（社会科学版），2014，20（06）：46.

了工人的劳动强度。在劳动效率方面，这里发生了一种根本性的转变：先前的生产效率主要由以工人对工具的熟练掌握程度决定，同时受到活劳动本身的限度制约；而机器的自动化在很大范围内降低了对活劳动的依赖，甚至机器取代了工人在劳动中所占据的核心地位，从而改变了那种工具作为人的器官的延伸的境况，甚至可以说工人成为机器的附庸，是机器实现生产目的的器官。

（2）机器以更高的效率缩短了个人劳动时间，变相延长了工人的剩余劳动时间，相应地增加了工人所创造的剩余价值。稍做比较就能发现，机器生产与手工生产在劳动效率方面存在的巨大差异。在生产主要依赖工人劳动的阶段，工人是生产的主体，其劳动熟练程度决定着个人劳动时间与社会必要劳动时间的差值，也就决定着工人创造剩余劳动价值的多寡。但是，与机器生产相比较而言，机器化大生产以标准化生产方法大大超越了工人双手的实际效率，尽管机器生产依然需要人的照看，需要人的劳动的参与，但生产剩余劳动价值的主要承载体已经从工人的肩上转移到机器体系之中。即是说，机器生产主要地创造剩余价值，并且使工人为获取基本的生存资料而从事劳动生产的时间减少，相应地就增加了其剩余劳动时间。

2. 机器自身成为生产剩余价值的手段。机器体系作为固定资本，可重复投入到劳动再生产过程。"在生产事务中，主人的机器所起的作用，实际上比工人的劳动和技巧所起的作用重要得多。"[①] 机器在资本主义生产活动中实际地是作为固定资本投入其中的，固定资本与支付工人的工资不同，它可以在某一劳动过程中得到重复利用而不必如工资那般需要连续支付。换言之，若说工资支出呈现为一种线性增长曲线，那么，机器在一次性支付之后就会呈现边际效应递增的趋势。马克思看到了其间存在的不同，肯定了技术作为剩余价值生产新手段的巨大优势，从而揭示了机器迅速被资本占有并被大规模应用的背后逻辑。

进一步地，机器的大规模应用现实地推动机器的更新换代，从而产生更大的生产效能。在资本主义的全部生产领域，资本家与资本家的竞争是资本增殖欲望的直接表现，而与之相关的就是新生产方式取代旧生产方式的现实需要。也就是说，机器的广泛使用会自发地产生先进与落后的差异，这也是资本获得比较优势的主要手段。究其原因，在差异存在的情况下，资本家总是要追求更先进的机器技术，而淘汰落后的生产方式，进而提高生产效率，降低社会必要劳动时间。从资本的增殖本性也可以理解其中的因果联系，马克思曾说资本是贪婪的，追求利润是其内在的本质规定，为了实现利润最大化的需求，资本家当然会不遗余力地改造机器，以获取更多的技术剩余。

---

① （德）卡尔·海因里希·马克思. 机器。自然力和科学的应用［M］. 北京：人民出版社，1978：207.

三、权力角度：控制欲求的实现载体

法国后现代主义技术哲学家米歇尔·福柯对技术的思考构成了自然与人性获得分析的可能性，揭示了其间存在的"可离析的同一性和可见的差异性"①，具体而言，技术促成了先验主体性的消解，取而代之的是包含了构造、维持和开放之可能性的"构成的主体性"。正是在这样的背景下，技术的权力延伸逐渐显露出来。在福柯那里，技术不仅仅是一种生产性的工具技术，在其背后更隐藏着一整套关于权力的运行机制，它们在具体与抽象的意义上达成了统一。技术的权力意味在福柯那里主要体现为两种看似相反性质的不同种类，即"支配的技术与自我技术"②。接下来对此分而述之。

（一）技术与权力

福柯对技术的定义在其早期或晚期的作品中是不尽统一的，即是说他对技术的理解经历了一种变化：在《词与物》一书中偶有涉及技术的文献记载，其中把技术更多地定义为一种工具性技能，比如解剖学意义上对结构的处理；而在后来的作品中，福柯更倾向于把技术理解为一种社会性的治理技术，换言之，技术根本上是一种具有一定治理功能的权力。总之，在福柯的话语体系中，技术不仅仅作为技术本身，更多地作为一种权力而存在，或者说权力是一种更为根本的技术，从福柯的技术分类学着手可以通达这一点。

在科学至上的时代，人们总是以获取关于真理的不同知识来完善对自身的认识。但福柯认为不能仅仅从表面接受这些知识，因为它们对人类的自身知识并不能单独贡献力量，而是与技术一道才能作为认识工具指向人类自身。在福柯看来，技术是人类实践的基础，并将技术划分为四类：

（1）生产技术。即用于制造、转换并操作事物，是个体需要掌握的技能。

（2）符号系统技术。即能够运用符合的象征意义实现一定的目的。

（3）权力技术。对个体行为起到强制作用，使其客体化而去被动地服从某种支配权。

（4）自我技术。通过自我或者他者的帮助对自己的身体、行为、思想、存在方式等进行操控，以转变自身的方式去进入到那种有着幸福、满足、纯洁或者不朽的生存状态。

---

① （法）米歇尔·福柯. 词与物：人文科学考古学［M］. 莫伟民，译. 上海：上海三联书店，2002：403.

② （法）米歇尔·福柯. 自我技术：福柯文选Ⅲ［M］. 汪民安，编译. 北京：北京大学出版社，2015：54.

从四种类别的技术的具体内涵来看，尽管福柯指出它们都与某种支配的意图相关，但生产技术明显与其他三类不同，它更多地体现为对技能的关注，是就技术本身而言的，而没有包含太多技术之外的规训功能，仅就符号系统技术而言，它们之间就显示出巨大差异。

符号系统技术相对生产技术来说，具有一种超出前者即技术本身的权力功能。以惩罚符号为例，改革者认为这种技术可以创造出一种可有效应用于整个社会而又尽显经济的手段，它可以将一切行为进行编码化处理，形成一整套可以使对立性力量服从于权力关系的障碍-符号体系，从而控制并引导整个可能犯罪的社会氛围及其实际行动。具体而言，它至少有五项符号设计原则：一是最少原则，即把犯罪的观念与利弊观念联系起来以形成利害层次的近似相等，但会保证避免惩罚的意愿比尝试犯罪的意愿稍强；二是充分想象原则，即以惩罚的表象取代真实的惩罚，形成惩罚有害的情感共鸣；三是侧面效果原则，即惩罚的痛苦浓缩为一个观念对没有犯罪的人以实际警示；四是绝对确定原则，即在犯罪及其可能得到的好处与一种特定的惩罚及其后果之间建立确定的关联；五是共同真理原则，即形成惩罚实践理应遵守的共同真理标准，维护其公平正义；六是详尽规定原则，即对预防犯罪的全部范围内穷尽所有犯罪行为，使个案化成为有法可依的基础。

不难发现，符号系统有其内在的规定性，这种规定性与一定的权力关系紧密相关，而这是生产技术相对缺乏的方面。但这并非是对生产技术之权力潜质的否认，事实上，尽管生产技术本身基本限定在技能的范围内，但通过它可以在自然存在的基础上建造出监狱、精神病院、治安所等体现权力关系的人工造物。因此可以说，在延伸的意义上，生产技术当然也是一种特定的统治类型。也就是说，生产技术之权力体现是间接的，而符号系统技术、权力技术和自我技术则直接彰显了某种权力关系。因此，可以把这四类技术看作一个具有内在关联的谱系学的技术体系，其中，生产技术可被看作基础性的表象，其他三类技术是对生产技术的具有抽象性质之权力关系的不同方向的具体发展。

可以做出这样的论断：权力是技术的衍生品。换言之，技术不仅仅是工具或者技能，更是一种在此基础上延伸出来的治理术①。福柯看到了隐藏在技术背后的权力特质，这种权力更多地以一种虚构的关系自动产生那种针对对象的真实的征服。事实上，福柯的这一发现与在英国哲学家杰里米·边沁对全景敞视建筑的阐释不无关联。这种建筑是由处于中心的瞭望塔和周围的环形建筑组成的监视系统，它摒弃了牢狱之

---

① Dorrestijn S. Technical Mediation and Subjectivation：Tracing and Extending Foucault's Philosophy of Technology [J]. Philosophy & Technology，2012，25（2）：221，222.

剥夺光线和隐藏的功能，仅仅保留了封闭功能，使囚禁者暴露在一种可见的被隔绝状态。① 这里隐含着两种权力规则：一是可见性，囚禁者始终可以看到处于中心的瞭望塔；二是不确定性，囚禁者并不知晓他是否正在被观察。于是，便能形成了一种新的权力局势，表征为一种自动的、非个性化的统一安排。技术的这种权力隐喻常常被人们忽略，那种仅仅把技术作为工具的认识在权力的揭示之际应该得到改变。在福柯看来，权力是一种更为根本的技术，因此他更为关注"支配的技术与自我技术"，而不是生产技术本身。

（二）规训的技术

在福柯对技术类型的划分中，实际上存在两种不同性质的技术，即规训的技术和自我的技术，两者都以人类的身体为中心展开。其中，规训的技术以对身体的支配和管理为基本取向，强调对身体力量的征服；而自我的技术用以发展人类身体，更为强调技术不是压迫性的，而是创造性的；它们构成福柯技术哲学之权力考察的内在张力。这里首先对规训的技术进行分析。

规训权力是一种经过精心设计并能持久运行的权力机制，它塑造个体，并将个体作为规训的对象和规训工具来对待。规训权力不仅仅体现在具象的监狱之中，更作为一种人们大脑中的监狱模型发挥作用。与拥有巨大规模的国家机器不同，它本身的程序和模式并不足以引起人的重视，但却实际地改变了国家机器的形式及其机制，而代之以自身的规则和程序。福柯认为，规训权力的这种强大渗透力量来源于它所采用的更加有力的手段，即实现了层级监视、规范化裁决及检查程序的有机组合②。

1. 层级监视。福柯认为，监视是一种保证纪律得以实施的强制机制。在这里，纪律指的是为了获取高效率而把单个力量联系起来的组织机制，它已经超出了原来的那种分散肉体并从其中榨取时间、积累时间的范畴。首先，通过监视，人们可以实现一种关于监视对象的权力效应。其实体形式在古典时期以"监视站"的形成为代表，诸如望远镜、透镜和射线等新技术应用于其中而构成无数细微的权力机制，于是，一种关于光线和可见物的既能实现观察目的又能避免被发现的艺术于无声处对身体实现了某种隐匿性的征服。这即是说，一个建筑物内在地包含着一种对人类身体的控制目的，并进一步地对之施加作用以达到训练之的要求。其次，监视的实施需要中继站的支持。由于监视对象不仅仅针对个体，更多情况下是一种社会性的规模行为，其复杂

① （法）米歇尔·福柯. 规训与惩罚：监狱的诞生［M］. 刘北成，杨远婴，译. 北京：生活·读书·新知三联书店，2003：224.

② （法）米歇尔·福柯. 规训与惩罚：监狱的诞生［M］. 刘北成，杨远婴，译. 北京：生活·读书·新知三联书店，2003：193，194.

性要求必须增强监视技术的适用性，即能够对监视的影响实现一种生产性扩充以使监视具体可行。金字塔相对于环形有两个优势：一是连续性的网络增加了监视的层次；二是结构的合理化减少了监视的障碍。总之，层级监视实现了那种立体化的切实监督，放大了技术的规训力量，使相应的权力机制凸显出来。

2. 规范化裁决。惩罚是规训权力得以施加影响的一个重要方面，它内在地蕴含了一种比较机制，只有在比较和区分中才能做出是否惩罚的决策。所谓的规范化裁决就服务于这样的规定，它将个人行动置入整体性的谋划中，利用某一通用的准则对个人做出是否合乎标准的评判。具体地说，规范化裁决包含五个阶段的流程化操作：①规训机构的惩罚功能设定。设计一整套微观惩罚制度，使规训机构在细微处都具有相应的处罚功能。②惩罚准则的确认。纪律所维持的秩序作为规训处罚的准则，使其具有司法–自然的双重属性。③缩小差距的功能限定。规训惩罚的目的不是为了惩罚，而是具有更多的矫正功能。④惩罚功能的分殊化处理。完整意义上的惩罚是奖–罚的二元体制，惩罚与否应在对行为的善恶判定的基础上做出。⑤按等级进行分配。针对不同的行为，在标示差距的基础上划分等级，然后进行奖惩。经过以上几个步骤，规训机构最终实现其规范功能，通过确定行为的不同等级的界限及不规范的边界，实现比较、区分、排列、同化和排斥的功能。

3. 检查。以层级监视和规范化裁决为基础，检查承载着规范化的使命，以对检查对象的凝视实现一种定性、分类和惩罚的监视。正是在检查的实施中，权力与知识在规训机构的细微操作模式中无比强烈地凸显出来，其中可以发现关于人的知识和权力关系，确切地说是权力关系在检查中提取并建构了完整的知识系统。究其原因，检查有其自身的一套完整机制，通过这种机制，它把知识与权力关联起来：首先，检查借助对象客体化的机制使其进入到可见状态的支配空间，进而以不可见的整理编排规训检查对象；其次，检查使其对象进入文件领域，在其中人作为一个可描述、可分析的对象，在书写机制下形成与人相关的知识体系和比较体系；最后，文牍技术使受到检查的人成为"个性化"的人，既作为一门知识，又成为权力的支点。

福柯认为，对规训的技术的认识不应局限在"排斥""压制""审查""分离"等负面影响中，而应从中跳脱出来，看到其生产性的一面。"实际上，权力能够生产。它生产现实，生产对象的领域和真理的仪式，个人及从他身上获得的知识都属于这种生产。"① 这表明，福柯对权力技术的态度已经开始发生变化，不再局限于规训意义上的理解，更看到了其生产功能。

---

① （法）米歇尔·福柯. 规训与惩罚：监狱的诞生［M］. 刘北成，杨远婴，译. 北京：生活·读书·新知三联书店，2003：218.

（三）自我的技术

自我的技术是在对规训技术反思的背景下提出的一种旨在发展自我的策略，它与规训技术构成一种逻辑上的转折。法国后现代主义哲学家吉尔·德勒兹曾经指出，主体是理解福柯哲学必须观照的一个维度。在笔者看来，主体是福柯思想的核心所在，是把握其权力、知识之理论大厦的重要抓手，也是阐释自我的技术的理想切入点。

1. 自我的遗忘。福柯对自我技术的具体内容的阐述是在古典时期的思想土壤中得以生成的，他并不探讨理论意义上的主体，而是把主体与实践行为结合起来进行考察，实践行为在希腊语中主要指"关注自我"。在此之前，需要对为什么要"关注自我"进行一个解答。作为众所周知的口号，"认识你自己"坚持认为自我可以从对道德律令的遵守中被摒弃，主体未能受到足够的尊重。另外，近代以来，随着主体性哲学的确立，关于自我的知识日益受到重视，它对自我只限定在认识的范围内，而遗忘了自我的行为实践维度。综上可知，关于自我的知识作为一种准则得到了历史性确认，而掩盖了对于自我来说更为重要、更为根本的"照看你自己"。因为认识自己通常选择将道德原则建立在对自我的规训基础上，而福柯认为这并不十分可行，他认为照看自己是摆脱一切束缚自我之规则的可选方案。

2. 关注自我。从更广泛的历史角度来看，人类如何表达、塑造和揭示自己有着悠久的传统。以小说《亚西比德》上卷为文本基础，可从两个方面对如何照看自我展开分析：一方面，对"自我"的含义进行辨析。认为自我包含两层含义，即我自身及我的身份处境，但这里的"我"指的是灵魂而不是肉体。另一方面，确认照看灵魂的方式。在这里，灵魂中蕴含着神圣元素，即行为和政治行动赖以进行的规则。这即是说，认识自我成为照看自我的前提，灵魂在遵守其所包含的行动和政治行动的前提下进行自我治理，就能实现合格的政治实践。由此可以看出，在《亚西比德》的语境中，默想自我与照看自我构成自我技术的主要特征。在这一阶段，"关注自我"主要还局限于政治生活的领域中；而到了希腊-罗马时期，"关注自我"已经由政治生活领域的特定范围扩大为一种普遍原则，认为人只有在离开政治生活的前提下才能更好地照看自我。同时，它不再是年轻人的某一阶段性的教育，实际地已转变为生命全程的生存方式。与柏拉图的灵魂回忆不同，亦与基督教对现世自我的舍弃不同，斯多葛主义主张以聆听的艺术探寻内在于自我的真理，这是一种不同的自我审查方式，是对自我的净化过程，亦是对自我的改造过程，但这区别于司法模式，而更多的是一种对生活的行政式审视，于是判断一切的标准就成为规则而非律法。

福柯向我们展示了从柏拉图到斯多葛学派发生了一种从"灵魂-自我"到"真理-自我"的历史衍变图景，而自我创造的伦理目的在与真理的关联中突出地表现出来。

需要知道，这种自我创造既不同于柏拉图对理念世界的追寻，亦有别于基督教对来世的想象，它只是关注当下的实践，保持一种对自我及现实的积极态度，可以说，"'照看自己'不仅构成一种原则，更是一种持续不断的实践活动"①。

我们看到，自我的技术指的是人类用来了解自己的特定技术，是对身体的自我生产。与规训的技术相比较而言，它并不利用强制的权力对身体进行外在性的改造，也不把人作为对象而使其跌入到客体化的圈套之中；它所秉承的是对自我完善、自我提升的意志，其"焦点集中在生活行为实践方面而不是理论教义方面"②。问题在于，作为权利的技术为何会有如此两种几乎相反的表现呢？在福柯的后期哲学思想发展中，其研究的主题集中在主体上，即对个体如何影响自我的探究，在这个意义上，福柯对技术的权力解读是一种"解放的现象学"③。这似乎回答了上面的问题，即权力的或规训或自我生产取决于人（身体）与技术的相互关系，是两者共同作用的结果，它属于人-技结构性实践的范畴。换言之，技术的权力实践实则从属于一种主体化的过程，权力在身体与技术之间确实地呈现为权力关系，它决定着技术是泯灭自我还是创造自我。

第三节　赛博技术的目的性拉力：后果逻辑

赛博技术在经验层面上的具体实践推动了技术的生成变化，其结果是，这种变化本身作为一种新的力量成为技术发展的动力来源。换言之，技术发展的后果反过来为其今后的发展提供了目的性拉动的现实性理由。这可从技术发展带来的变化及自然、技术和人在技术-人-自然的整体性结构中的改变来把握：一是自然的隐没。在"征服自然"和"控制自然"的观念引导下，自然实际地屈服于技术力量，而在后来矛盾的爆发中自然得到了重新定位，并以"适应自然"作为技术发展的新要求。二是技术的凸显。在人的日常生活世界中，技术成为一种基本设定，作为人的存在方式延续着人的存在而愈显重要。三是人性的改变。人是一个历史性变化的概念，在人类中心主义的幻想破灭之后，后人类时代成为人的新发展阶段。另外，此三方面的转变及其产生

---

①　（法）米歇尔·福柯. 自我技术：福柯文选 Ⅲ ［M］. 汪民安，编译. 北京：北京大学出版社，2015：59.

②　汪民安. 福柯最后的哲学思想——犬儒主义和真理的发生 ［J］. 中国人民大学学报，2020，34（06）：142.

③　Debashish Banerji. Posthuman Perspectivism and Technologies of the Self ［J］. Sophia，2019，58（4）：4.

的目的性拉动力量在彼此之间形成一个不可分割的闭环，尽管技术的负效应现实地存在，但总体上呈现为历史进步论的基调，在动态演变中寻求其间的平衡发展。

一、自然维向：从"控制自然"到"适应自然"

在人类的生存斗争中，人首先是与自然发生分离的，这种分离以"控制自然"的观念形式大行其道，它几乎贯穿了人的全部发展史。控制自然是一种"非理性技巧"：从自然来看，内部自然和外部自然的关联使其在理性与非理性之间的界限变得模糊；从控制来看，实证科学从世俗生活的束缚中解放出来，是价值无涉的，同时与技术的应用使控制自然成为可能而现实的。但是，对自然的控制会受到来自自然的反抗，一种新的对自然的定位亟需得到发展，它可能是以"适应自然"的概念取代"控制自然"的概念为其现实逻辑。

（一）控制自然：一种"非理性技巧"

在显明的历史中，人们不仅把征服自然作为社会的一项事业，还认为科学和技术是实现这一事业的手段。在加拿大哲学家威廉·莱斯看来，德国思想家马克斯·舍勒的知识社会学对此做了很多关于其历史和哲学基础的论述，这对于理解科学和控制之间的关系来说是不可或缺的原始资料。其中，最为引人兴趣的就是控制学，亦即实证科学，在舍勒那里，它指的是出于使自然（环境）屈从于人的目的而发展出的各种技术，它与另外两种知识形态即宗教学和形而上学对世俗生活的鄙弃相比较，是唯一一种显示出控制自然的意图的知识类型。一方面，它具有理性的普适性价值。舍勒把尼采对价值评估的概念移植到他对实证科学的认识中，不过是以一种否定的形式进行借鉴：他认为，新科学作为一种理解世界和把握世界的知识，与宗教学和形而上学有着根本的区别，因为它排除了世俗生活中的价值蕴含和价值判断，是独立于两者之外的一种新选择。另一方面，科学与其技术应用之间具有内在的一致性。控制学不仅仅作为理论得到认识，更在实践中呈现为科学与技术的统一。也就是说，控制自然不仅是一种人类大脑中的观念，更指示着一种实际的行动。总之，实证科学可以实现对自然的控制目的，衡量它的唯一标准就是对其支配环境的能力大小的判断，其存在的全部意义就在于对事物构成部分之改造潜能的挖掘并作为一种纯粹的技术工具达成改造人类社会的目的。

在莱斯那里，控制自然的观念直接表现为对理性的运用，但实际上是一种"非理性机巧"。17世纪时，自然科学的巨大发展特别是实验和数学两大现实性的指向自然的学科迅速脱颖而出，其代表人物分别是培根和笛卡尔，他们相信，利用这种新方法能够使控制自然的想法成功实现，一方面，可以找到更为有效和更为直接的方法解开世界的神秘面纱，从而超越形而上学对世界的普遍观念和一般性认识；另一方面，可以创造出巨大的社会利益，增加社会的物质财富并使人形成理性认识，即从愚昧迷信等非理性的观念中寻得解放。这种预想得到了现实的印证，实实在在地改变着人类世界及人与人之间的关系。但是，非理性的冲动并没有因为新方法的出现而走向没落，而是切实地影响着人类控制自然的每个步骤。甚至可以说，这与对理性的推崇截然相反，"社会的发展总是对所有理性控制的要求毫不在意，相反，总是受到一种虚假的潜藏动力——非理性技巧的支配，它的重大现象就是科学技术合理性主义落入了社会矛盾的非理性的过程"①。

"非理性的技巧"揭示了这样一个事实：控制自然实际地涉及人与自然的关系，它不仅指向外部自然，而且指向内部自然即人自身的自然。德国哲学家马克斯·霍克海默认为，控制自然是一种在人的理性范围内的活动，而人的理性在主观和客观的不同意义上存在明显的差异性区分②。相应地，控制自然也存在两种不同的区分，其中，主观意义上的理性指向人的内部自然，而客观意义上的理性则与外部自然相关。外部自然因为受到自然规律的先天制约，故而现实地超出了人的控制意图的范围；与外部自然不同，内部自然与人的社会性相关，而社会的与自然的有根本性的不同，这为控制提供了先天条件。换言之，控制自然在某种程度上已经内在地指向人与人之间的关系，正如匈牙利哲学家格奥尔格·卢卡奇所言，"人的一切关系因而被放到了这样设想的自然规律的水平上"③。因此，对控制自然的把握就必须在更为深层的社会生活中寻求，而不应仅仅局限在它表面上业已呈现出来的内容。对内部自然即人的非理性得以产生的场所的观照，为理解人之"控制"的欲望提供了根基。

（二）控制自然的非理性体现：人的需要

人与自然有一种本质同源性，但人作为一种有其自身生命活动的高级动物，历史性地与自然之间发展出分离甚至对立的局面。但问题在于，人为什么要离开自然甚至反过来控制自然呢？卢梭对此曾说道，使人从自然中出离的原因一定出于自然，因为除自然之外，不存在其他的力量能够促使这种境况的发生。④ 换言之，这其实是人的需

---

① （加）威廉·莱斯. 自然的控制 [M]. 岳长龄，李建华，译. 重庆：重庆出版社，1993：19.

② （加）威廉·莱斯. 自然的控制 [M]. 岳长龄，李建华，译. 重庆：重庆出版社，1993：132.

③ （匈）格奥尔格·卢卡奇. 历史与阶级意识 [M]. 杜章智，任立，燕宏远，译. 北京：商务印书馆，1992：203.

④ 潘建雷. 为现代社会而拯救自然：卢梭的"自然学说"意义 [M]. 上海：上海三联书店，2018：80.

要在背后推动的结果，是"满足与不满足的总效用"。即是说，人的需要并不总是合理的，而是在其中总是存在一种不合理的成分，即非理性的扩张。

人的需要可区分为两种，即物质需要和符号需要。需要是在人的现实生存实践中形成的活动，它区别于动物的需要，对需要的研究要与人的实际生活联系起来。根据控制自然观念所揭示出来的自然本身及它在社会领域的延伸的基本情况来看，需要首先地是从生理层面展开的，而后才逐步扩张到社会需要的层面。莱斯在这里对需要和欲望做出了区分，认为"需要是生存的客观状态，而欲望是主观或纯粹心理的感觉"。也就是说，客观意义上的需要由于是一种本能催生出的行为，也正是因为它对于生命来说是必需品，反而有可能并未真真正正地引起人的重视，即并非人类潜意识中需要的东西。莱斯把这种需要看作是"物质需要"，比如食物、水和房屋等是这种需要最为基础的体现。与之相反，在基本的生存需要之外的其他未曾提及的事物可列为潜意识中的欲望，所谓欲望是在人的主观感受的心理状态下自发产生的，其中的内容被认为是人类自身的选择，即直到自己想要什么，这种需要可概括为"符号需要"。对于莱斯来说，生存需要对于人类来说是真正的需要，而它在现实需要的彰显中被掩盖了。

需要注意的是，对物质需要和符号需要的区分只是一种概念性的区分，但这种区分在人的现实生存中是模糊的，这集中体现在需要与商品之间的相互关系中。莱斯认为，为了满足物质需要的技术应用的无限扩张，在实现物质丰盈的目标之后，以交换为目的的生产取代了以自用为目的的生产，人类需要的复杂度也随之发生变化："受到工业化大规模生产和广阔得多的商品交换的推动，当今市场经济的普遍倾向是把塑造人类需要的象征性媒介的网络完全嵌入实物范围之内"[①]。也就是说，人类需要历史性地经历了从生存必需品到工业化生产条件下丰富的商品种类的变化，即是说生产能力的巨大提高在使人类需要从物质层面上得到满足之后，以商品为载体的符号需要开始形成。反过来说，在商品拜物教的影响下异化的消费观被塑造出来，物质财富的极大丰富使人们的商品消费行为成为一种象征性活动，对自然的利用开始具有了一种文化属性和社会功能。但是，物质需要与符号需要之间的区分仍旧在模糊性的范围内无从谈起，因此，物质与符号的二重性不仅体现在满足基本生活需要的人工制品上，还体现在用于交换的商品上。其结果是，人类非理性的消费欲望被遮蔽在生存必需品之下，异化消费使不合理的需求野蛮生长，反过来使控制自然的节奏不断加快。事实上，对自然的疯狂压榨必将导致对人自身的反噬效应的出现。

---

① （加）威廉·莱斯. 满足的限度［M］. 李永学，译. 北京：商务印书馆，2016：75，76.

（三）适应自然的选择

按照莱斯的观点，控制自然是人类为满足自身需要而针对自然所实施的一项非理性行为，这种非理性最终通过塑造人类的异化消费习惯的方式表现出来，控制自然的根源在于人。从这一批判性视角出发可做如下推测，在人的现世生存中，控制自然不是目的而仅仅是手段。然而现实是，控制自然实际地受到了来自自然的反抗，其结果就是人自身受到生存的威胁。因此，亟需寻找一种符合持续发展的关于自然的观念，尽管这是一种尝试性的探索，但与之相符合的基本趋势只能是适应自然，与自然和谐共存。

控制自然的不良后果集中体现在打破了人与自然之间的平衡关系，使自然的先天限制与人类的改造行为之间发生可控范围之外的冲突。在人们习以为常的认识中，自然是可以被征服的对象，它能够为人类提供生存所必需的一切物质基础。然而，当人们将此观念运用到现实中而把自然作为等待改造的对象时，特别是在资本主义生产体系下，自然完全沦落到被破坏的境地。由于人与自然根本上的共生关系，自然的毁坏实际上就是对人自身生存的攻击。当然，不能否认自然在某种程度上对人的生存有一定的限制作用，这为改造自然提供了现实性的理由。但当这种改造被置入资本主义消费背景中时就会陷入恶性循环当中，即以更大规模的生产来满足人类日益膨胀的消费欲望。不过，自然作为一种客观存在必然受到自然规律的制约，当破坏的程度超出其可承载的最低限度时，就会对人类的这种行为进行疯狂的反扑，直到重新回到平衡状态中才能作罢。

具体而言，控制自然指向外部自然和内部自然，相应地，自然的反抗也体现在这两方面。

从外部自然来看，科学技术的运用使人类社会变成第二自然，而人则服从于经由人自身所造就出来的第二自然。莱斯并不认同霍克海默的看法，即认为控制自然作为一种运用理性知识的方式能够对人类社会的结构和过程产生积极的影响，因为它"期望科学方法论本身（在控制自然的第一种意义上）的合理性原封不动地被'转移'到社会过程中去并通过加强开发自然资源（控制自然的第二种意义）满足人的需要来缓和社会冲突"①。换言之，这里显示出一种机械论的思维挪用，即把控制自然作为改造人类社会结构和过程的一种可行性手段，然而对此两者之间可能的根本性差异并未加以任何有效的区分，而仅仅以一种盲目的姿态就在它们之间建立了连接，而未能充分

---

① （加）威廉·莱斯. 自然的控制［M］. 岳长龄，李建华，译. 重庆：重庆出版社，1993：105.

考虑到它可能带来的负面影响，比如生态环境的破坏。

从内部自然来看，人的需要由物质需要和符号需要共同构成，即是说自然与社会形成一个连续统，从而导致对外部自然的控制延伸到对人自身的控制。前面说过，在资本主义的生产体系中，针对自身需要的生产转变为以交换为目的的生产，商品的丰饶极大地刺激了人的消费潜力，也塑造着人的消费习惯。即是说，对外部自然的控制内核以商品为载体被移植为对人的内在自然的控制。进一步而言，人类在支配自然的时候，也间接地导致对人自身的支配，或者说这就是霍克海默所言说的对社会过程和结构的理性控制的原因所在，只不过这并不是从社会的宏观视野上述说的，而是从个体内在自然意义的另类视角上解释的。重点在于，在异化消费的恶性循环中，对外部自然进行控制的每一次逼索，都会在人与自然之间不可分割的连续性中转化为对人类自身的束缚。更直接点说，对外部自然的控制即是对人类自己的控制，人成为其对立面的存在。

毋庸置疑，控制自然的观念内在地蕴含了人与自然的矛盾，这显然与控制自然的初衷相违背，适应自然因而成为新选择。在最初的意义上，控制自然的目的是通过征服自然和改造自然为人类生存创造更好的条件，然而控制自然并不该是一种武断的和无节制的放任自流，而应该遵循自然的客观物质条件和规律制约。只有以这样一种顺应自然的方式才能在控制自然的内在矛盾中得到解放，这也是莱斯对"控制自然"的批判性反思的终极目标所在。

事实上确实如此，"从对自然的控制一步步转变成解放自然，也是人类本性的一种自然理解和醒悟"[①]。但需注意，适应自然并不是在自然面前无所作为，而是应追求一种有节制的自由，"以符合生态需要的方式改造外部自然而不是回归到纯粹自然形成的生态状况"[②]。

二、技术维向：从意向性的技术到自反性的技术

在适应自然的转变中我们发现，人与自然之间日益激化的矛盾的根源与技术的应用具有深刻联系，技术作为人与自然之间的中介环节，我们对它的认识必然随着自然的变化而发生相应的改变。实际上，在人对自然的改造活动中，技术为人类创造了一个相比于原始的自然条件更加适宜的生存世界，这个世界从一出现就带有十分显著的技术烙印。而技术的转变主要体现为技术在人类世界中的凸显，这主要归于两方面的

---

① 宋玉玲，张延曼. 论莱斯对"控制自然"观念的批判［J］. 学术交流，2016（12）：48.
② 庄友刚. 准确把握绿色发展理念的科学规定性［J］. 中国特色社会主义研究，2016（01）：89.

内容：一是技术是人的一种本质规定，这是前提性条件；二是技术是一种意向性表达，是现实的未来指向，即是说，技术的凸显使技术自身得到一种自反性力量，在自我批判的语境中指向未来发展。

（一）技术作为人的本质规定

技术哲学作为一门新的学科最早出现在 19 世纪，卡普首次提出"技术哲学"的概念。但是，技术在现实世界中的历史则可以追溯到人类产生的那一刻，在劳动中以工具的形式现身。显然，人们对技术并没有赋以与其现实性同等重要的重视程度；毋宁说，技术自身具有一种遮蔽功能，它以一种隐秘的方式存在于人世间。但事实是，技术在人与自然之间的相互关系中始终扮演着不可或缺的中介角色，技术实际地成为人的存在方式，是人的本质规定。这种本质规定有两种起源：一是神话起源；二是现实起源。接下来对此展开论述。

1. 神话起源。在关于技术的西方神话传说中，爱比米修斯的过失突出地关注了技术作为人的本质规定性的一面。也许是世界的单调乏味激发了众神对新事物的创作灵感，于是，他们决定在天地间创造出有生命的存在以便使世界变得灵动起来。当动物及形似于神的人被造出来以后，他们发现还需为每一类造物赋予一种可维持生存的能力，便让普罗米修斯和爱比米修斯两兄弟进行分配。他们进行了具体分工，爱比米修斯进行分配，而让普罗米修斯负责监督。普罗米修斯发现，每一种动物都分配了一种能力，有的敏捷，有的迟钝，有的强壮，有的弱小……只有人被落下了，没有被分配任何一种能力。在斯蒂格勒那里，他把这种先天性的缺少称作缺陷存在，这在前文已有所涉及，兹不赘述。换言之，人没有一种先天的本质。为了使其能够生存下去，普罗米修斯便在未得许可的情况下将火带到人间，也带来了文明。在这里，火代表着技艺，有了它人就开启了其历史的延续。换言之，技艺构成了人的本质规定性，尽管它是后天的，却对人之为人提供了本体论上的支撑。

2. 现实起源。除了神话起源外，工具的产生则为人的本质规定性做了另一种注解。恩格斯认为，劳动是人类实现其存在的首要条件，人本身因劳动而得以创生。他肯定了劳动在人类社会形成中不可替代的作用，而劳动是以工具为基本手段的。具体地说，在人迈进直立行走的阶段时，双手于是得到了解放，这是制造工具的前提性条件，更为使用工具提供了现实性空间，工具存在的意义就在于"改造环境，使之为己所用，就像变为自身的一部分"①。在这个意义上，可以说是工具创造了人本身。从现实生活来看，这一观点也得到了经验上的支持。人在出生时，作为新生儿并不具有生

---

①　（美）凯文·凯利. 科技想要什么 [M]. 熊祥，译. 北京：中信出版社，2011：23.

存下去的能力，故而就要在随后漫长的人生中不断地学习技能，比如小到用勺子吃饭，大到开车等都需要掌握。随着技术的进化，人需要掌握的技能也会越来越多，技术对人的塑造作用也越发彰显，并体现为人的存在论差异的载体。因此，当我们在谈论人时，实际上也就是在谈论技术，技术是人在生存欲求中成其为人的本质规定。

总之，技术之所以能够成为人的本质规定性，是因为人在从猿变为人的过程中并没有先天地被赋予任何可靠的谋生手段。即是说，人没有属于自己的本质规定，但为了人类的世代繁衍生息，人必须通过后天养成的手段为自己创造必需的生存空间，在这个求生存的诉求中，人获得的一种外在的本质规定性就是技术。

需要强调的是，技术作为人的本质规定性，并不是形而上学意义上的抽象规定性。事实上，技术本身是不断发展的，故而它作为后天养成的本质规定性具有历史变动的特征。这意味着，技术在构成人性的层面上将获得一种连续性，这种连续性使技术日益成为大众视野中的焦点。比如，手机在现实生活中已经获得极大的普及，但它经过了一个加速特征的发展过程：在20世纪末，它以座机的形式出现在日常生活中，但普及率并不高；而到了21世纪特别是20多年以来，手机进入到一个快速普及的阶段，几乎人手一部。在这种变化中，人们对手机的依赖程度越来越高，甚至已经超出作为联系手段的范畴，订餐、订票等应用重塑着人的生存方式。这表明，技术确实以一种自我更新的方式不断重构着人的本质规定性，技术在日常生活中越发重要。

（二）技术的意向性表达

技术的意向性包含两个相互规定的过程：一是人的意向性嵌入到实物之中，而取得现实意义上的实体形式；二是包含着意向性的技术实体指向人类自身，反过来实现意向性的反向作用过程。以这样的方式，技术实现了对人及其生活世界的重新塑造，也是在这一操作中，技术在人的日常生活方式中日益凸显。

在普通民众那里，技术作为一种价值无涉的工具的观点获得了人们的普遍认可，但其中存在着由于某些被忽略的东西而导致的认识上的偏差。在他们看来，技术本身只是一种纯粹的工具，技术在现实实践中可能造成违背社会价值取向的不良后果，但责任并不能归于技术，而是使用技术的人或者机构应该为此担负责任。

这种看法本质上遮蔽了技术与人之间不可割裂的内在关联，没有看到技术本身的意向性蕴含。事实上，一项技术的发明是根据相应的科学原理物化为现实中的实体，这种实体在技术研究中一般称为技术人工物，而对科学原理的选择一开始就嵌入了人的意向性。这是一个容易忽略的地方，因为在人对技术的直接观照中，技术总是以既成的实体形式出现在人的视野中，而未能对技术的设计过程予以充分的考察。因由此故，技术的意向性掩盖在实体的形式之下而未能显现出来，进一步地，导致了技术与其实践后果在认识上的错位和分离。但是，当技术的负面后果在技术加速的社会中不断增加而形成规模效应时，就会产生一种积极的应对行为，即人们开始对技术及其不良影响之间的关系进行反思。比如，切尔诺贝利核事故和日本福岛核电泄漏事件的叠加影响越发地引起人们对技术安全的担忧。

在此背景下，技术问题在与技术造成的不良后果之间的天然联系中被发掘出来，并以技术的意向性问题的形式在理论界得到广泛讨论。所谓技术的意向性是指在主体意愿的支配下，作为中介手段指向对象并对之加以创造的功能性设定，它普遍地隐藏在技术人工物中。具体地说，技术包含两个相互规定的过程：

1. 通过人的意向性行为使特定的目的从潜能变成现实，从而以人工物的实体形式获得存在。换句话说，技术人工物承载着特定的意向结构，是"人类贯彻技术意志，运用技术知识，通过技术实践（活动），制造出来的具有一定功能的技术物体"[①]。比如海德格尔对锤子的分析，首先认为它是一个为主体所观察的既成对象，关于它的外形、材质、尺寸等特征。不过，更值得关注的是对锤子的非对象性分析，即锤子实际地发挥出敲打的作用，只有在此时，它才成其自身为锤子，进而实现人的意向性目的。在这里，敲打就是以锤子的形式获得其实体形式。

2. 人的意向性通过技术获得实体形式之后，反过来对人的生存方式及生存世界进行重新塑造。以伊德对眼镜的分析为例说明：眼镜的制作在最初的意义上包含着对人眼视力的矫正和放大的目的，当把它作为一个对象时，除了观看到它的颜色、形状等特征外，并不能说它就是一个眼镜，因为它在仅仅作为对象的情况下没有发挥出眼镜的看的功能。只有在人戴上它时，才会实现矫正视力的目的。而此时它是一个非对象的存在，它成为身体的一部分，对人的身体实现了再塑造的实际效果。即是说，技术的意向性的完整表达内在地包含着对主体的反向作用，这正是技术凸显的现实路径。但实际上并不止于此，它是一个历史性发展的过程。展开来讲，技术的意向性实践呈现为主体客体化和客体主体化的开放性过程，主体与客体的区分则去中心化地消融于其中。技术人工物之"特有性质表现在它内部的自然法则与外部自然法则的薄薄的界面上"[②]，该界面是理解技术人工物的良好切入点，它为技术人工物的现实化提供了实践场所，诸要素摒除了主客之分而嵌入技术的现实化实践，形成主体客体化、客体主体化的辩证发展形态。

进一步地，该界面为主体与客体互相融入彼此创造条件并作为技术继续演化的阶

---

① 陆群峰."非自然性"作为技术人工物的本体论差异［J］. 自然辩证法研究，2018（12）：40.

② （美）司马贺. 人工科学——复杂性面面观［M］. 武夷山，译. 上海：上海科技教育出版社，2004：105.

段性前提而存在，这无疑在一定程度上决定着技术演化的未来趋向。然而，其作用具有非充分决定性特征，因为这只提供了特定发展阶段的现实条件，而即将发生的技术实践还取决于未来的现实情境。总之，这种以界面为场所的主客体辩证实践过程，显示出"技术的本质是变动的、待确定的，技术构造了世界，技术与人、自然、社会密切联系且相互渗透"①，也正在如此形式的历史性实践中，技术从人-技术-自然的赛博结构中凸显出来。

三、人之维向：从人类到后人类

技术在人类生存中地位的日益凸显特别是技术对人的嵌入型发展导致了作为纯洁性存在的人的历史的终结，进而导致人进入后人类时代的发展阶段。这种经验世界中的变化引发了一种对人类存在范式的思考，以20世纪90年代后人类主义的出现为标志性节点，反映在理论层面上就表现为从人类中心主义到后人类主义的人文反思。下面以后人类主义对人类中心主义的反叛为基点，分别对后人类主义在技术层面和反思层面进行论述：在技术层面，以技术对人的功能替代和潜能挖掘为旨趣，尤以生物技术和智能技术为实现后人类主义的主要手段；在反思层面，后人类主义的"后"是在人类之后，是一个具有保守色彩的否定性的概念，而非任何确切的实指。

（一）后人类主义对人类中心主义的超越

人类中心主义在一般意义上指的是在人与自然关系中，人总是处于主体地位，而自然总是处于客体地位，一切的价值判断都以人作为评判标准。正如其字面所显示出的那种含义，即以人类为万物存在的中心，众多他者都以人类的存在为其自身存在的意义标准。不过，技术创生的新型主体促进了人类中心主义论域中的各种霸权体制的解构。② 这种对人的中心地位的确认的历史延续性在后人类出现的那一刻起遭遇了断裂，形成了对人的去中心化的新认识，人被降格为与他者类似的存在，在万物共生的范式中进入后人类时代。

人类中心主义以对人的本质主义认识为前提，有其深厚的理论渊源。首先，人类中心主义的思想范式在近代主体性哲学的背景下真正得到确立，把人看作主体，同时把其他的一切存在看作对象，从而形成对人的实体论认识。17世纪时，围绕着知识何以产生的论题出现了两大互相对立的哲学流即经验论和唯理论，他们的观点有一个共

---

① 童美华，陈墀成. 基于技术整体论的技术、自然、人的和谐——芬伯格生态技术观解析 [J]. 自然辩证法通讯，2019（12）：97.
② 林秀琴. 后人类主义、主体性重构与技术政治——人与技术关系的再叙事 [J]. 文艺理论研究，2020，41（04）：159.

同的前提，在人与物之间进行了清晰的界限划分。笛卡尔作为唯理论的代表，以坚定的姿态站在了人的一边，并对人进行了身体与心灵的区分，认为心灵是人之为人的根本所在，以拥有心灵的特殊性作为标记，从而使人与其他的动物及各种造物区别开来，并成为相对于人而言的对象性存在。实际上，早在古希腊时期就已孕育着人的主体性认知，毕达哥拉斯学派虽然以数作为对世界本原的确认，但其"人是万物存在的尺度，也是万物不存在的尺度"的宣言早已为人的中心地位的确认种下了不可磨灭的基因，以致后来者在试图弥合主体与客体之间的裂痕时遇到了巨大挑战。康德虽然实现了哲学领域内的哥白尼革命，转换了主体及其对象之间的认识视角并肯定了人的认识能力的中心地位，但仍然在表象与物自体之间设定了一道屏障，也就在弥合人与物的尝试中落败。换言之，这仅仅是在认识论的领域内的表层性的努力，并未能触及更为根本的结构性层次。

究其原因，在人类中心主义的论域中，"人"被理解为一个实体，是基础的、本质的和不可改变的。其实，在主体和客体的彼此区分中，人的这一固化的认识论特征就被限定了；进一步地，这潜在地指示出人是一个逻辑自洽的概念，是独立自足的，比如在柏拉图对灵魂的分析中，认为人可以通过回忆的方式进行学习，即是说以一种向内而不是向外的方式完善自身。因此可以做出推断，人与众多的他者具有天然的分别，只是在主体与客体之间发生对象性的联系，而不存在本质相关性。在这一前提性假设下，对人的任何理解都是抽象的，因为它与外在于自己的其他存在所发生的联系都建立在二元分离的基础上，是非实践的。

然而，这只是一种理论的抽象，人绝非是脱离了现实的抽象存在。当谈论人时，也就是在谈论人性，而人性在现实实践中具有开放性特征，是一个历史性的概念，即是说人性是会发生改变的。换句话说，人性不是一个固定不变的实体，而是异质性构成的活的概念，比如现实生活中的义肢、电子人等所提供的经验领域的支持；而在理论领域中，则表现为对后人类的关注。后人类的出现迅速导致了人类中心主义的崩塌，继而后人类主义的思考开始全面清洗本质主义的残余。

（二）后人类主义：技术层面的关注

"现代技术的高度发展是后人类主义最为显著的特征。"[①] 该视角下，它是以技术对人的功能替代和潜能挖掘为旨趣，具体则以生物技术和智能技术为集中体现，最终呈现为对人的去中心化处理。

---

① 颜桂堤. 后人类主义、现代技术与人文科学的未来 [J]. 福建论坛（人文社会科学版），2019（12）：47.

　　斯芬克斯之谜是广泛流传的关于人的自我认知的古希腊神话，为技术的历史性切入提供了神话意义上的契机。斯芬克斯是盘踞在进入忒拜城必经之路上的有着狮身、女面并长有两翼的巨型怪兽，它向每一个过往的人提出一个谜语：在一天的早中晚不同时段分别用四条腿、两条腿和三条腿走路的是为何物？回答的正确与否决定着回答者或生或死的命运。斯芬克斯一直掌握着主动权，直到俄狄浦斯说出了"人"的答案后，斯芬克斯由于羞愤而选择跳崖而死。这个神话从侧面向我们传达了人是一种会成长的存在，是有其自身历史的存在，在生命的末尾，人开始借助拐杖来支撑躯体。但是，拐杖并不天然地属于生物性身体，而是一种外在的技术手段。借此或可以说，技术实际地也是生命得以支撑所必需的东西。在更为深刻的本体论层面上，技术对人的异质性嵌入是对人的自身完满性的一种结构性解构，即是说，对人的一般性认知（生物性的人）被颠覆了，它与他者之间并不存在用以区分彼此的界限，人的概念需要从根本上予以重构。

　　实际上，这种重构的欲望并不仅仅来自于神话传说的启示，更来自于当代科技发展的现实性推动，以生物科技和人工智能为集中体现。

　　生物科技在物质层面为后人类主义提供硬技术支持。恩格斯曾论证道人是会劳动的动物，那么，动物所体现出来的生物性逻辑是人之为人的天然特质，而生物科技则主要针对人的生物性进行改造。以基因编辑技术为例，目前，该项技术已经发展到以CRISPR/Cas9系统为标志的第三代基因编辑技术，具有高效、便捷、低成本等优势，这意味着科学家开始注意到蛋白质分子在基因重写方面的潜质，而这无疑对于改善人的体质具有革命性意义。值得一提的是，2020年，美国科学家珍妮·道德纳和法国科学家埃玛纽埃勒·沙尔庞捷荣获诺贝尔化学奖，这说明此项技术已经在实践领域得到了成熟应用和普遍认可。而早在2018年，贺建奎团队就利用这项技术对携带艾滋病毒的人类胚胎进行基因编辑，最终宣布诞生了一对正常发育的双胞胎婴儿。仅仅从技术的角度来看，该实例证明基因编辑对于人的种系进化具有超出生物性遗传的改造能力。

　　人工智能则在精神层面为后人类主义提供软技术支持。技术对人的改造是全方位的，不仅包括物质层面，还包括精神层面。人工智能以模仿人类智能来替代甚至提高人类思考能力。脑机接口技术就是人工智能嵌入人类大脑的典型案例。2020年，埃隆·马斯克作为该技术的忠实拥趸，尝试把芯片植入大脑并通过对神经元电信号的捕捉来替代自然语言交流，甚至帮助改善中风、帕金森、抑郁症等脑功能疾病。然而，其终极目标在于对抗人工智能的潜在威胁，即利用脑机接口将人工智能植入人类大脑，以人与人工智能共生的方式来保障人自身的存在。通过这样的方式，人类的大脑功能取得了技术加持，不仅能够纠正可能存在的病变，还能获得比原有智力水平更高的思维能力。而且，当与信息技术协作发挥作用时，就能进行思维的线上交流，拓展人自身的虚拟存在场域，甚至当肉身陨灭时，以信息生命的形式继续存留人间。

以这样的方式，人类实现了身心两重性的全面升级，从而与人类中心主义的人区别开来，以人与技术的异质性构成作为人存在的新样态，即后人类主义的生存状态。可以说，这既是对人的历史的告别，即去中心化的人取代了作为人类中心主义语境中的人，又是对人的历史的延续，即异质的人的存在在技术的带领下走向未来，而这未来因为还在来的路上，故而后人类主义期盼下的人亦未有确定的姿态。

（三）后人类主义：理论层面的反思

后人类主义在技术力量的推动下必然引起人文科学的关注和评价。从外在呈现看，后人类主义被设想为人与技术嵌合而生的场景，由此引发了或悲观或乐观的选择倾向；从其实质看，后人类主义真正表达的是"在人类之后"的逻辑顺延，但这并非是对人类的全盘否定，而是自然性和非自然性共存的社会现实。

对后人类主义有两种基本相反的取向，一种是消极的态度，而另一种是积极的态度。福山的纯生物性的丧失展示了后人类未来的可能图景。他认为，人的生物属性所划定的界限已不再具有现实的强制性力量，人性很可能作为技术渗透的结果而发生改变。即是说，人的固定不变的本质的观念受到了来自技术的挑战，并将顺应时势地呈现出新的存在样态。这种新的存在样态与先前的人有明显的存在论差异，前者是生物学意义上的纯粹主体，而后者则是混合了他者的异质共生体，纯粹的生物性成为过去式。与之对应，如果说福山的话语间还存有对人性的反思与批判，那么，美国学者卡里·沃尔夫则以一种简单直接的风格为后人类时代设想了一种极具激进色彩的进路，对他来说，后人类主义是人类种系进化的必然选择。他指出，应利用先进的科技手段对人类进行改造，扩大人类的活动场域，延伸人存在的物理范围，从而超越现阶段人之生存的生物性限制。比较两者的区别可以发现，福山从具体的技术出发，揭示了后人类主义在人性内涵方面的变化；伍尔夫则从超越性目的出发，做出了人之外延方面的现实性扩张的设想。

这是从外在呈现方面进行的考量，而更为重要的是它所反映出来的实质性的改变：无论如何，它确认了人类和后人类相继发生的存在状况；需要强调的是，后人类并不是一个彻底的否定性的概念，而是以嵌入技术的方式对人类的"半否定式"回应。

后人类主义的"后"的含义并非是某一具体的实指，而是在当代科技发展语境下的一种时代回应，是对人类中心主义的批判和拒绝。否定性是后人类主义的首要含义，对它的理解必须在此意义上展开，确切地说，它是在人的历史性变动中随之出现的，它否定了过去的人，继而在此基础上迎接将要出现或已出现的新人类。如果要在肯定的意义上对它是什么东西做出一个界定，那么就会导致很多种不同的内涵定义，"该词的含义不是很清晰，不同学者对此有着不同的解释，甚至有的解释还是对立的"①。

　　但需注意的是，这种否定并不是一种完全意义上的否定。从后人类的构成来看，它具有自然性和非自然性的双重意义，因此可以粗略地将其描述为一种"半否定"。就自然性而言，它来源于传统观念中的人的启发。这是一种生物性的人，与其他异质的诸如动物、技术、科学等众多他者之间存在一条截然区分的界限，正是界限的存在使生物性的人不掺杂任何其他的成分，而是以一种纯洁性的面目在世界上存续。就非自然性而言，主要来自于技术的贡献。众所周知，技术是实现人的目的的工具手段，它从属于人而存在。基于对这种从属地位的确认，技术在极其漫长的时间内都是外在于人的，是在人的身体和心灵之外的。然而，在晚近的技术进展中，人作为生物性存在所自我标榜的纯洁性在技术渗透的努力中被瓦解了，也就是说，人的生物性存续的历史终结了，就像"大海边沙地上一张脸"被抹去了，技术由此以人的异质构成的身份重新得到定义。

本章小结

　　从生成本体论视角出发，赛博技术作为一种新的技术观有独特的内涵逻辑、社会逻辑和后果逻辑，它们共同揭示了赛博技术何以成其为赛博技术的形成机制。

　　内涵逻辑以非本质主义为基本立场。第一，它是特质性的而非一般性的，即是说赛博技术是对技术的综合性描述，技术并不作为一个独立个体而存在，而是在与人、自然等他者的相互关系中获得自身在本体论层面上的独特性；第二，它是时间性的而非抽象性的，其具体的发展历程表现为过去的不可逆性、当下的不确定性及未来的开放性；第三，它是有序性的而非无序性的，其发展是前后相继的积累性过程，已取得的发展成果作为继续发展的起点，逻辑地、历史地决定了其自身的发展轨迹。

　　社会逻辑表现出赛博技术外部性的多重致因。从技术逻辑看，其产生是自然与需求相结合的涌现成就，其发展是以技术域的否定之否定的螺旋上升为基本途径，其背后的机制则以组合的方式形成；从资本逻辑看，在资本主义生产秩序中，劳动分工促进了技术产生及其更新迭代，反过来，技术剩余成为资本增殖的新方式，其具体的实现路径以人和技术为基本突破口；从权力逻辑看，技术本身不仅仅作为指向外部世界

---

①　屠含章. 后人类主义与"后人类史学"：理念与实践之张力 [J]. 史学集刊，2019（01）：79.

的改造力量，同时其内部蕴含了一套完整的权力体系。就技术与人的伦理相关性而言，可划分为两种不同的技术：积极性质的"自我的技术"，用于完善自我；消极性质的"规训的技术"，用于训练自我。

后果逻辑则体现出在人–技术–自然的整体性观照中三者的变化。自然在该结构中扮演着被支配的角色，是"自然的隐没"，但实际地处于一种从控制自然到适应自然的过程中；技术在日常生活中成为一种基本设定，表现为"技术的凸显"，现实地作为人的外在化延伸而存在，进而解放人类；而人的改变主要体现为人性的改变，是"后人类的到来"，于是，人类中心主义湮灭，后人类主义随之而来。

总之，人、技术和自然目前还处于一种失稳的变动过程中，即充满着挑战，也带来机遇，挑战以技术的危机的形式暴露出来，而机遇则是指在生成本体论视域下重构技术以走出技术困境的巨大可能性。

第五章 生成本体论视域下 当代赛博技术的未来趋势

在当代赛博技术的发展境况下，技术乐观主义和技术悲观主义之间的矛盾日益尖锐且复杂，技术是否会取代人类的争论随之成为一个严峻而紧迫的时代课题。然而，可以确认的是，人类面临着前所未有的生存危机，"最大的技术风险是人类在生物学意义上消失的风险，是作为人类生存基础的自然界的崩溃"①。

其实质是技术的外在化现实与异质共生理想的冲突。实际上，人与技术之间的矛盾有其特殊的时代土壤，是技术发展到一定程度的历史性次生现象。就现实维度来说，技术化生存现实地塑造着人的存在状态，技术负效应成为技术应用的副产品；就理论层面而言，技术合理性作为一种渗透性的意识形态，不断对人产生新的技术霸权。

人发展技术是为了更好地生存，然而当下技术状况的负面影响显然与之相悖，如何化解这一技术危机就成为紧要的时代抉择。从生成本体论对境域性和时间性的关注来看，赛博技术的未来发展趋势带有客观必然性，而实际上这也是人所希冀的，即共生是其发展的未来方向，具体可从两个方面着手：一方面，基于非本质主义的基本事实重构技术，"后技术理性"和"技术民主化"具有借鉴意义；另一方面，基于历史生成视角在肯定技术的前提下克服消极因素，针对这一点，可借鉴马克思关于技术的辩证思考的思想遗产。

第一节 当代赛博技术的问题

技术变革所带来的影响具有双重性质，既能解放人类、释放自然潜能，又能压抑人类、违背自然规律。在此两相冲突的复杂性中，技术乐观主义和技术悲观主义在技术是否能够取代人类的问题上争论不休。但毋庸置疑的是，人类面临着前所未有的技术危机，无论是人类消失还是自然界的崩溃都与人类的根本利益存在根本冲突。事实

---

① 张成岗. 技术与现代性研究：技术哲学发展的"相互建构论"诠释［M］. 北京：中国社会科学出版社，2013：211.

上，技术与人、自然的对立使其成为抽象的独立存在并陷入善恶之间的无限循环，呈现为技术的外在化现实与异质共生理想的冲突。

一、"忒休斯之船"的技术追问

在人类的现实体验中，技术在给我们带来便利的同时夺走了我们的一些东西，这种利害兼有的复杂性以技术能否取代人类的问题形式引起了广泛讨论，可将之概括为"忒休斯之船"的技术追问。古希腊作家、哲学家对这个问题的回答不尽相同，不同的观点之间虽有区别但也存在极大的相关性。归根结底，它们都在不同程度上承认了技术危机所带来的无可否认的生存挑战。

"忒休斯之船"是古希腊时期的一个传说，亦称"忒休斯悖论"，利用它可以对技术是否能取代人类的问题进行隐喻式的追问。古希腊作家普鲁塔克曾借用这个传说来研究身份的本质问题。故事发生在一片汪洋大海上，忒休斯和其他年轻人乘坐一艘巨大的轮船从克里特岛返回雅典，由于大船历经风浪，一些木头受到海水侵蚀又或者遭到撞击而需要被替换掉，取而代之的是新的部件。显然，原来的船的构成部件的数量是有限的，不可能无限替换下去。于是，当原来的部件全部被替换掉时，这艘船是否还是原来那艘船？如果回答是否定的，那么它在何时失去了原来的身份？如果说这个"何时"是指最后一块原来的木块被替换的时间节点，那么，对于人类来说，在与技术日益紧密结合的境况下，人的"最后一块木块"是否会被替换掉？

对这个问题的回答不一而足，但无外乎两种不同的立场：技术乐观主义、技术悲观主义。其中，技术乐观主义表达了技术有助于人的解放和发展的基本看法。培根和笛卡尔是这种观点的坚定拥护者，在他们看来，技术是对数学和实验等实证手段的现实应用，通过发现和利用自然规律改造现实世界。技术作为一种人类力量的延伸和放大，极大地增强了人类在恶劣的自然条件下的生存能力。不仅如此，技术甚至还以超出预见的强大力量为人类创造自身的历史及文化延续提供了必要的物质基础。即是说，人类的未来由于技术的加持而能在不确定的明天获得一种来自技术的快慰，可以依靠技术来维持自身的存在和发展。可以说，技术把人从自然的支配中解放出来所表现出来的积极作用有目共睹，只是它在人与自然之间建起了一道对象性屏障，从而导致两者之间的单向索取关系。尽管认识到技术在现实使用过程中所产生的一些问题，但由于把这种负面的影响归于人类的错误使用方法而不是技术本身，于是采用发展技术的方法来规避这种影响，而未能恰当地认识到来自自然的回应甚至反抗。

与之针锋相对的是来自技术悲观主义者的拷问，他们更倾向于认为技术对人类来说是可怕的毁灭力量，它毁灭自然，而毁灭自然即是毁灭人自身，用埃吕尔的话说，技术的快速发展将会导致人失去对它的控制。前面说过，人、技术和自然三者构成赛博技术相互作用、相互影响的三个构成性要素，在技术的中介作用下，人与自然之间的关系得到了全新呈现。具体地说，在原始状态下，自然为人类生存提供必要的物质资料，人自身的生存与发展离不开来自自然的持续输出。不过，即使在生存欲望的驱动下，人类能够从自然中独立出来却仍然无法切断与自然的先天联系，即是说人对自然的物质依存必须在规律限定的有限范围内进行，自然的物质先在性和规律先在性从一开始就构成人的生存的先天限制，前者发挥支持作用，而后者则起到平衡作用，这样才能保证人的可持续发展。在悲观主义者的视野中，技术日益突出的弊端就是在违背自然规律的情况下出现的必然现象，比如核风险、生态危机等，并突出地表现为对人的生存意义的威胁；换言之，技术的危机表现为它对人类生存所造成的巨大障碍。在此种境况下，技术的定位发生了一种转换，而与开发技术时的初衷背道而驰，危害人类生存使技术悲观主义者对它产生了一种宿命般的敌意。

可以看到，这两种相反的态度大体上各执一端，无论选择其中的何种立场，都会陷入事实性的自我反驳，作为调和的结果，笔者认为技术是一种历史性的矛盾综合体，既有利又有害。究其原因，对技术或乐观或悲观的论调从根本上说都是建立在技术决定论的基础上，所谓技术决定论是把技术作为唯一的影响要素与人类社会的发展建立联系，无论是走向光明的未来抑或跌入堕落的悲惨世界都是以技术的一己力量进行衡量。即便它看到了其他要素比如自然在其中的角色，但它在强大的技术力量面前只是以一种被动性的参与方式沦落在技术之下。但是，在赛博技术的框架中，技术并不是唯一的决定性力量，而是与人、技术共同构成技术演化的基本结构，技术实际地受到来自自然和人的关联性制约；这即是说，技术的善恶表现体现在它与技术、人的相互关系中。从历史的维度来看，第一次工业革命以蒸汽机的出现为标志而得以展开，它取代人力作为新的动力为机器化大生产的普及创造了前提性条件。另外大量燃煤造成严重的空气污染，使生存环境受到明显的破坏；与之相比，近来的第四次工业革命尤其将环境保护作为技术设计的代码嵌入其中，比如对电动汽车的投入和研发就是在考虑到环境恶化的忧患意识中形成的现实实践。

不难看出，技术乐观主义或者技术悲观主义呈现出阶段性和历史性的特点，技术是否会取代人类的疑问在这种循环往复中飘忽不定。技术有利的一面自不必说，而技术的负效应随着技术的发展而周期性地出现，但可以肯定的是，它们都或明或暗地揭示了技术危机的存在。

二、问题的实质：技术的外在化现实与异质共生理想的冲突

技术是不断发展的，它的善恶也是历史性的呈现，但问题是，如何从这种循环中跳脱出来？究其原因，技术的乐观主义或悲观主义的认识作为历史的否定之否定的循

环是建立在本质主义技术观基础上的必然结果。在本质主义的统摄下，技术是一种抽象的存在，它独立于人或者自然，而与自然及人的本体论意义上的割裂使技术的善恶陷入不可避免的认识论循环，即是说技术危机的实质在于技术的外在化现实和异质共生理想之间的冲突。

技术的进化和人自身的进化是一个充满张力的话题，在某种程度上可以说技术的进化也就是人类的进化。斯蒂格勒从人的发明的角度出发，认为人在世界之中的存在通过后种系生成的方式实现，即人类的延续有赖于对人类的原始性缺陷的代具性补足。在爱比米修斯的神话中，斯蒂格勒想告诉我们人与技术从一开始就处于相互依存的嵌合状态，这明显有悖于传统的二分看法，同时也表明没有技术的加持，人就不可能得以存续，而技术若离开了人将失去它本体论意义上的归宿，这样的人-技结构便获得了一种历史性生成的存在形式。

技术在不同历史阶段的具体发展形态表明外在化的历史性展开。根据古兰对技术趋势的阶段划分①，工具技术对应着工匠人，指示着人的"骨骼体系的外在化"；机械技术对应着劳动者，指示着"肌肉组织的外在化"；而信息技术对应着赛博人，指示着"神经系统的外在化"。由此可以发现，不同的技术阶段绘制了人的后种系生成的连续系谱，但基本趋势是人将自身的器官功能逐步外化为代具性存在。

或可以说，在人对技术的历史依赖中，人之生存中人的占比不断减少，而技术的占比不断增加，技术不断地侵蚀人类获得有机体的生存形式，把人的生存转化为技术的外在化生存。技术以指数级的速度扩充其能力，创新者也寻求成倍改进的能力。②。在这种情况下，技术的外在化现实快速推进，这可以从两个层面进行说明。第一，对技术的依赖程度不断加深，甚至可以说技术接管了我们的生活世界。比如现实中手机的使用。手机经过几十年的更新换代，其功能早已超越了基础的短信和通话功能，而发展出全场景的各类应用：用美图软件拍照并修图，用地图软件导航，用视频通话进行线上的面对面交流，用点餐软件订外卖，用购物软件购买需要的商品……这些不同的场景原本都需要人的身体的实际在场和参与，而技术的持续进步和人类生活方式的变化似乎使人类历史迎向某个拐点，之后的人类历史将难以想象。但这里存在一个理论上的假设，就像忒休斯之船，当原本属人的行为都被技术取代之后，人将何以自处？第二，人自身的种系进化也受到来自技术的干预，甚至被技术取代。虽然人与其他动物存在显著差异，但人仍然属于动物，只不过是一种高级点的动物而已。因此，人的

---

① （法）贝尔纳·斯蒂格勒. 技术与时间：3. 电影的时间与存在之痛的问题［M］. 方尔平，译. 南京：译林出版社，2012：110.

② （美）雷·库兹韦尔. 奇点临近［M］. 李庆诚，董振华，田源，译. 北京：机械工业出版社，2011：22.

世代衍生与其他动物一样都受到自然规律的支配，隶属于生物性遗传的范畴。然而，由于技术在人的生存中的占比不断扩大，也由于人与其他的动物的差异在技术上的区分，人的衍生除生物性遗传的方式之外，技术成为与之比肩的新衍生方式。即是说，对人来说，技术是一种可选择的或者说实际就是人类的历史延续的载体。这是一种技术性遗传，比如近来受到极大关注的"意识上传"，通过把人的数据上传到电脑从而获得脱离肉体的以技术为载体的生命延续；又比如"冷冻卵子"，以预先储藏的方式改变了人类繁衍的节奏和规律。总之，技术不仅接管了人的生活世界，甚至人自身的种系存在也在技术的控制之下，人由此陷入到被动的地位。

　　显然，这种技术的外在化现实和人与技术的异质共生理想存在相悖离。在理想的状态下，技术应该发挥为人类生存和发展提供支持的作用，在人-技结构的共生设想中不断为人类存续开拓可利用的空间。而事实却恰恰相反，技术的无节制运用导致人的存在范围不断被技术侵占，甚至人本身都受到技术的攻击。当然，技术的运用也为人类生存扫清了一些障碍，使人类的寿命得到大幅延长，但这并不足以成为忽视技术危机存在的理由。真实的情况是，技术威胁已经发展到极其危险的地步，正如美国未来学家雷·库兹韦尔所言，"一个新的文明正在冉冉升起，它将使我们超越生物极限"①，它几近徘徊在临界点，将技术取代人类的话题推至前沿。

　　显然，技术的外在化现实使人类生存不断地外化到技术，不管是人类自身，还是其生活世界，都被技术重新定义。实际上，这是由技术与人两者之间的本质相关性内在地决定的，人的成其所是离不开技术的塑造。这直接地体现为人在技术所开辟的新世界中获得了前所未有的生存能力，继而扩展了超过自身生物本能的生存空间。正如谚语所云"上帝给你关上一扇门，就会为你打开一扇窗"，技术的正面力量无疑使它受到了如上帝般的信仰；但反过来，当技术为人类创造了一些生存机会时，就会使另一些生存可能丧失掉。就这个意义而言，人类所面临的技术危机正来自于技术本身，是技术引致了人类对自身生存及其意义的探讨与追寻。

　　实际上，技术的外在化是本质主义技术观的一种现实折射。在本质主义技术观的理论场域内，技术通常被视作一种外在于人的工具性存在，它构成人的存在方式，是人现世生存的重要支撑。卡普提出"器官投影说"，旨在用工具的形态变化来映射出人类文化的发生历程。他认为，人类作为其自我世界中的中心存在彰显着对自身及客观世界理解的最为客观的表象，也是最为直观的功能模仿对象，是工具因由发生的源泉，是本原的技术的母体。即是说，在工具和器官之间实际地存在着一种自然发生的

---

① （美）雷·库兹韦尔. 奇点临近［M］. 李庆诚，董振华，田源，译. 北京：机械工业出版社，2011：Ⅳ.

联系，工具的出现建立在对人类器官特别是对手的理解的前提下，技术更多地作为一种无意识的发明和创造与人类器官内在地关联起来，其结果是，人通过对自己器官的模仿延伸了自己的存在，工具成为外在于自己的无机的器官。其实，日常生活中的许多造物几乎都可以从中看到人类器官的影子，比如望远镜对视力的延长、轮椅对双腿的替代、钩子对手指的模仿等都显示出两者之间的相似性和相关性。实际上，卡普的思想具有预测未来的现实意义，比如以人脑为原型的人工智能的出现就体现了这一点。此外，技术的现实投影预示了从以自然为对象到以社会为目标的符合现实要求的转变，比照人类器官的不同形状和功能，作为投影的映现，会形成一个以之为模板的技术系统，全方位地构成人之生存的周围环境，在诸如智能家居、数字城市等不同场景中进一步揭示了技术与人之间日趋紧密的联系。卡普开启了对技术的哲学反思，但始终把技术摆在对象性的位置上进行思考，随后的埃吕尔和美国技术哲学家兰登·温纳等人与之一脉相承。埃吕尔认为，技术已经超出了其自身的抽象范畴，以技术系统的形式不断塑造着人的生活方式和思维习惯，人是技术条件下的创生产物。温纳类似地将技术理解为人的生存方式，认为技术以它自有的独特方式对人的行为模式和思想观念产生影响，而且这种影响是根本性的，是超出了人的控制范围的。

即是说，技术的外在化现实根源于本质主义技术观所造成的深层的结构性矛盾。面对这一问题，既要看到表露于外的技术所造成的实际问题，又要体察到深层次的理论诱因，只有兼顾到现实与理论两方面的表现，才能找到正确的技术发展道路。

第二节　赛博技术的问题表现：技术化生存与技术合理性

当代赛博技术的问题表现体现在现实与理论两个层面。就现实层面来说，技术化生存是人的生存状态在经验世界中的显著特征，现实的日常生活中没有脱离了技术而能够继续存在的飞地，技术的发展影响甚至决定了人的存在方式的变化；就理论层面来说，技术合理性在现阶段已经成为渗透到全部现实的意识形态，不断地对人产生新的技术霸权。此两者在第四次工业革命的时代浪潮中以彼此的交错行进形成合力进而统治世界。

一、现实层面：技术化生存

技术化生存关乎人与技术的关系，间接地影响着人与自然之间关系的变化。那么，何为技术化生存？从非本质主义的技术视角或能得到解释。

在非本质主义技术观的视野关注中，技术往往被理解为人的本质构成，它内在地决定了人类历史的存续和发展，在这个意义上，技术的命运也就是人的命运。德勒兹用"无器官的身体"来指示技术的源始性起点，但他强调的不是身体的实际形式或者结构，而是无机物的活力论，以这样的方式来揭示机器与有机物之间别样的联系。①

在德勒兹的理解中，无器官的身体不是普通意义上的身体，它并不是如字面上所揭示出的否定性含义，而是指身体处于一种原初的混沌状态，没有生机，也缺乏主观能动性；正是身体的这一状态，构成身体得以分化的欲望的原动力。他借用德国动物学家魏斯曼的"蛋卵"概念从三个方面来阐释"无器官的身体"：第一，无器官的身体犹如蛋卵，它为有机体的创生提供物质性的支撑，是技术由之发生和变化的基本前提；第二，无器官的身体是一种原初性，是处于一种未分化的无组织状态，但这并非是确定的无，而是具有那种类似于亚里士多德所说的"潜能"；第三，无器官的身体内在地蕴含了一种生成机制，这预示着有机体的形成，与之对应的是器官的专门化发展。这三点关于无器官的身体的描述表明它为向有机体的进化做好了准备，并将之以一种欲望的形式释放到外部世界。"身体是积极的欲望之力的流动，是一股活跃的升腾的永不停息的生产机器。"②

那么，欲望作为一种从身体中生发出来的能动性力量就成为有机体化的身体的必要条件和中介环节，它使身体成为欲望机器，从而生发出其内在的生产能力。具体地可从两方面进行阐述：一方面，欲望促进了身体器官的分化，使身体进入到生产的过程；另一方面，无器官的身体本身的反生产性使欲望机器的生产不得已转化为对外在技术的追求，即把其器官的分化以外在的技术形式获得发展。于是，欲望的力量从无器官的身体之中流动出来而以现实化的技术形式呈现出来。即是说，当无器官的身体与欲望显明地结合在一起时，就为技术的出现创造了原初性条件，这决定了无器官的身体向身体的转化不仅使身体得以正常化，还携裹着技术的内核，有机体与机器是无器官的身体之现实绽放的必然构成。基于此可以认为，技术与人的成其为自身具有原初性的关联，这种原初性内在地包含了技术的"种子"，即身体的未分化状态在欲望的驱使下为技术留下了能够作为始点的位置空间，技术失去了这种可能性空间就不能生成其自身，而身体的分化若没有技术的参与也就不能向前推进。

总之，无器官的身体内在地蕴生着使器官得以分化而出的技术能力，它们以异质的共谋共同为人的技术化生存在本原意义上做出注解，这与斯蒂格勒的缺陷存在和代具性有着异曲同工之妙。两者在对技术的非本质主义认识上达成了一致，斯蒂格勒简

①　Daniel Smith. What is the Body without Organs? Machine and Organism in Deleuze and Guattari [J]. Continental Philosophy Review, 2018, 51 (1): 109.

②　韩桂玲. 试析德勒兹的"无器官的身体" [J]. 商丘师范学院学报, 2008 (01): 6.

单直接地将技术理解为人的本质上的先天缺陷，而德勒兹则把技术理解为有待正常化的身体和欲望的共同作用而得以自然发生的结果，两者在身体的缺陷和技术的生成这一互补性结构中逻辑地实现了本原方面的自洽。

技术哲学发展到今天，对技术所进行的哲学的、历史的思考经过了一个漫长的发展过程，最终那种看到了异质构成的非本质主义技术观成为技术研究的主流。但是，不管是抽象的本质主义技术观抑或是具有局部视角特征的非本质主义的技术观，它们在人与技术的现实关联层面上的取向是一致的，只是以各自不同的方式对技术化生存做出了界定：一致之处体现在认识论层面，此处两者大致上是趋同的，都认为技术构成人的生存条件，人与技术的关联具有现实性意义。而它们的不同则集中体现在本体论层面：前者将技术理解为外在于人的一种抽象的存在物，在这个语境下，人也是抽象的，是自我完满的，人与技术处于一种根本性的分离状态，尽管它并不影响技术构成人的生存环境；后者则在本质上将人与技术联系在一起，使技术的命运与人的命运在原初性上进行了整齐划一地处理，亦即人的技术化生存由此具有了本原意义上的根源。

综上可知，技术化生存的含义至少包含两个相互关联的层面：一是技术在日常生活中构成人的生存方式，技术条件组成人的生活背景；二是技术与人具有本质相关性，人类的命运依赖于技术的命运。这两点的综合效应使技术与人的关系日益紧密，这对人类的存续与进步功不可没。但笔者认为，随着科技的突飞猛进，特别是在第四次工业革命的推动下，技术化生存在现实世界中的投射已经发生了明显变化，其负面效应在其与人的结合过程中逐渐显露出来，表现为人的自然性的逐步流失及人的生存意义的丧失。其实，早有学者就关注到了这一现象，并将之称为"自然主义技术化生存"，即单单以物质的满足来衡量人的本质和行为，同时把人的生存理解为以自然生命为目标所进行的从自然出发获得物质资料的实践过程①。

技术化生存作为技术危机在经验领域的集中概括，其对人的统治的实现是从宏观层面上的社会工业化而展开的，并经过中观层面上的物化环节最终导致微观层面上人性的失却，即是说，技术化生存对人的影响是层次性地实现的。

（一）宏观层面：社会的工业化

技术化生存离不开社会的工业化所形成的技术氛围，没有工业化，就很难形成足够的技术力量，也就不会形成人的技术化的生存环境。在技术发展史上，作为对技术

---

① 贾英健. 技术的生存论意蕴与技术化生存的当代境遇 [J]. 中共福建省委党校学报，2008（06）：14.

的激烈反抗的经典案例就是发生在 19 世纪初期的英国卢德运动。事情的起因是企业主采用机器的生产方式取代了较之低效率的手工劳动，而只需要那些不掌握劳动技能的普通工人就能操作和生产。但是，这造成了工人收入的大幅降低，几度陷入赤贫状态。工人认为这应归咎于机器的代劳，于是他们便大规模地组织起来捣毁机器。这场运动的主角被后来的人称为卢德分子，是技术悲观主义的代名词。重要的是，卢德分子产生的背景是工业革命时期，即社会工业化的的开始阶段，这是问题的关键，即卢德分子为什么不在前工业时期出现而恰巧在工业革命如火如荼行进的节点出现呢？

　　事实上，工业化的铺展意味着技术成体系地现实应用，这极大地冲击了以手工劳动为基本特征的社会秩序，直接导致了人与技术之间的冲突，因为它直接地改变了人类世代业已习惯的劳动方式，更在时间的流逝中改变了人的消费场域和生活习惯，人们的生活在关于技术的扩张故事中不可逆地向前延伸着自己的命运。在笔者看来，尽管卢德分子对机器的憎恨与资本主义生产方式存在难以切割的关联，但在较为广泛的意义上讲，这种对技术的反思和批判也预示了在工业化的背景中伴随着之后人类历史的每一个与技术相关的时刻及每一处被技术占领的空间，这也正反映了"工业化社会是技术化生存必不可少的前提条件"①。

　　到了今天，智能化与数字化逐渐发展成为工业化时代的新样态，以一种更为系统、更为彻底的方式重塑人类的生存世界。即使在受到持续批判的条件下，工业化的脚步依然如时代洪流般不可阻挡，如今已浸润到第四次工业革命的浪潮之中，人脸识别、自动驾驶、语音助手、机器人等的普及和使用所展现出来的对人类生活的深度参与，表明技术的更新迭代为人类创造了更加崭新的生存环境，以它前所未有的方式渗透进人类生活的方方面面。与之对应，卢德分子由于其审视对象的更新和时代的差异在技术发展的新阶段获得了新的身份，即以新卢德分子的姿态对快速渗透到人类生活世界的新科技表达了其一以贯之的态度，悲观的声音在技术所塑造的新世界中作为其另一面不出意外地被表达出来。不过，透过这一悲观的滤镜就会发现，在社会的宏观层面上，智能化和数字化成为人类所生活于其中的技术世界的新塑造手段。其中，智能化使人类生活在智能世界之中，"智能+"成为人类生存的新模式。比如，张明斗等认为人工智能技术与城市治理目标相契合，城市的智能化有助于促进城市治理转型②；数字化使人类处在一个便捷的信息世界之中，数字构成人的现实生存环境。比如，在 2020 年末，郑州城市大脑的 118 个应用场景正式投入运营，这使其成为国内首个全场

　　① 李桐，刘宏凯，苗壮. 技术化生存的特征及困境分析［J］. 赤峰学院学报（自然科学版），2009，25（08）：145.

　　② 张明斗，刘奕. 人工智能在城市治理中的应用逻辑与风险应对［J］. 湖南行政学院学报，2021（01）：5.

景数字化运营城市，人们的教育、医疗等的现实活动都建立在数字联系的网络之上。总之，以工业革命为始，人类生活已经发展到与智能化和数字化相融合的阶段，社会的工业化的不断推进为人类生存持续创造出日新月异的技术世界，在宏观层面上为人的技术化生存提供了现实条件。

（二）中观层面：技术的物化

从改造世界的角度看，科学对自然的实验探索和量化处理是在技术物形成的那一刻才算最终完成，技术物作为科学与技术合谋的结果，不仅体现着对自然的征服，还意味着技术的物化作用向人类的传递。在伊德那里，可以看到技术对人类生存实际影响的微观状态，类似眼镜的那种技术物以具身的方式与人融为一体；继续放大视野就能发现，这种具身是普遍的，人的衣食住行及生活的方方面面都渗透着技术的踪迹。然而，其中存在的问题在技术正效应的遮蔽之下变得极具欺骗性，以致它掩盖了技术本身所带有的物化能量。具体地说，技术按照科学标准在实践经验的指导下对自然进行了再构造，自然失去了其实际的生命而仅仅以质料的形态在技术意志下获得其技术造物的形式，自然变成了技术人工物，而自然失去其形态各异的外部存在形式亦即失去了其成其为自身的质的规定，质与量在技术的作用下发生了分离，即是说自然被技术简化为量的存在。但这并没有结束，当技术物成为人类生存在日常生活中触手可及的存在时，它也就成为无处不在的存在，人便每时每刻地浸润于技术物的渗透中，在这种紧密接触中，技术物的量的规定性就逐渐发展为人的一种主要规定，同时质的方面便在量的规定中不断被消解。其结果是，人被技术物的量化特征所迷惑而远离了自然，也远离了自己。

在这一过程中，发生了一种生存根基层面上的改变，这具体地表现为从对自然的依赖到对技术物的依赖的转变，人被物化了。本来的情况是，人的生存一般性地顺从于自然的支配，通过这样的方式在自然那里获得物质资源，但技术一旦开始扮演中介的角色并作用于人与自然的关系，自然之于人的地位和意义就让位于技术，因为技术对自然的"订造"使得自然经过技术的拆分和重组之后以技术物的形式再次呈现在人的面前，或者说与人直接地发生关系的不再是自然而代之以技术，于是，人对自然的依赖就变成了对技术物的依赖。换言之，技术的加入使人与自然之间的关系发生了割裂。这里的区别是，自然是人之创生的天然凭借，因此可以说人与自然具有源始意义上的同一性，而技术物是对自然的改造和挪用，属于对自然进行加工的结晶，与自然已然生出明显的差别。在这个意义上，技术物并不如自然那般对于人来说是属己的，而是外在于人自身的，尽管技术在本体论的层面上对人之存在的必要性已经开始受到关注，但这并未能在需要的范围内充分阻止技术的外在化倾向，反而恰恰在技术利好的舆论下使人不自觉地生发出向外的冲动。总之，"人类不断利用'技术物'来超越自身……'技术化'也就是人的'物化'"①，自然的技术化间接地导致了人的物化。

（二）微观层面：人性的退却

社会的工业化为人的技术化生存提供了基础环境，而技术的物化作用通过将自然转化为技术造物的形式导致了人的物化，而人的物化最终是以人性的丧失表现出来的，是人进入到技术秩序之中服从技术的安排所自然而然出现的结果。人性的退却是从主动性的生存到被动性的受支配。这里说明三点。

1. 人的功能化。"人不是目的，而只是一种有用性工具，作为一种功能而存在。"② 人在使用技术物的过程中，由于必然地受到来自技术物之物化倾向的影响而使自身逐步物化，人从而被降格为单一的物质层面上的存在，即是说表面上是技术物为人类服务，实际上却导致人服从于技术物的无精神的物的存在形式，其实质已不再是人，而是成为技术机器的某一个组成部件。于是，技术就不再是人类器官的延长，实际的情况恰恰相反，人成为技术机器实现优化的触角，"人成为人力物质"③。即是说，技术使人退化为单一的功能性存在，然而，有用与否的考量不过是技术时代中人的悲哀的来源而已。

2. 人的去时间化。在现实生活中，人浸泡在技术状态中，人所处的每一分秒都不再属于人自身，人的时间变成了技术的时间。以微信为例，人作为社会性存在的动物在与自身的关系发掘中必须服从社会规则，微信提醒作为维系这种规则的手段使人处于随时被唤醒的状态，继而从自我的独处切换到与他人的跨时空联系中，然而，这种情景若没有技术的加持便失去其可行性。问题在于，人具有生物属性与精神属性的双重构成，当生物属性在技术的干涉中超出其极限时，它也就不能得到有效的保障，而只剩下单一的精神属性的人并不能称其为完整意义上的人。总之，技术时间的无度使人性不再受到尊重，人只是作为一种与技术无异的另类存在完成其使命。

3. 人的同质化。如果说科学是认识世界的首要步骤，那么，技术就是改造世界的完成步骤，技术作为对科学的现实执行，延续了科学的处理手段，人在与技术的耦合中势必难以逃避同质化的命运。技术作为人的生存方式，其影响是广泛的且齐一化的。一方面，技术的影响范围广，凡是人的所及处，技术就显现其踪迹；另一方面，技术

---

① 林德宏. "技术化生存"与人的"非人化"[J]. 江苏社会科学, 2000 (04)：52.

② 李剑. 技术化生存的人性危机 [J]. 安庆师范学院学报（社会科学版），2011, 30 (05)：80.

③ 刘同舫. 科学和技术：天使抑或魔鬼？（三）技术的边界与人的底线——技术化生存的人学反思 [J]. 自然辩证法通讯, 2004 (03)：1.

的影响是齐一化的，也许是出于经济或方便的考虑，技术有其普适性标准。这两方面的综合作用就导致技术在大范围内的标准化运行，人处于其中，就会出现从众、随大流的选择倾向，即是说会形成基于技术干预的共识。比如，抖音中的网红现象，比如丁真在极短的时间内就成为网民的广泛讨论对象，正如 20 世纪美国艺术家安迪·沃霍尔的预言："未来每个人都可能在十五分钟内出名。"在这短暂的时间内，人们所接收的信息大致都集中在相关议题上，信息杂多而内容几乎是一样的。可以想象，在接受了同质化的信息之后，个体之间的差别就随之被抹杀掉，结果是众人如一。但是，这绝对不是人理想的存在状态，甚至可以说它导致了人失去了自身的存在。

二、理论层面：技术合理性

在法兰克福学派的理论视域中，技术合理性作为一种异化人类的意识形态已经成为其进行批判的共同起点，"他们跌进了某种虚无主义，他们反思在意义与非意义交汇处形成的局限"[①]。在现今技术加速重构现实世界的背景下，技术合理性所引发的批判显示出越来越强大的生命力，以对抗技术负效应的角色担负着人类生存的希望。那么，技术合理性是如何支撑起其统治意志的？这种统治的合法性基础又该如何认识？在今天看来，技术合理性是一个受到广泛批判的概念，同时为今天的技术发展提供了一种极富洞察力的反思视角。

技术合理性是一个既具时代性又有历史性的概念，它的演变过程也是其主导地位逐渐凸显的历史，可以从现实、历史与逻辑的不同角度对此进行回答。从现实的角度看，技术合理性在一定程度上反映了资本主义所带来的"总体性局限"，即对资本主义生产方式的改良及作为新的价值增殖手段使其工具性力量不断凸显，然而其普适性标准掩盖了现实世界的多样性；从历史的角度看，技术合理性迅速发展起来并实现其统治意志是以对启蒙理性的取代为标志的，在这一过程中，理性所特有的解放力量反其道而行之地变成了统治人的异己力量；从逻辑的角度看，其合理性逻辑地表现为两个层面上的内容，即技术为统治的合法性的合理性处理，同时对反抗意识和行动之动力进行欺骗性的抑制，另外，它们的合力在生产力取代生产关系的乌托邦式的想象中难以受到批判地继续蔓延其影响力。

（一）现实分析

从现实来看，技术合理性的产生和当时晚期资本主义的总体性趋势有莫大的联系。一是资本主义制度的改良。资本主义生产方式在发展到一定阶段时，其内在矛盾就临

---

① （法）弗朗索瓦·多斯. 结构主义史 [M]. 季广茂，译. 北京：金城出版社，2011：436.

近爆发的边缘，生产力和生产关系的失调使统治者与统治对象之间的矛盾日趋尖锐，这种来自现实的压力倒逼资本主义政府采取相应的措施进行改革和干预，比如保障工人正当权益。二是技术所释放出的巨大生产力使其成为独立的价值增殖手段。工人与资本家的矛盾的爆发与后者出卖劳动力直接相关，此时，工人是主要的生产力，对工人剥削越严重矛盾就越激烈；于是，降低对工人的依赖就成为一种弱化矛盾的路径，技术应运而生。由此可以看到，为了缓和阶级对立，资本主义社会出现了两大总体性趋势，它们在目标上表现出高度一致性：在生产关系方面，国家以干预的形式试图化解矛盾；在生产力方面，技术在很大程度上取代工人，不仅改造了生产组织形式，还极大地提高了劳动生产率。从维护资本主义统治的角度看，技术合理性以其工具性特征掩盖了资本主义的内在矛盾，其实质则发挥着一种以统治为目的的意识形态功能。

具体地讲，技术成为主要的剩余价值来源，以此方式减少甚至消除了对工人劳动的绝对依赖，技术合理性由此获得其合法性地位。在资本主义生产秩序下，技术的创生是在资本增殖的驱动下完成的，技术反过来又成为除工人劳动之外的新的剩余价值生产方式。关于这一点，在"赛博技术的资本逻辑"一节中有所论述，在此不赘言。这里所要说的是，技术与资本的结合使工人作为生产活动主体的地位受到挑战，技术取而代之成为主要的生产方式，即是说工人劳动不再作为剩余价值生产的主要方式，对异化劳动的政治经济学反思并不能完全照搬到技术身上，那么，关于剥削工人的异化劳动的批判在很大程度上由于现实境况的改变也就失去了其适用对象。逐渐地，技术合理性在缺少反思力量制衡的情况下迅速占领了整个生产领域，并随后渗透到生活和消费等诸多场景中。在霍克海默看来，启蒙理性尽管把人从迷魅的世界中拯救出来，却在确认自我主体性的同时又将人带到了与自我相分离的境地。现代沟通媒介可以在生理和精神的不同层次上产生隔离的效果，比如电台播音员的声音代替了人们之间的攀谈，而火车开始为小汽车让路了……正是由于这种以技术为手段建立起来的沟通使人们隔绝起来，而这也确立了人们之间的相似性。① 比如，现实社会中的追星行为就直接地体现了趋同效应，个性在这种社会机制下被抹除，不同的人的品位被塑造在同一水平上。即是说，技术合理性创造了一种具有修剪作用的模式，而一旦有了这个模式，属于个体的想象力和创造力就将永远服从于这种强制力量，即毫无悬念地被压制住。

技术合理性所展现出来的工具性力量与其统治内核构成它的一体两面。技术合理

---

① （德）马克斯·霍克海默，（德）西奥多·阿道尔诺. 启蒙辩证法——哲学断片［M］. 渠敬东，曹卫东，译. 上海：上海人民出版社，2006：205，206.

性是现代化进程中一种占主导地位的思维方式，"这种在场不过是已经把历史排除出去的自然的在场而已，不过是像两极机器一样发挥作用的心灵、普遍基因而已"①。一方面，技术通过提高生产力的方式为社会创造了极大的物质财富，这在物质层面上满足了人们对自然索求的生理性欲望；更有甚者，这种物质性的满足以象征符号的形式对人类精神开启了新一轮的占有，其结果是形成了资本主义消费方式，即法国哲学家让·鲍德里亚所言称的消费社会创造出虚假的消费需求，这种超出物质本身的消费模式使人们进一步沉浸在技术合理性带来的胜利之中。就是在这种实际的所见中，技术所创造的物质与精神的双重消费使其成为一种广为接受的生存方式。但另一方面，技术成果在表面上的繁荣分摊到每一个具体的人时，并不是按照平等、普惠的方式予以呈现的，而是以有差别的方式进行分配，只有处于社会金字塔顶层的人群才能充分地享有技术福利，而绝大部分的人为这表象所覆盖，技术合理性便以这种隐秘的途径在所有人那里取得了一种普遍性的信任。但实际情况却恰恰相反，有着技术合理性之涂层的人实则被困在理性的牢笼之中，它用一种欺骗的方式推行着符合少数人的价值负载，于是，在这种实际的对立场景中技术合理性所内在蕴含的压迫和强使得以彰显出来。总之，技术合理性以表面的普适性价值掩盖了其在现实世界中造成的实际伤害，这也是其间的抵牾所在。

（二）历史分析

从历史来看，启蒙在理性的指引下被赋予了一种时代性任务，旨在摆脱神灵带来的恐惧和不安。马尔库塞指出，启蒙理性的出现与对世界的神性表达具有历史性关联。在此之前，自然的力量通过神话得到一种神秘主义的解释，图腾文化的广泛存在使人们陷入了对神灵的崇拜，但这种盲目的崇拜是必须得到拯救的愚昧。"神是人造出来的，是人的仿制品，并充满了偶然和丑化特性……这个世界正在变得混乱不堪，它需要整体的解放。"② 神灵世界是在人们受自然支配的阶段为了找到依靠的一种具有宗教性质的产物，与之不同，启蒙就是为了破除这种迷信，从而改变人被支配的境况，继而以理性为武器树立起人自身的主体性，追求属人的自由。

自启蒙运动以来，理性崇拜成为社会风潮的显著特征，理性作为人类文明和社会进步的判别尺度而存在。特别是在逻辑实证主义的旗帜下，理性思维被推至神坛，科学主义盛行，经验世界经过理性洗礼之后被简化为概念之间的逻辑关联，原初的丰富

---

① （法）弗朗索瓦·多斯. 结构主义史 ［M］. 季广茂，译. 北京：金城出版社，2011：326.
② （德）马克斯·霍克海默，（德）西奥多·阿道尔诺. 启蒙辩证法——哲学断片 ［M］. 渠敬东，曹卫东，译. 上海：上海人民出版社，2006：3.

性被转化为纯粹的数学关系。不仅如此，科学理性经过对自然的实验认识阶段以后转化为技术合理性，它以此为基本形式在认识世界之后进入到改造世界的阶段，即是说技术合理性由此成为具有现实实践潜质的能动力量，是现代工业文明逐步展开的底层逻辑。正是在作为底层逻辑的技术合理性的支配下，现代化进程表现出了明显的自反性特征，自然系统的污染和破坏及人性在现实世界中的退却使对技术合理性的反思成为它本身的逻辑延伸。

结果是，事实与理想相背而行，启蒙理性非但没有发挥其启蒙的功能，反而退化为技术合理性并开始向相反的方向发展。实际上，当技术合理性变成一种权力时，对它不加节制地使用，最终使其以启蒙之名，借着解放人性的旗号把人作为一种经过技术处理过的对象参与到实际的技术合理性的扩张活动中去，"当历史哲学将人性的观念转换成介入到身体的作用力的时候，当历史哲学借助这些耀武扬威的作用力，而使人性的观念寿终正寝的时候，这些观念一部分固有的内容，即纯真无邪，就被掠夺掉了""历史作为同一性的相关物，作为一种可以建构的东西，是一种恐怖，而不是一种善，因此，思想实际上也就变成了一种否定性的要素。"① 也就是说，启蒙理性已经在暗处被简化为以技术为唯一内核的理性，人性的丰富意蕴在这种转变中被无情地疏漏了。展开来说，这种变化带来的影响主要体现为两点：一是技术合理性取代政治暴力成为新的统治形式。出于维护资产阶级既得利益的目的，先前的那种暴力统治的形式由于无产阶级反抗意识的觉醒而无以为继，因而必须寻找新的替代方案，而技术合理性成为时代的选择。二是导致人的物化。人不仅没有在启蒙的号召下获得想要的自由，反而使自我意识日渐淡化，同时在世界的"合理化"发展中成为彼此独立、相互隔绝的个体。

其实，从理性的概念逻辑可以一窥启蒙理性为何退化到技术合理性的秘密。在古希腊时期，理性具有"逻各斯"和"努斯"的双重意蕴，它们共同构成理性存在和发展的源泉。在那一时期，理性是在对万物的本体论追问的过程中获得其起源的，古希腊的思想者一开始以具体的水、气等具体的可感物质作为世界的本原，本原即为那种由之生成而又复归于它的存在，但具体的可感物质作为有限的存在物并不能去代表那种无限的本原。不过，在赫拉克利特对火的描述中，它在生灭之间按照一定的限度演示其变化。这里的限度指的就是"逻各斯"，它是对客观世界的抽象表达，是万物得以存在的内在根据，是不变的，代表着客观规律；与之相关，不变的"逻各斯"是变化得以实现的原点，那么，推动这个原点向前发展的力就是"努斯"，即一切变化赖以行

---

① （德）马克斯·霍克海默，（德）西奥多·阿道尔诺. 启蒙辩证法——哲学断片 [M]. 渠敬东，曹卫东，译. 上海：上海人民出版社，2006：208.

进、万物更新自我的推动者，代表着自由开放。这两者从主体与客体的不同角度在起源处就对理性做出了规定，这也应该是启蒙理性完整的含义。但是，在科技飞速发展的时代，"逻各斯"的客体世界受到日益广泛而密切的关注，而"努斯"的人的精神世界在前者形成的惯性中被掩盖了，于是，一种丢失了价值关注的、片面的理性独自发展起来，即技术合理性成为启蒙理性之"不合理"的来源。

（三）逻辑分析

技术合理性之所以能在毁誉参半的社会现实中以压倒性的优势获得它的合理性，是因为它以生产力的提高作为其合法性基础。从逻辑的角度看，可以从两个层面进行理解：一是技术稳定甚至增强了统治的合法性；二是技术减少甚至消除了反抗力量的现实性涌动。此外，在对这种合力难以进行有效批判的条件下，技术合理性更加肆无忌惮地生成，最终造成"主体性隐退型异化"①。

1. 技术本身包含着某种"无上命令"，为统治的延续提供了一定的合法性的内在根据。首要地，"理性是有限的，在这一点上很容易出现错误"②。在目的理性系统中，合理性是一种经过阉割的合理性，因为理性包含两方面的内容，即工具理性和价值理性。但在现实实践中，工具理性的扩大导致价值理性在这种趋势中逐渐被淹没掉，即是说技术合理性在原来的意义上应包括两层含义，它并非一开始就仅仅表达为简单的、具有普适性的不变规则及能够控制改造活动的指导性原则。在此基础上，技术将科学领域中的概念工具迁移应用到自身，从而为替换政治统治的暴力手段提供合法性来源。确切地说，技术合理性在后来的发展过程中所出现的标准化倾向，其实是把针对经验世界的抽象功能为自己改造自然所用。这种科学上的合理性和技术改造中的合理性在内核上是一致的，故而属于科学的概念和工具同样适用于技术，且经过技术的有目的的控制行为而实际地成为一种新型统治工具，从而为政治统治的加强和扩大提供了合法性的外衣，或者因此可以说技术已成为统治本身。用奥地利心理学家西格蒙德·弗洛伊德的话讲，"真正的动机，即维护客观上过了时的统治，被诉诸于技术的无上命令掩盖了。诉诸于技术的无上命令之所以是可能的，是因为科学和技术的合理性本身包含着一种支配的合理性，即统治的合理性。"③

①　李昕桐，董艳炎. 现代技术合理性批判的双重路径——投射型异化与主体性隐退型异化 [J]. 学术交流，2015（05）：37.

②　Joseph Agassi. The Limited Rationality of Technology [J]. Philosophy of the Social Sciences, 2018，49（2）：1.

③　（德）尤尔根·哈贝马斯. 作为"意识形态"的技术与科学 [M]. 李黎，郭官义，译. 上海：学林出版社，1999：42.

2. 技术使统治所具有的那种剥削和压迫的性质转化为合理的，而实际地却推动统治进行得更加彻底。在资本主义所形成的现实秩序中，统治的合法性是与整体的国家的命运联系在一起的，即由维持这个国家稳定运转下去的能力和利益决定的。因此，统治的合法性就以相应的能力和利益为判别标准，而技术就作为一种强有力的维护利益的手段与国家的统治目的达成一致。于是，当技术作为一种趋势为国家统治服务时，整体性的国家和个体生存之间的矛盾关系就退散了，而不是向更加激烈的方向发展。具体地说，统治的主体虽然是由众多的个体组成的，但个体将服从于这种整体性的需要，其造成的后果是，个体被困于技术机器中，属于他的自由和时间将在一种无以言说的尴尬境况中慢慢流失，不同于对政治统治的反抗，或者说这种反抗在技术的主导下丧失了必要的分辨力，"在建设性和破坏性的社会劳动几乎难以分辨地融合在一起的情况中……日益增长的生产率和对自然的控制，也可以使个人的生活愈加安逸和舒适"① "20 世纪技术……带来的便利、舒适、速度、卫生和富足是如此显而易见、充满希望，似乎已没有必要从别的地方去寻找成就、创意和目标。旧世界的任何一种信仰、习惯或传统，不管是过去还是现在，都能从技术上找到替代的存在"②。20 世纪尚且如此，更何况 21 世纪呢！

在这里，我们已经看到，技术合理性至少在两个层面上为统治的合法性提供了来源或者清除了障碍，技术本身对生产力的解放为其与政治统治之间的联系提供了可行性条件，而技术合理性对政治统治的暴力手段的替代使其消除了反抗的动力，这两个层面的以"合理化增强"和"反抗意愿的消减"的双重作用促成了技术统治的实现。

另外，技术的合理性由于其在生产力方面的突出表现而致使其自身的反思功能退化。生产关系作为资本主义社会的一种制度框架，其合法性在技术的介入下得到了延续。在韦伯看来，合理性不仅包括辩护的功能，还包括批判的功能。从生产力的发展水平出发可以发现，落后的生产关系在生产力的衬托之下，其上所附着的"多余的压制性"被充分地暴露出来。但是，从辩护的角度看，这种"多余的压制性"并没有因为它的存在而实际地引起应该出现的批判活动，因为它的不合时宜并没有随着历史的行进而被定格在过去，而是借助技术的力量重新焕发生机。总的来说，批判的占比在持续减少，而辩护的成分不断增加，"甚至可以说，'合理性'作为批判的标准同它的

① （德）尤尔根·哈贝马斯. 作为"意识形态"的技术与科学 [M]. 李黎，郭官义，译. 上海：学林出版社，1999：40.
② （美）尼尔·波兹曼. 技术垄断：文明向技术投降 [M]. 蔡金栋，梁薇，译. 北京：机械工业出版社，2013：49.

辩护的标准相比，它的作用钝化了，并且在制度内部变成了应该修正的东西"①。换句话说，合理性本身成了不合理的东西，技术上的进步并未能从根本上解决生产力与生产关系的固有矛盾，只是通过一种欺骗性的障眼法儿把这种矛盾掩盖了而已。

从现实、历史抑或逻辑来说，技术合理性由于既具有工具性质又含有自反力量，故而它并不是一个绝对性的概念，在不同的观察视角下，它具有或积极或消极的意义。这实际上是价值理性缺位的体现，两者在技术的现实展开中发生了历史性错失，但这种"二元对立的思维方式无法真正超越启蒙理性关于人的抽象建构"②。因此，我们可以选择的方向并不是要彻底地否定它，而是要在对它进行具体地历史地分析的基础上，统筹技术合理性与价值理性的关系，否则，就会陷入独断论或者抽象性反思的泥潭之中。总之，人作为反思的核心，亟需将其自身从技术合理性的束缚中解救出来，返回到充满异质杂多的现实生活中。

第三节　赛博技术的未来发展趋势

对赛博技术在当前发展阶段的问题及其表现的分析并不是此项任务的终点。"问题的关键在于，指出任何东西的缺点是一回事，创造出另一件这样的东西又是另外一回事。这两方面全都需要，但是光批评而毫无建树就会变成自拆台脚，批评家最终把自己逼到进退维谷的处境。"③ 在生成本体论视域下，非本质主义和历史性是构成研究对象之立体视野的两个互补性维度，基于此来探索赛博技术的未来发展趋势符合对赛博技术的生成图景的阐释原则：一方面，基于非本质主义的基本事实重构技术，"后技术理性"和"技术民主化"具有借鉴意义；另一方面，基于历史生成视角以超越技术为目标，在肯定技术的前提下克服其消极因素，立足技术现实，明确发展技术的初衷，超越技术发展的局限。

一、非本质主义视角：重构技术

"人类是技术的产物，就像技术是人类的产物一样……这并不意味着我们是技术的

①　（德）尤尔根·哈贝马斯. 作为"意识形态"的技术与科学 [M]. 李黎，郭官义，译. 上海：学林出版社，1999：41.

②　郑伟. 弗洛姆哲学中的"人"及其价值归宿 [J]. 马克思主义理论学科研究，2020，6（05）：133.

③　（美）欧文·拉兹洛. 用系统论的观点看世界 [M]. 闵家胤，译. 北京：中国社会科学出版社，1985：98.

受害者，也不是意味着我们应该逃离技术的影响。"① 无可否认，技术的发展经过了与人之间漫长的磨合期，但它所带来的破坏性影响却始终未能彻底消失，"在过去，人类得到了操纵周围世界、重塑整个地球的力量，但由于人类并不了解全球生态的复杂性，过去做的种种改变已经在无意中干扰了整个生态系统，让现在的我们面临生态崩溃。在 21 世纪，生物技术和信息技术会让我们有能力操控人体内部的世界、重塑自我，但因为我们并不了解自己心智的复杂性，所做的改变也就可能大大扰乱心智系统，甚至造成崩溃。"② 从过去到现在，技术对世界的不良影响波及了自然与人自身的全部领域，并被归因于"不了解"。

不过，从另一个角度讲，这种"不了解"恰恰反映了关于技术负效应的本质主义局限，即以发展技术的方式去应对技术困境的方法论循环；但从本体论层次上的生成论来看，技术并不只是它自身，而是一个与自然、人等众多的他者相互成就的存在，即是说抛弃了本质主义而向非本质主义的根本性方向转变的一种选择。循着这个思路，"后技术理性"和"技术民主化"以新的思路——从对象性到共生的发展——在试图克服技术或善或恶的伴生性问题上提出了建设性方案。

（一）避免技术化解技术危机的方法论循环

以技术化解技术危机的提案为何在现实实践过程中不能达到预期的效果呢？或者说为什么要否定这种解决方案呢？笔者认为，它内在地存在自反性矛盾。用技术来解决技术危机的思路实际上属于技术决定论的范畴，其历史表现则印证了这一点，"如果认为战胜技术的任务在整体上可以通过技术本身来完成，那就意味着打开一条通往灾祸的新通道"③。或者说，这种方案在某种程度上是以导致的新问题来掩盖旧问题的恶性循环，它必将宿命般地导向破产。

确切地说，其间存在的自反性指的是它对自我的驳斥：技术在帮助克服来自自然的威胁的同时，也建构着出自自身的新危机。一方面，技术的迅速发展和进步是以对自然的征服和改造为目标而展开的，即是说技术以人类生存条件的改善和人类基因的赓续为己任，这解释了为什么技术进步成为掩盖技术危机之理由的背后玄机。此时，技术所面向的对象是人类生存于其中的自然万物。不过，经验世界总是处于流动

---

① （荷）彼得·保罗·维贝克. 将技术道德化：理解与设计物的道德［M］. 闫宏秀，杨庆峰，译. 上海：上海交通大学出版社，2016：189.

② （以）尤瓦尔·赫拉利. 今日简史：人类命运大议题［M］. 林俊宏，译. 北京：中信出版社，2018：7.

③ （德）卡尔·雅斯贝斯. 历史的起源和目标［M］. 李夏菲，译. 桂林：漓江出版社，2019：167.

状态之中，万物因此而变得难以直接地把握，这种飘忽不定的境况使人类在面对突如其来的生存考验时，往往因为不能做出有效反应而在残酷的生存竞争中落败，甚至丢掉宝贵的性命。于是，人类就开始思考表象之下的一般性的隐性秘密，凭借卓越的抽象能力，人类逐渐构建出关于现实世界的概念世界。而在认识达成之后，常常伴随着改造现实世界的实际行动，而这就是技术获得其存在的使命。这并不是空谈，在以色列历史学家尤瓦尔·赫拉利的论述中，技术不仅帮助人类在"饥荒、瘟疫和战争"等事关存亡的挑战中度过难关，还推动人类拥抱新希望，即"长生不老、幸福快乐并化身为神"，总之，技术在人类历史的演进中起着不可或缺的作用，没有技术，就不会有人类的过去、今天及正在为人所谈及的未来，其决定论意义由此得到凸显。[①] 另一方面，技术在成为人类对抗自然威胁的工具的同时，也逐渐发展成为对人类存在产生威胁的新的危机形式。即是说，人类所面临的危机不仅来自自然，在技术参与进来之后，它便取代自然成为主要的危机生成根源，最终导致虚无感弥漫在人类生命的每一时刻。在过去的某一段时间里曾经存在这样一种看法，确切地说是技术乐观主义者的观点，认为新技术所带来的新问题只是源于人与生俱来的恐惧，它将随着技术走向成熟阶段而退隐。但这里的问题在于，为什么当新技术产生时随之而来的新挑战会必然发生呢？这个问题长久存在的原因很可能就在于技术本身，是技术成为问题产生的根源，或者说是技术在面向现实世界时所持的方法论存在着内在冲突，从而导致了技术与自然及人之间的持续不断的摩擦与日趋尖锐的矛盾。特别是当人类基因密码及思想不再保有独立性时，以技术解决技术问题的方法就走到了死胡同。毕竟，"历史的发展受多方面因素的共同影响，而不是被技术力量单线机械地驱动"[②]。另外，技术愈加进步就意味着危机日趋迭加。利用技术来阻止技术危机的方法因囿于其自身的局限并不能使之达成既定目的，反而实际上会使危机不断积聚和凸显，从而"生成现代技术风险"，而这又难以"按照原来的标准进行评估"，成为不可控的存在。[③]

概而言之，那种以技术解决技术危机的方案由于其自反性矛盾永远也不可能彻底解决技术威胁，反而只能陷入一种方法论上的简单循环。这种方案会在较长一段时期内拥有众多拥趸，与"技术的生产和赋权为代表的的仁慈面孔"[④] 有关。但自反性矛盾的存在已经使人们意识到这种循环没有未来，甚至随着技术进步而带来的危机迭加导

① 黄欣荣，刘柯. 《未来简史》的技术决定论批判 [J]. 上海理工大学学报（社会科学版），2017，39（02）：155.

② 管晓刚，郭丁. 论艾伦·伍德的技术决定论批判思想 [J]. 科学技术哲学研究，2019，36（01）：83.

③ 欧庭高，何发钦. 论技术合理性与现代技术风险 [J]. 中南大学学报（社会科学版），2016，22（02）：11.

④ 张丙宣. 技术治理的两幅面孔 [J]. 自然辩证法研究，2017，33（09）：27.

致系统性崩溃的潜在危机不断逼近。

（二）"后技术理性"：理性与感性的再融合

在绝大多数的学术话语体系下，技术合理性受到了来自批评家们从不同视角的深刻批判。来自国内外专家学者的不同反思话语虽然存在一定分歧，但在基本观点上是一致的，即认为技术合理性已经在形式主义的铁笼中被抽象为工具理性，在实证主义的强势影响下，已经退化为一种与人类相对立的反对力量。总之，技术合理性在关乎社会发展和人类生存的重要论题上必须让步，它在现实的不利局面下以一种危害人类的面孔展示在世人面前。

但是，批评的声音尽管普遍，但仍存在一些为其辩护的声音。马尔库塞认为，技术合理性本身并不是一个封闭的概念，而是一个有其未来的可能性空间。具体地说，尽管它在对自然的改造中及对人的精神状况的影响中呈现出明显的反抗特质，与之相关，它也有着对美好生活的想象和追求，即是说它既向善又接近恶，这为技术合理性的改造提供了可行性条件。换句话说，技术合理性由技术和理性的结合而实现，技术是否对人类有利取决于人如何使用这种理性。在波兰思想家齐格蒙特·鲍曼看来，理性既是推动现代性发展的首要因素，也是现代性尚未完成的原因。[①] 如此看来，这只不过是理性在与技术结合过程中走向了歧途，需要做的就是将它拉回到符合人类愿景的轨道上，于是，马尔库塞说道："理性只有作为后技术理性才能发挥其作用，而技术本身就是'生活艺术'的平定手段和工具。"[②]

后技术理性通过技术向艺术的转变来追求一种感性，从而使理性与感性在审美活动中达成新的统一。面对技术在改造自然的活动中所造成的价值失衡，哈贝马斯以交往理性去改变那种"技术合理性取代整体的理性成为衡量人类'生活世界'唯一标准"的现状。[③] 他认为，人类社会的发展离不开对理性的完善，且这种完善要关注两个方面的内容，即外在自然和内部自然。[④] 在他的哲学体系中，话语成为人与人之间交往建构的前提，从而为理性的总体性恢复奠定基础，即通过话语在主客体之间建立双向的沟通，一方面形成关于现实世界的客观认知，另一方面勾勒出自身生存所对应的主

① 汪冬冬. 现代性与理性主义的亲和性关系研究——论齐格蒙特·鲍曼的理性主义观 [J]. 理论与现代化, 2011 (03): 80.

② Marcelo Vieta. Marcuse's "Transcendent Project" at 50: Post-Technological Rationality for Our Times [J]. Radical Philosophy Review, 2016, 19 (1): 1.

③ 李宝刚, 陈跃飞. 哈贝马斯对于技术合理性的批判及其反思——一种逻各斯的重建 [J]. 广西大学学报 (哲学社会科学版), 2014, 36 (04): 24-27.

④ （美）托马斯·麦卡锡. 哈贝马斯的批判理论（第一版）[M]. 王江涛, 译. 上海: 华东师范大学出版社, 2010.

观需要，这两方面的历时性互动在时间中互构为超越主客区分的综合性交往实践。但有学者指出："知识结构差异"造成了实际上的困难。① 不过，马尔库塞避开了这一难题，而是用艺术所唤发的感性来达到理性的总体性复归。一是艺术能够推动压抑的人性从理性的固化知识结构中得到释放。"艺术的真理是感性的解放，其途径是使之与理性调和"。② 感性成为针对理性造成的单向度的一剂解药，弥补人在价值追求上的缺失。二是艺术能够发挥想象和幻想的自由功能，对抗理性的现实规定。"对现实原则的摆脱，则是由于创造性想象的'自由消遣'而实现的……'自由'的现实被归之于艺术，对它的经验被归之于审美态度，所以它是非强制性的，并且使人类生存下去而不采取日常的生活方法。它是'非现实的'。"③

总的来说，技术艺术化是一种可用以替代的选择。"马尔库塞所设想的超越性的技术项目，最终致力于解放现代文明的潜能，根除痛苦的劳动形式，同时创造出其他不那么压抑、不那么疏远、更愉快的生活形式。与此同时，这样一个项目将寻求把自然作为'另一个主题，而不仅仅是原材料'来对待和尊重。换句话说，将我们的技术遗产重新挪用，用于以人为中心的手段和目的，将意味着技术与自然和人类的和解。"④

（三）"技术民主化"：利益相关者的参与

在日常生活中，技术往往不以价值中立的形象出场，而是对人类世界以极具隐蔽性的姿态产生技术霸权。比如"困在系统中的外卖骑手"，在利益的驱使下，技术以隐性的方式将出自它的矛盾转译为骑手与店家及顾客之间的显性冲突。或可以说，技术霸权的存在已发展到无孔不入的地步，它其实是利益博弈的产物，是被利用着实现那些对技术拥有主导权的少部分群体的私人利益。另外，生态破坏问题同样严重，海平面上升、大气污染等可能从根本上威胁人类生存。总之，当技术被作为一种特权加以利用时，"它不仅破坏了人类和自然，也破坏了技术"⑤。

在芬伯格看来，技术霸权的出现主要有两方面的原因导致的："操作自主性"和"形式偏见"。其中，"操作自主性"主要体现在社会意识形态上历史地形成的固有局

---

① 滕文艳. 论哈贝马斯交往理性的现实困境 [J]. 学理论，2020 (03)：58.

② （美）赫伯特·马尔库塞. 爱欲与文明：对弗洛伊德思想的哲学探讨 [M]. 黄勇，薛民，译. 上海：上海译文出版社，2005：41.

③ （美）赫伯特·马尔库塞. 爱欲与文明：对弗洛伊德思想的哲学探讨 [M]. 黄勇，薛民，译. 上海：上海译文出版社，2005：142.

④ Marcelo Vieta. Marcuse's "Transcendent Project" at 50：Post–Technological Rationality for Our Times [J]. Radical Philosophy Review，2016，19 (1)：3.

⑤ （美）安德鲁·芬伯格. 在经验与理性之间——论技术与现代性 [M] 高海清，译. 北京：金城出版社，2015：79.

限：一是技术专家被赋予的权力在很大程度上没有受到有效制约，极易造成权威主义横行；二是专家组织和机构的非民主的强势技术力量弱化了公众的自由意识，进而导致公众不是追求自由而是沉浸在技术带来的欢愉中。这两点揭示了技术专家和公众在权力分配上的不合理，及不受监督地野蛮生长状态。另外，"形式偏见"则关乎技术层面上的错误看法。在芬伯格的理解中，技术代码才真正地窥探到技术在现实实践中所存在的广泛联系，技术不仅仅作为一种实现人之目的的工具，而且在社会联系中扩展了功能，例如灯在设计之时，照明是其基础功能，而作为交通指示灯时，何时闪烁就取决于社会的需要。而在人们的理论认知中，技术在现实情境中的开放性被舍弃了，它只是被抽象为一种脱离了意向价值的工具性手段，即是说，技术在社会意义上的复杂性和现实性最终以形式上的偏见见诸公众视野。概而言之，技术所处的困境来自两方面的挑战："社会的意识形态及现代技术本身"①。不过，这两方面的致因在芬伯格看来不过是技术在不同的发展可能性之间进行选择的结果，因为不管是技术设计还是技术的权力博弈都与技术代码中所包含的诸多他者有关，按照此种事实进行逻辑上的推论，可认为技术拥有超过它本身的诸多潜力，而这为技术的民主转化提供了改变的可能。

　　"利益的分化、差异甚至对立仍然是历史的现实"②，作为关乎技术走向的动力角色，利益实际地成为技术秩序向何处行进的焦点，也是促进技术民主转化的出发点。根据技术在社会意识形态和技术本身两方面所面临的实际问题，可从两个方向上进行努力：一是促进"技术与民主政治的结合"③。具有垄断性质的特定利益集团对技术拥有着绝对的话语权，技术的霸权主义泛滥就与这种文化环境存在不可割舍的干系。故而，为技术营造良好的社会文化氛围将为技术的民主化进程提供可靠的背景性支撑。芬伯格认为，现代政治与过往已大不相同，表现为"微政治学"形态，当之用于技术范围内的匡正与改造时，实际上就成为技术政治学，即在技术设计上增加民主的占比。其具体的做法是，以民主代议的形式进行利益相关者赋能，尽可能地为不同利益代表提供参与技术发展的权力。二是在技术设计过程中促进技术本身的民主化。"在我们的技术文化中，为了修正技术对人类主体性的调节作用，除了技术的使用之外，技术设计也是一个重要的'自我实践'。任何技术设计不仅仅是作为工具的人工物的起点，也

---

　　① 朱凤青. 论芬伯格的技术民主化思想 [J]. 自然辩证法研究，2010, 26 (06)：37.
　　② 庄友刚. 科技伦理讨论：问题实质与理论自觉 [J]. 观察与思考，2017 (03)：71.
　　③ 刘光斌，石夏丽. 从技术统治走向技术民主化——《启蒙辩证法》的技术观及其后续影响 [J]. 石家庄学院学报，2020, 22 (05)：86.

是促进其用户主体性塑形的起点。"① 即是说，技术设计是促进技术向善发展的一个重要维向，那么，技术的价值嵌入发生在技术设计的阶段，因此在该阶段的公众参与促进是可行的选择。在技术机构层面上，提高新技术的社会曝光度。这样，就能激发社会各界的广泛讨论，进而发现潜在的问题，公众呼声的社会性传播反馈到技术专家那里，就能推动技术专家改进技术方案；在普通公众层面上，积极参与技术设计。当然，这种参与必须在明确技术专家与普通公众之间在专业知识上之差异的前提下进行。为了保障专家与外行之间的有效交流，公众的参与应只限定在技术意向和价值方面，而不应在自身所缺乏的专业知识方面同技术专家争论。

二、历史生成视角：超越技术

技术是历史性地生成的，尽管它目前造成人的生存危机，但在历史的视野中，技术终究会走向未来。事实上，在技术层面上探寻解决方案沿袭并发展了马克思人类解放思想，但仅从技术解放的视角考察还不够彻底，因此"必须回归马克思"②。其实，马克思对技术的思考并没有因为技术之具体状况的改变而失去效力，而是焕发出新的时代生命力。③ 具体而言，马克思对技术的理解是辩证的、批判的。一方面，马克思肯定了技术对于人类向更高社会形态发展的积极意义。技术在促进生产力发展的基础上，使人们由商品生产逐渐向自由劳动转变，进而增加了自由时间，从而将人从必然王国推向自由王国。另一方面，技术发展的负效应带有必然性特征，但不能因为这样就盲目地放弃主观能动性而陷入被动的、消极的状态。未来的社会发展必将历史地超越技术本身对人的限制，从而使人从单一的存在走向自由全面发展。展开来说，马克思的技术反思思想对当代技术进步的指导意义主要可从扬弃资本、自由全面发展和技术实践三个方面进行论说。

（一）扬弃资本

技术在物质生产方面所展现出的非凡实力使人们一度相信依靠技术可以奔向更加美好、更具未来意义的理想社会，故而造成了"技术乌托邦"的幻想。"乌托邦"一词最早在15、16世纪由英国空想社会主义者托马斯·莫尔提出，用以指代一个没有阶级对立的完美社会，而在后来的演变中，它被用于描述那些不具有任何现实潜能的理想社会和事物。而"技术乌托邦"的创造则意味着那种期待利用技术来释放生存空间

---

① （荷）彼得·保罗·维贝克. 将技术道德化：理解与设计物的道德［M］. 闫宏秀，杨庆峰，译. 上海：上海交通大学出版社，2016：106.
② 王晓梅，何丽. 芬伯格的技术解放设想为何落空？［J］. 浙江社会科学，2021（01）：111.
③ 高盼. 现代性视域下当代技术风险问题研究［D］. 苏州大学，2017：132-134.

并追求美好生活之愿景的破产。从技术的二重性来看，它不仅具有征服自然、为人类生存提供现实条件的一面，还具有毁灭自然、造成人与自然冲突的另类面孔，而这正是"技术乌托邦"之所以折戟历史的原因所在。诚然，乌托邦社会的技术道路选择是人之生存欲望的原始冲动，是超越现实生存境况、开拓无限生存可能的积极意向。不过，"技术乌托邦"缺乏对抗技术负效应的意识与现实基础。究其根本，技术层面上的不可能在于它仅仅是将理论上的潜质置于不考虑历史状况的前提下对现实的一种形而上学企图，即是说它没有看到技术所处的具体语境是否能够支撑起追求乌托邦的理想。更为具体地说，它对技术的认识仅仅局限在技术层面上，而未能深刻认识到技术的经济层面，而这正是其破产的根源。而在历史唯物主义的视角下，这一点在资本主义生产条件下得到了直接揭示，为对经济层面上的资本反思和批判提供了选择。

　　在不同的社会发展阶段，资本与技术之间的关系根本地不同，而共产主义社会将纠正技术服从资本的逻辑错位。在马克思看来，人类会经过原始社会、奴隶社会、封建社会、资本主义社会、社会主义社会和共产主义社会等相继发展的阶段，而技术之于社会形态的变化发展举足轻重，"手推磨产生的是封建主的社会，蒸汽磨产生的是工业资本家的社会"。也就是说，技术发展的实际水平决定着社会的具体历史阶段，而这正与技术所实现的生产力正相关。在马克思看来，技术反映了资本运行的秘密。[①] 他还说道："资本不是物，而是一定的、社会的、属于一定历史社会形态的生产关系……资本是已经转化为资本的生产资料，这种生产资料本身不是资本，就跟金或银本身不是货币一样。"[②] 即是说，资本并不是资本家所言称的单纯的生产资料，它代表着与社会生产力相适应的生产关系，而生产力与生产关系之间的矛盾运动就体现在以技术为核心的物质生产过程中，是历史的。在资本主义社会中，资本特别是在极端经济自由主义的鼓吹下，资本更是不受控制，其奴役的一面在技术外衣的遮掩下表露出来，最终造成阶级之间的对立与冲突。比如，2021 年 2 月美国"得州大停电"事件，虽然暴风雪构成了其发生的自然原因，但这不仅仅是天灾，更是人祸。这显示出"市民社会"与"资本主导"之间"矛盾的、冲突的"一面[③]，也揭示了资本主义社会中技术的趋利性倾向；换言之，制度上的弊端造成私人资本盛行，进而导致国家在应急预案反面的滞后与无为。在更高的层次上，社会在制度上的区别会对资本采取不同的态度：在资本主义制度下，对资本的态度是听之任之的；而在社会主义制度下，资本会受到一

　　① （英）大卫·哈维. 马克思与《资本论》［M］. 周大昕，译. 北京：中信出版社，2018：167.

　　② 中共中央马克思恩格斯列宁斯大林著作编译局. 马克思恩格斯选集第二卷［M］. 北京：人民出版社，2012：644.

　　③ 桑明旭. 资本形态演变与市民社会的历史逻辑［J］. 兰州学刊，2020（11）：32.

定的约束；到了共产主义社会，资本将彻底消失，大家共同劳动，按需分配，技术不再是造成阶级差异与对立的手段，而将成为进步的基石。

在历史唯物主义的框架下，共产主义社会并不是不能实现的理想，而是社会发展的必然趋向。对于当下的我们来说，有两方面的内容需要注意：一是对资本的批判并不是对它的彻底否定，而要辩证地看待。在一定的历史阶段，资本对于技术的发展提供必要的资金支持，是共产主义社会到来之前必经的积累阶段。二是应警惕资本主义消费陷阱，避免过度消费导致的自然破坏和资源浪费。在当下社会，商品琳琅满目，五花八门的营销手段极易引起冲动型消费；而作为个体，需明确自己的真正需求，适度消费。

（二）以人的自由全面发展为价值目标

技术最初是作为人抵抗自然威胁的一种手段，是确认自我和追求自由的一种力量，却实际地走向了自由的反面。在一开始，人类生存在恶劣的环境中受到无时不刻的威胁，生命随时可能因为自然的侵扰而陷入陨灭。正是为了生存的需求，人类找到了那种能够放大自身能力、挖掘自身潜力的工具，即技术。然而，技术在漫长的发展过程中逐渐与理性结合，以技术合理性的方式肆无忌惮地打破世间的一切既定的文化规则，以技术化生存的途径重塑人及其千百年来反复得到确认的生活方式，取而代之的是那种单向度模式，纠缠于"拜物教"的束缚之中，于是存在的只有技术，人的文化属性被湮灭了，"这种现象十分重要，文化堕距加大，会导致文明的倾斜，并衍生出畸形的人的存在，即人的片面化的存在"[①]。即是说，人所面临的生存境况并没有发生任何实质的变化，甚至说变得更糟了，因为它只不过是从自然的奴役转变为技术的桎梏罢了，物的极大丰富并未将人引领到自由的境界当中。换句话说，人在利用技术追求自由的过程中导致了人自身及人的类本质的异化，对自由的追求反而导向了新的不自由，同时造成了人的"总体性失落"。因此，有必要廓清人类发展关于自由概念的真正追求，因为它关乎人是否能从片面化的存在状态中走脱出来。

针对这种不自由，马克思主要是在"异化劳动"[②]的语境中来分析的。马克思对劳动的认识是辩证性质的，他没有否认甚至深刻地站在历史高度上肯定了技术之于人类生存之物质基础的重要意义；与之相比，更为值得警惕的是，技术并不是一种单纯的生产活动，而是社会性的，它内在地蕴含着一种强制关系，因而它与自由是两码事，技术是技术，自由是自由，它们并不等同，更准确地说，技术带来的自由并不属

---

① 车玉玲. 总体性与人的存在 [M]. 哈尔滨：黑龙江人民出版社，2001：95，96.
② 孙周兴. 马克思的技术批判与未来社会 [J]. 学术月刊，2019，51（06）：5.

于普通大众。于是有了他语重心长的告诫："先生们，不要一听到自由这个抽象字眼就深受感动！这是谁的自由呢？这不是一个人在另一个人面前享有的自由。这是资本所享有的压榨工人的自由。"① 在他看来，自由只是一个幌子，其外表之下包裹着的是对利润的贪婪，及人对人控制的实质。这是确认无疑的，自由之名未能与其应有之义相匹配，于是，由资本主导的技术将人异化为一种不全面的存在之本来面目就被揭露出来了。基于这种对技术不自由、不全面的把握，马克思对人的自由而全面发展的呼唤便响应了时代中人们的真实需求，即以转换资本主义生产方式的指向历史性地与当下时代的技术状况联系起来，或者说，自由全面的人是技术发展的终极价值，是它的历史的必然走向。

关键在于，要明确自由、全面的真正含义，以之作为技术进步的价值导向。在马克思的观念中，只有到了共产主义社会，在物质丰盈的条件下才能真正获得自由，释放天性，即人不是被禁锢在技术之中，而是以全面发展的姿态不断创造更好的人类史。这在当下至少有两点需要澄清：一是坚定自由全面发展的信念与希望。马克思对被资本逻辑支配的技术的批判虽然揭示了其实质上的不自由、不全面，但这种批判并不影响把自由全面发展作为终极的价值导向。毕竟，这样的理想的实现离不开技术，技术是自由全面发展的必要条件，尽管它不是充分条件，但它拥有这种潜能，只要有所坚持，才有希望将其变成现实。二是培养辩证思维，克服技术的不自由、不全面的倾向。技术以无处不在的形式渗透进人的全部现实中，稍有不慎，就极可能被技术牵着走，从而失去自由，丧失人作为总体性的存在。随着时代的变化，它不仅仅体现在异化劳动中，更作为数字资本主义的载体体现在其他一切人类活动中。比如娱乐活动，抖音、快手等短视频应用程序以即时满足人类的兴奋需求将人带入一种单向的受动状态中。故而需要弘扬反思精神，时刻对技术进行纠偏。

（三）促进生态型发展的技术实践

技术在物质生产领域的巨大贡献有目共睹，尤其在当代以数字型经济的形式促进经济新增长，但其根本基础仍然是物质实践，即人通过技术与自然之间的主体客体化和客体主体化的交换。在这一过程中，技术不仅造成其本身与人之间的异化，还造成人与自然之间的关系异化。具体地说，技术在自然层面上展现出的负效应主要体现为两点：一是自然破坏和环境污染。自然是一个整体性的生态系统，而技术应用往往以局部自然作为对象，而其产生的不良后果却不是局部性的，会引起系统性的崩溃，比

---

① 中共中央马克思恩格斯列宁斯大林著作编译局. 马克思恩格斯选集第一卷 ［M］. 北京：人民出版社，2012：373.

如对原始森林的滥砍乱伐、煤层开采引起的地面下陷等。另外，环境污染更是不容乐观，雾霾、气温异常等危及人类生存的环境局势日趋严峻。二是人与自然的疏离。这种疏离既来自于技术对人性的解构，即对人的自然性的祛魅。正如美国生物学家爱德华·O·威尔逊所言："在物质基本单位的起源中，在夸克和电子壳层中，人们现在依然在寻找神性，但是，在物种的起源上却再也看不到神性的光辉了。"[①] 这也表现为与外在自然之间隔膜的产生。人天生地与自然亲近，然而囿于技术所建立边界的困扰而无法突破出去，渐渐地从与自然的亲近中剥离开来。其后果是，没了来处，亦未有未来，人类"去处无定"。因此，技术的发展必须将人与自然之间的和谐共处作为出发点，这是技术进步的应有之义。

基于实践把握人与自然的历史性统一为技术发展提供了方向。其一，自然与人在历史中是辩证统一的。历史包括自然史和人类史两方面的内容，人的存在意味着自然和人之间的相互关联，人离不开自然。[②] 一旦脱离了具体的历史语境，就难以同时兼顾到人与自然，进而将技术推至片面化的发展道路上。因为在这种情况下，对技术的理解是抽象的，它不能够与具体的人或者具体的自然联系起来，更别说将两者统一在技术的自我规定中。其二，实践是人与自然相处的场所。历史唯物主义立足实践，它不止于认识世界，其最终的目标是秉承人类未来理想去改造世界，把握人与自然之间的辩证关系，在切实的行动中验证真理与实现理想。实践在马克思主义哲学中是基础性的，没有实践，任何对技术的谈论都是形而上学的，是无所凭依的，它漂浮在"天上"，而不是在"地上"扎根。而人只要进行实践行动，就一定离不开对自然的照看。因此，技术的生态型发展是关于人与自然之间辩证关系的具有必然性质的历史性选择。

唯物主义历史观注重经验现实，促进技术的生态型发展是马克思基于实践维度给予当代社会的行动指南。具体地，技术实践要理念先行、实践跟上的基本策略：理论层面上，秉承发展的观点，坚持自然与历史的辩证统一。人是历史的主体，是历史的创造者，马克思正是站在全人类的立场上去思考人类的前途命运。特别是在当代社会普遍联系的背景下，技术变革所产生的影响具有广泛性特征，因而技术必须在系统高度上谋求进步，要将人与自然两者置于历史中统一起来。具体地，应在"充分地利用生态资本的作用"同时又"防止被另类牵引"的前提下[③]，探索生态型的技术发展道

---

① （美）爱德华·O·威尔逊. 论人性 [M]. 方展画，周丹，译. 杭州：浙江教育出版社，2001：1.

② 杨耕. 论辩证唯物主义、历史唯物主义、实践唯物主义的内涵——基于概念史的考察与审视 [J]. 南京大学学报（哲学·人文科学·社会科学），2016，53（02）：11，12.

③ 任平. 生态的资本逻辑与资本的生态逻辑——"红绿对话"中的资本创新逻辑批判 [J]. 马克思主义与现实，2015（05）：166.

路。要"开源"与"节流"并重，既要注重循环型发展，也要寻找更多的绿色能源。一方面，马克思主张对工业废弃物循环利用，以此来减少资源浪费，同时降低自然破坏的风险，这是"节流"；作为其延伸，"开源"应寻找新的资源利用对象和方式，尤其在当前资源日渐枯竭的境况下显得重要又迫切。比如，电动汽车作为绿色出行方式就是一种具体实践。要在这两方面取得进步，就要在第四次工业革命的浪潮中做到有的放矢：①释放市场经济活力，推动技术向高水平、精细化方向突破；②加强全球合作，发挥政府职能；③弘扬生态理念，促进技术与人、自然的和谐共生。总之，尊重历史规律，立足实践，是技术生态型发展的出路。

本章小结

技术之于人类的意义不遑多让，然而，诸如"技术是否会取代人类"的话题亦引起广泛关注。对此问题的回答虽未有任何最终定论，但技术乐观主义或者技术悲观主义呈现出阶段性和历史性的特点或明或暗地揭示了技术危机的存在。其实，技术危机的实质是其外在化现实与异质共生理想的冲突：在本质主义的统摄下，技术是一种抽象的存在，它独立于人及自然，而与之在本体论意义上的割裂使技术的善恶陷入不可避免的无限循环。面对这一问题，既要看到表露于外的技术所造成的实际问题，又要体察到深层次的理论诱因，只有兼顾到现实与理论的双重原因，才能从根本上从人与技术之二元对立的困境中彻底地走出来。

当代赛博技术的问题成因可从现实与理论两个层面解释。就现实层面来说，技术化生存是人的生存状态在经验世界中的显著特征，对人的影响是层次性地实现的：从宏观层面上的社会工业化而展开，经过中观层面上的物化环节最终导致微观层面上人性的缺失。就理论层面来说，技术合理性在现阶段已经成为渗透到全部现实的意识形态，不断地对人产生新的技术霸权。从现实来看，技术合理性的产生与资本主义制度的改良及其成为独立的价值增殖手段具有因果关联；从历史来看，启蒙理性退化为技术合理性，其丧失了"努斯"精神而只留下了"逻各斯"；从逻辑看，它既增强了统治的合法性，且减少甚至消除了反抗力量的现实性涌动。

基于生成本体论，可从非本质主义和历史性的双重视角寻求应对：一方面，要重构技术。必须跳出二元论的窠臼，在非对象性的语境下处理好技术与人及自然之间的关系。"后技术理性"在理论层面上启示我们照看理性与感性的再结合；"技术民主化"在实践层面上谋求技术设计等阶段的民主参与。另外，要警惕用技术化解技术危机的方法论循环。另一方面，应超越技术。基于历史生成视角，立足技术现实，明确发展技术的目的和初衷，超越技术发展的局限。关于这一点，马克思的技术反思思想具有恰切的指导意义。具体地，应以共产主义社会为理想，扬弃资本逻辑；以自由全面发展作为永恒追求，培养批判思维，克服技术的不自由、不全面的倾向；实践上，结合现实，促进技术的生态型发展。

结　语

当代技术发展呈现出人与技术紧密结合而又冲突不断的景象。一方面，人们在利用技术时与技术形成"人-技"结构的存在样态，恰如斯蒂格勒所说，人是后种系生成的，是人与技术相结合的产物；另一方面，人与技术之间的冲突也愈加激烈，表现为技术对人的奴役，或者说人的技术化生存。面对此种现实，技术悲观主义者比如卢德分子主张抛弃技术，回到前技术时代，即原始的自然生存状态；技术乐观主义者说应大力发展技术，可以通过发展更高水平的技术来摆脱当下的技术困境。事实上，在历史不可逆性的支配下，人不可能抛弃技术回到原始的生存状态中去，就像从猴子进化到人之后，人就很难再退化到猴子的状态中去。类似地，后者实际上陷入了用技术化解技术危机的方法论循环，仅从认识的方面说，就不能够彻底从人与技术相冲突的窠臼中挣脱出来。究其原因，这两种或乐观或悲观的看法实际上是基于本质主义技术观的必然的认识结果，即无意间在人与技术之间预设了一种对立和冲突。

实际上，在人与技术日益紧密结合的技术时代里，或可以说人与技术已经成为了一个整体，比如赛博格、赛博空间、后人类等概念已经揭示出了一种与此前那种本质主义技术观不同的新技术观。因为在这种话语体系下，一切坚固的东西都烟消云散了，包括人与技术之间泾渭分明的界限。取而代之的是，一种非本质主义的对技术的理解产生了，即人与技术成为一个异质构成的杂合体。但不仅仅如此，在"赛博"的话语体系中，还将自然考虑进来。赛博一词最早发源于古希腊的 kyber 一词，经过赛博科学、赛博空间、赛博格的概念演化，逐渐成为探讨人、技术、自然三者相互关系和结合模式的一个词汇，是对无边界性、去中心化、时间性、境域性等的彰显。也就是说，"赛博"本来就是关于技术的探讨，只不过它探讨的是具体的技术，是在特殊语境下进行的针对人与技术及自然的探讨，它是在整体的意义上探讨三者的关联的。

如果转换一下角度，即从技术的角度出发，那么，这里就将处在人、技术和自然之中的"技术"称为"赛博技术"，以之作为对"人-技术-自然"结构的体认，作为对多元共生的主张。而这正是在生成本体论的视域下可以看到的不一样的东西，即从时间性和境域性的双重维度可以看到不同于本质主义的东西：一是用"赛博"描述这种人、技术和自然之间异质共生的存在样态，因为它的内涵与生成本体论对境域性和异质性的关注是一致的；二是人、技术和自然之间的这种赛博状态的共生不是突然就有的，若进行历史性的回望，就会发现这是从人类起源处就有的，只不过经过漫长的演化，到了当代才凸显出来了而已。

总的来说，当代技术显明地呈现为"人-技术-自然"的整体性存在样态，具体地表征为三者之间日益紧密却又冲突不断的矛盾样态；而本质主义技术观对之难以解释而往往以单一的技术表象解释技术危机，继而不能认识深藏其下的技术与人、自然之间的结构性矛盾。因此，有必要将"技术"表达为"赛博技术"，即基于非本质主义立场，在历史境域中将技术与自然、人之间的关系进行系统性再建构，从而形成一种赛博技术观，克服二元性或者多元性的对立。即是说，赛博技术作为一种新的技术观彻底地实现了技术从实体到历史的转变，共生则是关于赛博技术总的看法。

基于此，有如下几点结论：

1. 赛博技术有其自身的生命。技术在真正投入使用之前总是具有巨大的开放性潜能，因而技术的命运从来不是独立的，而是超越一般性局限的特质表达。若将技术作为一个独立对象考察的话，只能造成对它的形而上学解释，进而导致其与自然、人之间抵牾的持存。

2. 赛博技术是多元的异质共生结构。技术不能独立存在，而是与自然、与人之间构成一个彼此嵌入的耦合结构，在现实实践中境域性地融入与析出，因而是具体的、历史的。在这个结构中，自然作为先在性基础，为人类的技术活动提供物质支持和规律指引；人作为延伸性方式，凭借其与生俱来的能动性力量开展技术实践活动；技术作为一种间性存在内在地规定与自然、人之间具体的勾连形式，为发挥技术之中介功能提供空间。

3. 赛博技术具有多重的生成逻辑。技术演化的历史是复杂的且时刻处在变化之中，但又有其不变的规律。从其本身来看，技术在具体的行动中成就自身，有着不可逆的过往及基于当前阶段的可预期的未来指向；从社会层面上讲，技术发展是自然的内在规定和人的需求之综合作用的产物，不仅受到资本的推动，而且其背后还有权力的参与，最终形成技术与资本、权力的合谋。

4. 技术危机是人、自然与技术之间的结构性矛盾，但未来仍充满希望。这可从两个层面进行努力：从现阶段来看，遵从其与自然及人之间的共生逻辑，在技术的发展蓝图中将人的命运、自然的设定考虑进去；从历史生成的视角来看，可发挥马克思技术思想的指引作用，扬弃资本逻辑，以人的自由全面发展为价值追求，推动生态型技术发展。

显然，我们不能止步于此，对技术的哲学研究更重要的是回到现实中来，比如基于中国语境探索赛博技术存在的问题及其前进道路。当以"人-技术-自然"为构成结构的非本质主义的技术观得到确立之后，共生将是一个现实而持久的命题；但在经验层面上，其在未来的历史行进中会以一种什么样的技术秩序去遵从共生理念呢？这是犹未可知的。特别是具体到中国语境时，尤其当世界技术中心转移到中国时，该探索出一条怎样的具有中国特色的技术创新道路去引领世界技术发展将是接下来亟待探讨的现实论题。

参考文献

[1] （美）安德鲁·芬伯格. 技术批判理论 ［M］. 韩连庆，曹观法，译. 北京：北京大学出版社，2005.

[2] （美）安德鲁·芬伯格. 可选择的现代性 ［M］. 陆俊，严耕，等，译. 北京：中国社会科学出版社，2003.

[3] （美）安德鲁·芬伯格. 在经验与理性之间——论技术与现代性 ［M］高海清，译. 北京：金城出版社，2015.

[4] （美）乔治·巴萨拉. 技术发展简史 ［M］. 周光发，译. 上海：复旦大学出版社，2000.

[5] （法）贝尔纳·斯蒂格勒. 技术与时间：1. 爱比米修斯的过失 ［M］. 裴程，译. 南京：译林出版社，2019.

[6] （美）尼尔·波兹曼. 技术垄断：文明向技术投降 ［M］. 蔡金栋，梁薇，译. 北京：机械工业出版社，2013.

[7] 车玉玲. 总体性与人的存在 ［M］. 哈尔滨：黑龙江人民出版社，2001.

[8] （英）大卫·布鲁尔. 知识和社会意象 ［M］. 艾彦，译. 北京：东方出版社，2001.

[9] （美）布莱恩·阿瑟. 技术的本质 ［M］. 曹东溟，王健，译. 杭州：浙江人民出版社，2018.

[10] （英）大卫·哈维. 马克思与《资本论》 ［M］. 周大昕，译. 北京：中信出版社，2018.

[11] 段伟文. 被捆绑的时间：技术与人的生活世界 ［M］. 广州：广东教育出版社，2001.

[12] （美）欧文·拉兹洛. 用系统论的观点看世界 ［M］. 闵家胤，译. 北京：中国社会科学出版社，1985.

[13] （德）弗里德里希·恩格斯. 自然辩证法 ［M］. 中共中央马克思恩格斯列宁斯大林著作编译局，译. 北京：人民出版社，2015.

[14] （法）米歇尔·福柯. 词与物：人文科学考古学 ［M］. 莫伟民，译. 上海：上海三联书店，2002.

[15] （法）米歇尔·福柯. 自我技术：福柯文选Ⅲ［M］. 汪民安，编译. 北京：北京大学出版社，2015.

[16] （法）米歇尔·福柯. 规训与惩罚：监狱的诞生［M］. 刘北成，杨远婴，译. 北京：生活·读书·新知三联书店，2003.

[17] （法）弗朗索瓦·多斯. 结构主义史［M］. 季广茂，译. 北京：金城出版社，2011.

[18] （德）阿诺德·盖伦. 技术时代的人类心灵：工业社会的社会心理问题［M］. 何兆武，何冰，译. 上海：上海科技教育出版社，2008.

[19] （德）尤尔根·哈贝马斯. 作为"意识形态"的技术与科学［M］. 李黎，郭官义，译. 上海：学林出版社，1999.

[20] （德）马丁·海德格尔. 存在的天命：海德格尔技术哲学文选［M］. 孙周兴，编译. 杭州：中国美术学院出版社，2018.

[21] （德）马丁·海德格尔. 人，诗意地栖居：海德格尔语要［M］. 郜元宝，译. 上海：上海远东出版社，2004.

[22] （德）埃德蒙德·胡塞尔. 欧洲科学的危机与超越论的现象学［M］. 王炳文，译. 北京：商务印书馆. 2001.

[23] （美）赫伯特·马尔库塞. 单向度的人：发达工业社会意识形态研究［M］. 刘继，译. 上海：上海译文出版社，2008.

[24] （法）亨利·柏格森. 创造进化论［M］. 姜志辉，译. 北京：商务印书馆，2004.

[25] （德）恩斯特·卡西尔. 人论：人类文化哲学导引［M］. 甘阳，译. 上海：上海译文出版社，2013.

[26] （德）卡尔·雅斯贝斯. 时代的精神状况［M］. 王德峰，译. 上海：上海译文出版社，2019.

[27] （德）卡尔·雅斯贝斯. 历史的起源和目标［M］. 李夏菲，译. 桂林：漓江出版社，2019.

[28] （美）凯瑟琳·海勒. 我们何以成为后人类：文学、信息科学和控制论中的虚拟身体［M］. 刘宇清，译. 北京：北京大学出版社，2017.

[29] （美）凯文·凯利. 科技想要什么［M］. 熊祥，译. 北京：中信出版社，2011.

[30] （德）克劳斯·施瓦布，（澳）尼古拉斯·戴维斯. 第四次工业革命——行动路线图：打造创新型社会［M］. 世界经济论坛北京代表处，译. 北京：中信出版社，2018.

[31] （美）雷·库兹韦尔. 奇点临近［M］. 李庆诚，董振华，田源，译. 北京：机械

工业出版社，2011.

［32］（法）布鲁诺·拉图尔. 我们从未现代过——对称性人类学论集［M］. 刘鹏，安涅思，译. 苏州：苏州大学出版社，2010.

［33］刘小枫. 柏拉图四书［M］. 北京：三联书店，2015.

［34］刘介民，刘小晨. 哈拉维赛博格理论研究［M］. 广州：暨南大学出版社，2012.

［35］（法）让·雅克·卢梭. 论人类不平等的起源和基础［M］. 高修娟，译. 南京：译林出版社，2015.

［36］（匈）格奥尔格·卢卡奇. 历史与阶级意识［M］. 杜章智，任立，燕宏远，译. 北京：商务印书馆，1992.

［37］（意）罗西·布拉伊多蒂. 后人类［M］. 宋根成，译. 开封：河南大学出版社，2016.

［38］（德）弗里德里希·拉普. 技术哲学导论［M］. 刘武，译. 沈阳：辽宁科学技术出版社，1986.

［39］（美）赫伯特·马尔库塞. 爱欲与文明：对弗洛伊德思想的哲学探讨［M］. 黄勇，薛民，译. 上海：上海译文出版社，2005.

［40］（德）卡尔·海因里希·马克思. 机器。自然力和科学的应用［M］. 北京：人民出版社，1978.

［41］（德）卡尔·海因里希·马克思. 雇佣劳动和资本［M］. 中共中央马克思恩格斯列宁斯大林著作编译局，编译. 北京：人民出版社，2018.

［42］（德）马克斯·霍克海默，（德）西奥多·阿道尔诺. 启蒙辩证法——哲学断片［M］. 渠敬东，曹卫东，译. 上海：上海人民出版社，2006.

［43］（美）迈克尔·林奇. 科学实践与日常活动：常人方法论与对科学的社会研究［M］. 邢冬梅，译. 苏州：苏州大学出版社，2010.

［44］苗力田. 亚里士多德全集第七卷［M］. 北京：中国人民大学出版社，1993.

［45］潘建雷. 为现代社会而拯救自然：卢梭的"自然学说"意义［M］. 上海：上海三联书店，2018.

［46］（英）弗朗西斯·培根. 新工具［M］. 许宝骙，译. 北京：商务印书馆，1984.

［47］（英）乔治·迈尔逊. 哈拉维与基因改良食品［M］. 李建会，苏湛，译. 北京：北京大学出版社，2005.

［48］（英）R. G. 柯林伍德. 自然的观念［M］. 吴国盛，译. 北京：商务印书馆，2018.

［49］（美）司马贺. 人工科学——复杂性面面观［M］. 武夷山，译. 上海：上海科技教育出版社，2004.

[50]（法）贝尔纳·斯蒂格勒. 技术与时间：3. 电影的时间与存在之痛的问题［M］. 方尔平，译. 南京：译林出版社，2012.

[51]（美）唐娜·哈拉维. 类人猿、赛博格和女人——自然的重塑［M］. 陈静，译. 开封：河南大学出版社，2016.

[52]（美）唐·伊德. 技术哲学引论［M］. 骆月明，欧阳光明，译. 上海：上海大学出版社，2017.

[53]（美）万尼瓦尔·布什，等. 科学——没有止境的前沿［M］. 范岱年，解道华，等，译. 北京：商务印书馆，2004.

[54]王伯鲁. 技术究竟是什么？——广义技术世界的理论阐释［M］. 北京：中国书籍出版社，2019.

[55]（荷）彼得·保罗·维贝克. 将技术道德化：理解与设计物的道德［M］. 闫宏秀，杨庆峰，译. 上海：上海交通大学出版社，2016.

[56]（德）马克斯·韦伯. 新教伦理与资本主义精神［M］. 龙婧，译. 北京：群言出版社，2007.

[57]（美）爱德华·O·威尔逊. 论人性［M］. 方展画，周丹，译. 杭州：浙江教育出版社，2001.

[58]（加）威廉·莱斯. 自然的控制［M］. 岳长龄，李建华，译. 重庆：重庆出版社，1993.

[59]（加）威廉·莱斯. 满足的限度［M］. 李永学，译. 北京：商务印书馆，2016.

[60]吴国盛. 技术哲学经典读本［M］. 上海：上海交通大学出版社，2008.

[61]（美）希拉·贾撒诺夫，（美）杰拉尔德·马克尔，（美）詹姆斯·彼得森，等. 科学技术论手册［M］. 盛晓明，孟强，胡娟，陈蓉蓉，译. 北京：北京理工大学出版社，2004.

[62]肖锋. 哲学视域中的技术［M］. 北京：人民出版社，2007.

[63]（英）亚·沃尔夫. 十六、十七世纪科学、技术和哲学史［M］. 周昌忠，译. 北京：商务印书馆，1984.

[64]邢冬梅. 实践的科学与客观性回归［M］. 北京：科学出版社，2008.

[65]（法）亚历山大·柯瓦雷. 从封闭世界到无限宇宙［M］. 张卜天，译. 北京：商务印书馆，2016.

[66]（古希腊）亚里士多德. 物理学［M］. 张竹明，译. 北京：商务印书馆，1982.

[67]（以）尤瓦尔·赫拉利. 今日简史：人类命运大议题［M］. 林俊宏，译. 北京：中信出版社，2018.

[68]（美）托马斯·麦卡锡. 哈贝马斯的批判理论（第一版）［M］. 王江涛，译. 上

海：华东师范大学出版社，2010.

[69] 远德玉. 过程论视野中的技术：远德玉技术论研究文集 ［M］. 沈阳：东北大学出版社，2008.

[70] （美）约翰·杜威. 确定性的寻求——关于知行关系的研究 ［M］. 傅统先，译. 上海：华东师范大学出版社，2019.

[71] 张成岗. 技术与现代性研究：技术哲学发展的"相互建构论"诠释 ［M］. 北京：中国社会科学出版社，2013.

[72] 中共中央马克思恩格斯列宁斯大林著作编译局. 马克思恩格斯选集第一卷 ［M］. 北京：人民出版社，2012.

[73] 中共中央马克思恩格斯列宁斯大林著作编译局. 马克思恩格斯选集第二卷 ［M］. 北京：人民出版社，2012.

[74] Cary Wolfe. What Is Posthumanism？ ［M］ Minneapolis：University of Minnesota Press，2010.

[75] Carl Mitcham. Thinking through Technology：the Path between Engineering and Philosophy ［M］. Chicgo：the University of Chicago Press，1994.

[76] Donna Haraway. Simians，Cyborgs，and Women：the Reinvention of Nature ［M］. Lindon Routledge，1991.

[77] Douglas Kellner. Jean Baudrillard：From Marxism to Postmodenism and Beyond ［M］. California：Standford University Press，1990.

[78] Erich Fromm. The Revolution of Hope：Toward a Humanized Technology ［M］. New York：Harper and Row publishers，1968.

[79] Friedrich R. Analytical Philosophy of Technology ［M］. Dordrecht：Boston Studies in the Philosophy of Science. D，Reidel Publishing Company，1981.

[80] Michael Lynch. Scientific Practice and Ordinary Action ［M］. Cambridge University Press，1997.

[81] Michel Serres. The Parasite ［M］. Baltimore：the Johns Hopkins University Press，1982.

[82] Nietzsche F. On the Genealogy of Morals ［M］. Vintage Books，1989.

[83] 陈晓慧，万刚，张峥. 关于 cyberspace 释义的探讨 ［J］. 中国科技术语，2014，16（06）：29.

[84] 高俊. 建议 cyber 一词音译为"赛博" ［J］. 中国科技术语，2014，16（06）：18.

[85] 何李新. 齐泽克的赛博空间批判 ［J］. 外国文学，2014（02）：138.

［86］王树松. 论技术合理性［D］. 东北大学，2005：52.

［87］吴学东. 从马克思的劳动思想看剩余价值论的科学性［J］. 中南大学学报（社会科学版），2014，20（06）：46.

［88］张晓红. 马克思技术实践思想研究［D］. 东北大学，2012：21.